LISTEN TO
YOUR SKIN Ⅱ

听肌肤的话 2

问题肌肤护理全书

冰寒 /著
刘玮 王秀丽 /主审
同济大学附属上海市皮肤病医院（筹）
冰寒护肤实验室

青岛出版集团 | 青岛出版社

图书在版编目（CIP）数据

听肌肤的话. 2, 问题肌肤护理全书 / 冰寒著. --
青岛：青岛出版社, 2019.6
ISBN 978-7-5552-8375-1

Ⅰ. ①听… Ⅱ. ①冰… Ⅲ. ①皮肤－护理－基本知识 Ⅳ. ①TS974.11

中国版本图书馆CIP数据核字(2019)第119283号

书　　名　听肌肤的话2：问题肌肤护理全书
著　　者　冰　寒
主　　审　刘　玮　王秀丽
出版发行　青岛出版社
社　　址　青岛市崂山区海尔路182号（266061）
本社网址　http://www.qdpub.com
邮购电话　0532-68068091
策划编辑　刘海波
版权策划　王　宁
责任编辑　曲　静
装帧设计　毕晓郁
插　　图　泱泱工作室
照　　排　青岛乐道视觉创意设计有限公司
印　　刷　青岛名扬数码印刷有限责任公司
出版日期　2019年7月第1版　　2025年2月第25次印刷
开　　本　16开（787mm × 1092mm）
印　　张　14.75
字　　数　300千
书　　号　ISBN 978-7-5552-8375-1
定　　价　68.00元

编校印装质量、盗版监督服务电话　4006532017　0532-68068050
建议陈列类别：美容类

序

本书是《素颜女神：听肌肤的话》的姊妹篇，内容是全新的。如果说《素颜女神：听肌肤的话》是一本基础的入门护肤书，那么《听肌肤的话 2：问题肌肤护理全书》则将皮肤护理引向了更高阶段。

冰寒多年来专注于美容皮肤学相关的基础和应用研究，特别是从硕士阶段开始重点关注毛囊皮脂腺相关皮肤问题，这类问题在临床门诊患者中的比例高达三分之一。对患者造成很大困扰的常见皮肤问题包括痤疮、毛孔粗大、皮肤过油、黑头和白头、玫瑰痤疮、脂溢性皮炎、头皮问题等等，但因为病因病理、分型、鉴别诊断、处理方法、重视程度等方面仍有不足，这些问题尚没有得到尽善尽美的解决。

这本书是冰寒多年来孜孜不倦研究的结晶之一。从硕士到博士，他对皮肤学上这些令人困扰的问题的探索从未止步，并卓有成效。

多年来，他不断收集相关皮肤问题的各种资料，包括宏观照片、荧光影像、皮肤镜影像、显微观察结果、电镜照片等，从微生物、细胞、皮肤等层面做了大量的特征提取、鉴别诊断等方法学研究，并追溯历史，了解这些问题发生的机制，结合自己的观察与研究数据，形成了具有创新性的看法，可谓是由表及里、由浅入深、由现象洞察本质。

他所做的还不止于此。为了解决这些问题，他进行了大量的药物和化妆品成分、配方试验，针对不同的皮肤问题和分型进行体外、在体研究，以求获得能够改善这些问题的简便易行的方法，部分成果已经申请专利，另有部分成果已经在临床应用，并取得良好效果。

本书每一章的内容由概述开始，然后讨论问题的发生机制，再提供切合实际的解决方法与建议，对于重要的问题——如抗糖化，还开设专题，或在“讨论”“知识链接”中进一步解读，使读者不仅知其然，还知其所以然。

本书的内容涵盖了日常和皮肤科门诊中最常遇到的问题性皮肤状况，书中收录了近 200 幅高清照片，从各个细节展现所述皮肤问题的方方面面，以及处理这些皮肤问题的方法和过程。这些高质量的图片在同类书籍中是不多见的，对于美容皮肤科医生、美容行业从业者、受问题皮肤困扰的人士，均有重要的参考价值。本书引用中外文献近 200 篇，足见作者为了达到严谨求实、科学理性的目的所付出的努力。

《素颜女神：听肌肤的话》因为翔实的数据、流畅的叙述、有价值的内容获得了读者的喜爱，自 2016 年出版以来，销量已超过 10 万册，成为“国民护肤书”，为促进公众了解皮肤美容知识、科学理性地护肤做出了贡献。

《听肌肤的话 2：问题肌肤护理全书》也必将以丰富而切合实际的知识、技巧，为受皮肤问题困扰的人带来帮助，为正在快速走向繁荣的美容护肤行业增添更多科学、理性的声音。它值得成为关心问题性皮肤人士的枕边书。

皮肤科教授

解放军空军特色医学中心（原空军总医院）皮肤病医院院长

国家化妆品标准委员会副主任委员

推荐语

这是一本带有强烈个人色彩的护肤书，作者对常见的皮肤问题进行了细致入微的观察，并提出了独特的见解，对某些未解的问题提出了猜想。鉴于许多问题尚未有定论，因此部分观点和推测无疑需要进一步科学验证。但本书的讨论和观点对于皮肤临床工作和基础研究颇有助益，值得阅读和思考。

——高兴华（中华医学会皮肤科分会候任主委，中国医科大学第一附属医院皮肤科主任）

本书叙述了十八种常见皮肤问题的发生原因、表现、护理和治疗建议，大量的操作手法演示和描述使之成为一部实操性很强的护理指南，不仅对于普通读者极有价值，对皮肤科临床工作者和美容行业从业者也有重要的参考作用。祝愿本书读者在作者指导下早日摆脱皮肤问题的困扰！

——李利（中国医师协会皮肤科医师分会副会长，四川大学华西医院化妆品功效评价中心主任）

许多皮肤问题因为表现相似而容易混淆，导致治疗的无效和护理的不当。本书提供了大量的图片、鉴别表格等，可以使读者简单容易地判断自己的皮肤问题，并寻求适合的护理方法，对问题性肌肤读者是一大福音。

——赖维（中国医师协会皮肤科医师分会副会长，中山大学第三附属医院皮肤科主任）

《黄帝内经》云：“上医治未病，中医治欲病，下医治已病。”此书除着眼于皮肤病中的“已病”，更放眼“欲病”或“未病”，用通俗易懂的语言进行深入浅出的阐述，可见用意之深，立意之远。此书有三个特点：

1. 科学：书中包含大量来自临床一线的高清照片，引用了国际指南和前沿的研究成果，有理有据，推翻了我们日常被大量商业广告所灌输的片面甚至是错误的观念，有助于广大读者树立正确的护肤观。

2. 接地气：语言通俗，贴近生活，非医学专业人士理解亦毫无压力。比如：用“痘痘”来称呼“寻常痤疮”，用“鸡皮肤”来称呼“毛周角化”，等等。

3. 操作性强：针对十八种日常生活中常见的皮肤问题，作者在介绍外观、病因等的同时，更是结合自己的护理经验，给出简便实用的日常护理建议和处理方法，读者放下书本即可以付诸实践。

——郑捷（中华医学会皮肤科分会前任主委，上海交通大学附属瑞金医院皮肤科主任）

前言

《素颜女神：听肌肤的话》上市以来在读者和朋友们的支持下，收到了很多好评。同时，我也注意到一些读者提出了意见：书中只讲了一些基础的、人人必知的护肤知识，没有涉及很多令人困扰的问题性皮肤和皮肤问题的护理方法和解决方案。

这是实情。最初我写作《素颜女神：听肌肤的话》时，曾加入问题性皮肤的内容，后来又从书稿中删去了这一部分，一是因为篇幅有限，二是很多问题需要继续学习，研究清楚才好分享给大家。

经过六年的学习和研究，在问题性肌肤的处理上，我积累了较多的资料。现在我把这本问题性肌肤的进阶护肤指南奉献给大家，希望它能成为一本具有实操性的美容护肤指南，能够帮助大家解决皮肤问题。

需要特别提醒的是：有许多皮肤问题实际上是皮肤疾病。因为症状比较轻，也不会有致命的损害，所以不一定被医生所注意，但对于患者来说却是一个真实的困扰。有些人的皮肤问题会持续加重，直到出现较重的临床表现才被重视。疾病的状态也有可能反复，或加重或减轻，游走于临床和亚临床之间。因此解决皮肤问题，可能需要医生介入，但日常护理也十分重要。

在本书中我将选择那些最常见、最令人困扰的皮肤问题加以论述，包括：油田、痘痘（痤疮）、毛孔粗大、黑头和白头、脂肪粒、脂溢性皮炎、玫瑰痤疮、毛囊炎、痘印、痘坑、色斑、皱纹、黑眼圈、皮肤敏感和红血丝、激素依赖性皮炎、脱发、头皮问题、特应性皮炎或湿疹、妊娠纹、鸡皮肤和蛇皮肤。

本书除了分享一些实际操作方法之外，还将尽可能深入浅出地讲一些基础知识——我希望读者不仅知其然，也知其所以然，这样才能变成护肤达人。我曾说过一句颇受大家认可的话：护的是皮肤，用的是脑子。当然，由于本书是一本面向大众的科普书，因此也尽量避免讲述专业上过于艰深的内容，特别是涉及医疗时，侧重于分享患者应当了解的基本知识（而不是应由医生把握的具体治疗方案、病理机制），帮助患者和医生互相理解、配合，共同战胜皮肤问题。

拥有知识的人，才会拥有美丽，相信你可以成为集美貌和智慧于一身的人。

最后，谨向在本书出版过程中支持和帮助过我的师长、好友致以诚挚的谢意。

感谢刘玮和王秀丽老师的审定和指正。

感谢刘玮老师作序，感谢郑捷老师、李利老师、赖维老师、高兴华老师的热情推荐。

感谢重庆长良医美诊所皮肤科潘曦、廖成群医生，上海市皮肤病医院张国龙、严建娜、王佩茹、石钰、申抒展、刘佳医生等好友提供了多幅极有价值的图片。

感谢我的粉丝、家人在本书写作过程中给予的无私支持。

目录

第一章 阅读本书前需要了解的基本知识

第二章 大油田

第三章 毛孔粗大

第四章

黑头和白头

第五章

痘痘（寻常痤疮）

第六章

痘印、痘坑

第七章

脂溢性皮炎

第八章

玫瑰痤疮

第九章

色斑

第十六章
|
妊娠纹

第十七章
|
鸡皮肤

第一章

阅读本书前需要了解的基本知识

√皮肤的基本结构
√什么是皮肤屏障?
√毛囊和皮脂的相关知识
√常见的皮肤损害
√炎症与赫氏反应
√自由基的基础知识

本书中不可避免地会出现部分专业术语，在阅读之前，简要了解一些基本概念，有助于更好地理解和应用相关护肤知识和技巧。

皮肤的基本结构

皮肤总体上分为三层：表皮、真皮、皮下组织（以脂肪为主）。

表皮分为 4 ～ 5 层，从外至内依次为：角质层、颗粒层、棘层、基底层，在掌跖部位还有一层透明层。其中，位于最下方的基底层细胞与基底膜紧密相连，基底膜下方为真皮层。

基底层细胞中有一部分是具有自我更新和增殖能力的干细胞，它们可以分裂出新的细胞（角质形成细胞），逐渐向上层生长、分化，依次形成棘层、颗粒层细胞，最后形成扁平的角质细胞，直至角质细胞从皮肤表面脱落。

角质细胞呈鳞片状，互相交错堆叠在一起。正常情况下角质层有 15 ～ 20 层。角质细胞间填充着固定比例的神经酰胺、胆固醇、游离脂肪酸，也就是所谓的“生理性脂质”，这样就形成了典型的“砖墙结构”模型（图 1-2）。角质细胞以及其他的表皮层细胞之间以桥粒相连，桥粒的作用就像铆钉一样。

真皮层有多种细胞，其中最多的是成纤维细胞，它们负责分泌胶原蛋白、弹性纤维和透明质酸等，形成与水高度结合的环境，具有很强的弹性，其内有丰富的血管、神经感受器。

真皮下的皮下组织成分以脂肪为主，具有保温、缓冲、免疫防护、内分泌等多方面的作用。

皮肤中还分布着很多皮肤附属器，最多的是汗腺、毛囊、皮脂腺。

知识链接

棘层

棘层由活的角质形成细胞构成，有免疫活性，可分泌生理性脂质，细胞间有透明质酸等保湿成分，还分布着免疫细胞和神经末梢。

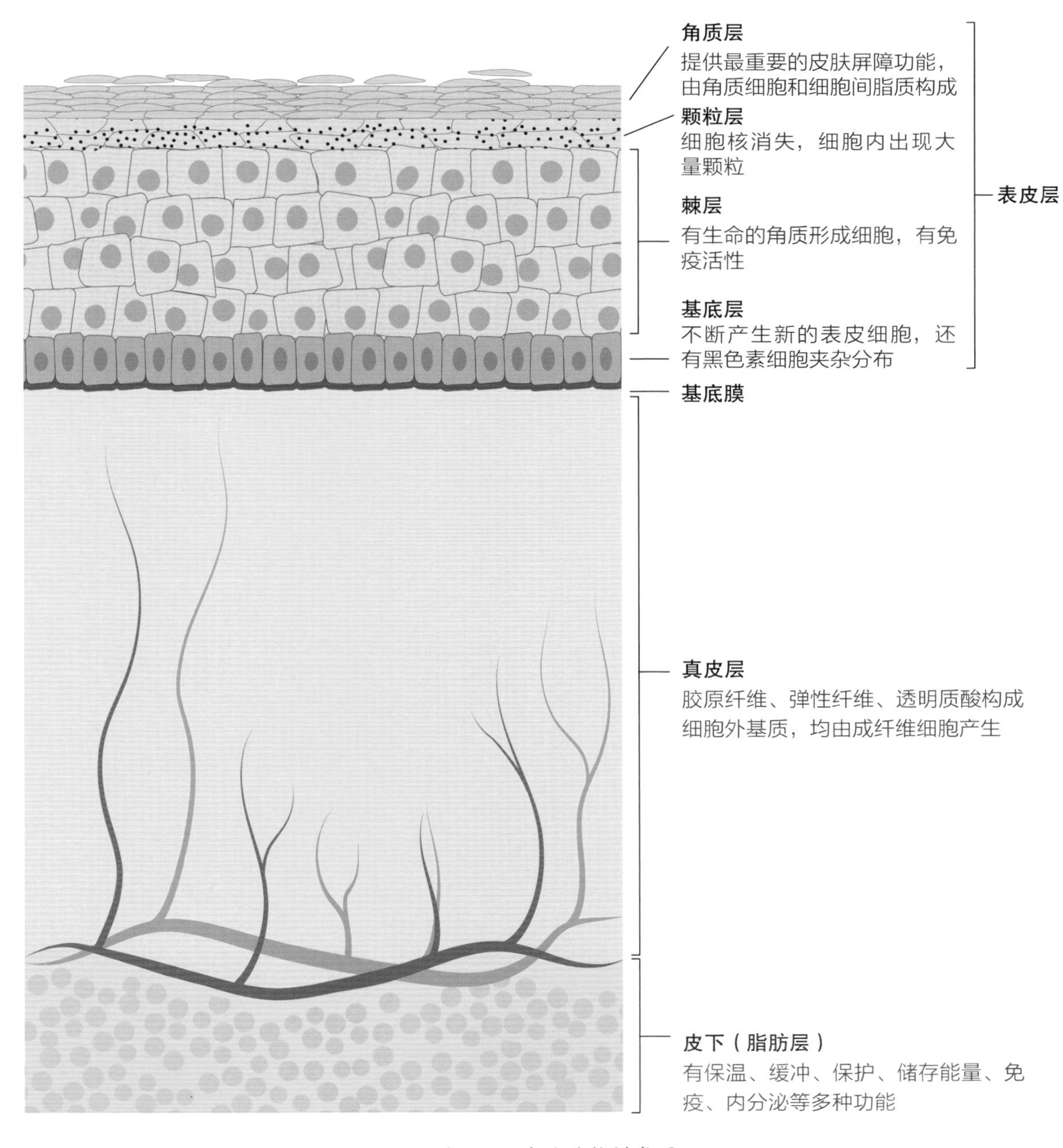
角质层
提供最重要的皮肤屏障功能，
由角质细胞和细胞间脂质构成
颗粒层
细胞核消失，细胞内出现大
量颗粒
棘层
有生命的角质形成细胞，有免
疫活性
基底层
不断产生新的表皮细胞，还
有黑色素细胞夹杂分布
表皮层
基底膜
真皮层
胶原纤维、弹性纤维、透明质酸构成
细胞外基质，均由成纤维细胞产生
皮下（脂肪层）
有保温、缓冲、保护、储存能量、免
疫、内分泌等多种功能

图 1-1 皮肤结构模式图

皮肤屏障

皮肤是人体最大的器官，扮演机体“长城”的角色，负责隔绝身体内部的物质流失，防止外界有害因素侵入。其中，角质层是身体与外部环境接触的第一道防线，也是最重要的防线，角质层的“砖墙结构”就是狭义的、经典的皮肤屏障。

随着研究的深入，人们逐步认识到，除了这种机械结构式的屏障，还有其他类型的屏障：皮肤上的皮脂、汗液分泌物、角质细胞降解产物等构成了一个弱酸性的环境（酸膜），可称为“化学屏障”；皮肤上有大量微生物，各种微生物之间保持着平衡，与免疫系统密切互动、防止其他微生物感染，可称为“微生物屏障”；皮肤角质细胞和角质形成细胞具有免疫活性，是天然免疫的重要组成部分，皮肤中分布着大量免疫细胞，还可以分泌多种抗菌肽，因此也有“免疫屏障”功能。

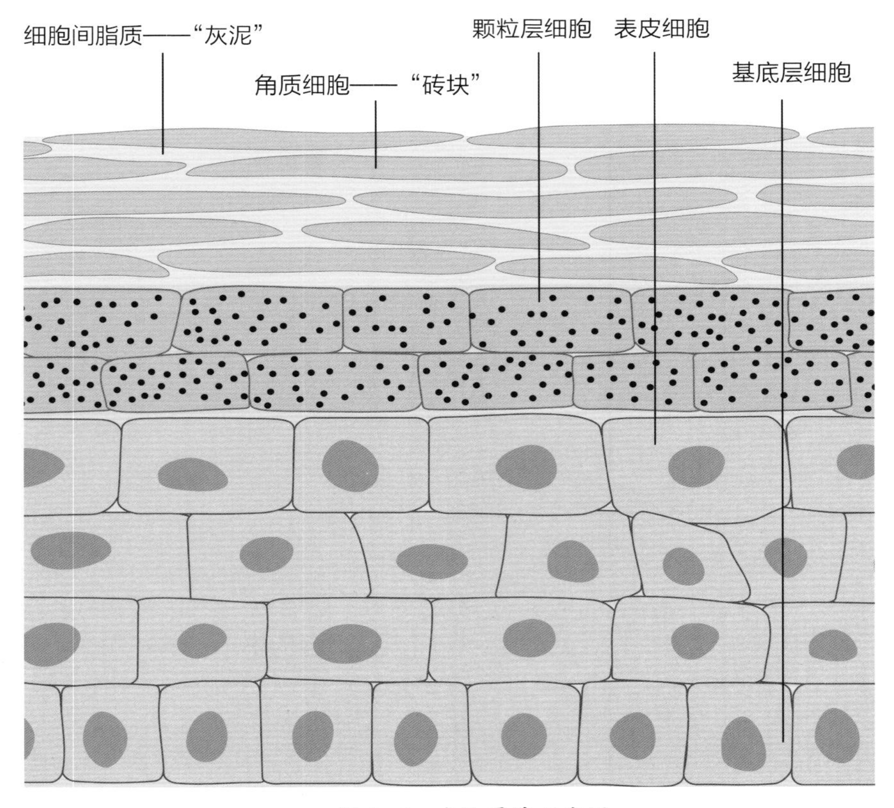

图 1-2 皮肤屏障示意图

皮肤屏障功能

皮肤屏障功能用于描述皮肤屏障的工作状态。如果屏障结构完整，功能良好，则可以避免体内水分过快流失、防止外界物质轻易刺激皮肤。反之，如果屏障的结构受到损害，则会出现水分流失过快（经表皮失水率上升）、易受刺激、敏感脆弱、发红灼热等表现，这种情况常称为"屏障功能脆弱"或"屏障受损"。

护肤的首要任务，就是尽量避免损伤皮肤屏障，保护其结构完整、功能正常。如何保养、修护皮肤屏障，哪些行为可能损伤皮肤屏障，将在第十一章《皮肤敏感和红血丝》中讲述。

毛囊、皮脂腺、汗腺

毛囊是生长毛发的皮肤附属器官，开口于皮肤表面，深达真皮。毛囊在皮肤表面的开口称为毛孔，所以有时候毛囊和毛孔也可以互相指代。

毛囊上部开始形成分叉的管道，向四周伸出，连接皮脂腺。皮脂腺由皮脂腺细胞构成，这些细胞可大量合成油脂。皮脂腺细胞成熟后破裂，油脂顺着管道（毛囊皮脂腺导管）排

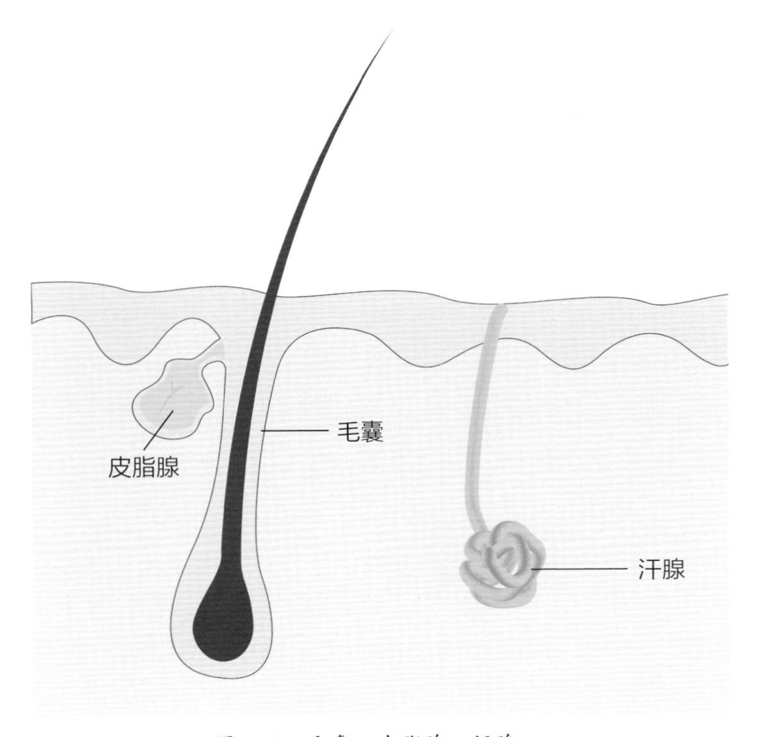

图 1–3　毛囊、皮脂腺、汗腺

入毛囊，再流至皮肤表面，以尚不清楚的机制乳化、分布于皮肤表面，滋润皮肤。

汗腺是分泌汗液的腺体，它的开口称为汗孔。如果汗孔堵塞，容易生痱子。在绝大多数皮肤表面，汗孔是独立于毛囊的，这类汗腺称为外泌汗腺。仅在少数区域（如腋下、生殖器部位），有一类开口于毛囊的汗腺。汗腺可以分泌抗菌肽，对维护皮肤表面的电解质平衡、微生物平衡有重要作用。

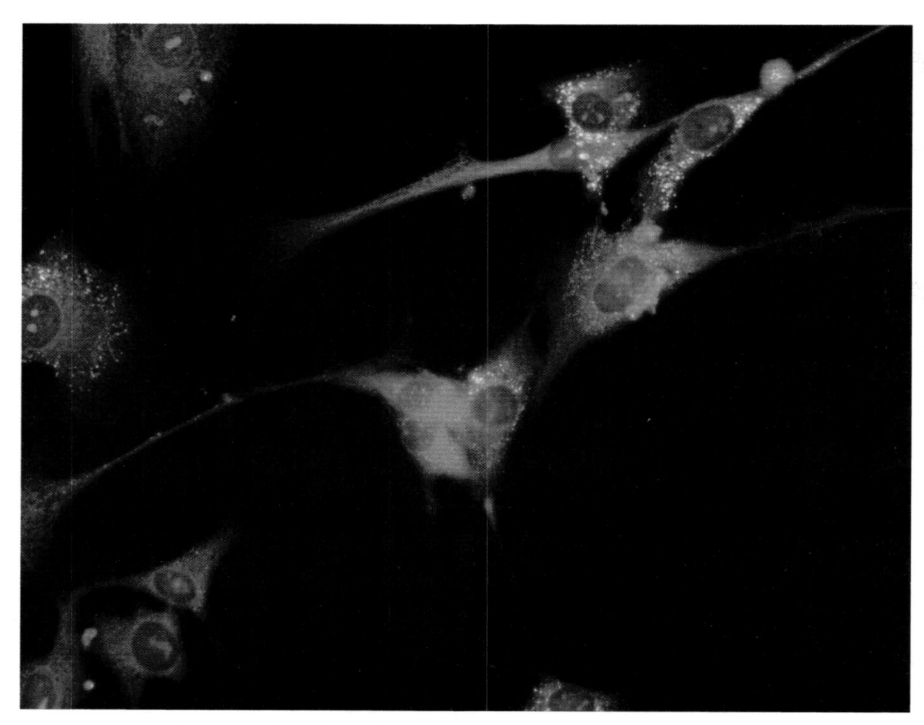

图 1–4 皮脂腺细胞内有大量合成的油脂滴（金黄色）

皮脂

皮脂是皮脂腺细胞分泌的脂类。分布于皮肤表面的皮脂成分更为复杂，这是因为皮脂腺细胞合成的主要是中性脂肪（三酰甘油），中性脂肪进入毛囊后，可在微生物的作用下分解成甘油和游离脂肪酸再到达体表。皮脂中还有一些蜡酯、角鲨烯等成分。

皮脂的基本作用是滋润、保湿，同时其弱酸性也可以发挥一定抗菌作用。皮脂在皮肤表面构成“皮脂膜”，是皮肤的天然保湿霜。若缺乏皮脂，皮肤屏障功能会减弱。皮脂对于毛囊内壁细胞的正常分化和脱落可能也有重要影响。

皮脂与角质细胞间的生理性脂质是两类不同的物质，作用也不同。

炎症

教科书式的表述：炎症是具有血管系统的活体组织对损伤因子发生的防御反应，血管反应是炎症的中心环节。这句话包含了几个要点：

1. 炎症是由损伤因子引起的。如果想避免不必要的炎症反应，就应当去除诱导炎症的因素，包括物理、化学、生物等因素的刺激和损伤。就护肤而言，紫外线、过度摩擦、过度去角质、激光治疗、果酸换肤、射频治疗、微生物侵入等，都可以引起炎症。

2. 炎症本身是一种防御反应，同时也是免疫、损伤修复等重要生理和病理过程的基石。但是，过于剧烈的炎症也会引发对机体自身的多种损伤，因此炎症需要控制在合适的反应程度，比如在医美术后。

3. 炎症以血管反应为核心特征。在炎症中，血管最终表现为扩张，血细胞（特别是白细胞）游出血管，进入血管外组织，执行多种免疫、损伤功能。这会引发一系列的表现，五大特征是：红、肿、热、痛和功能障碍。

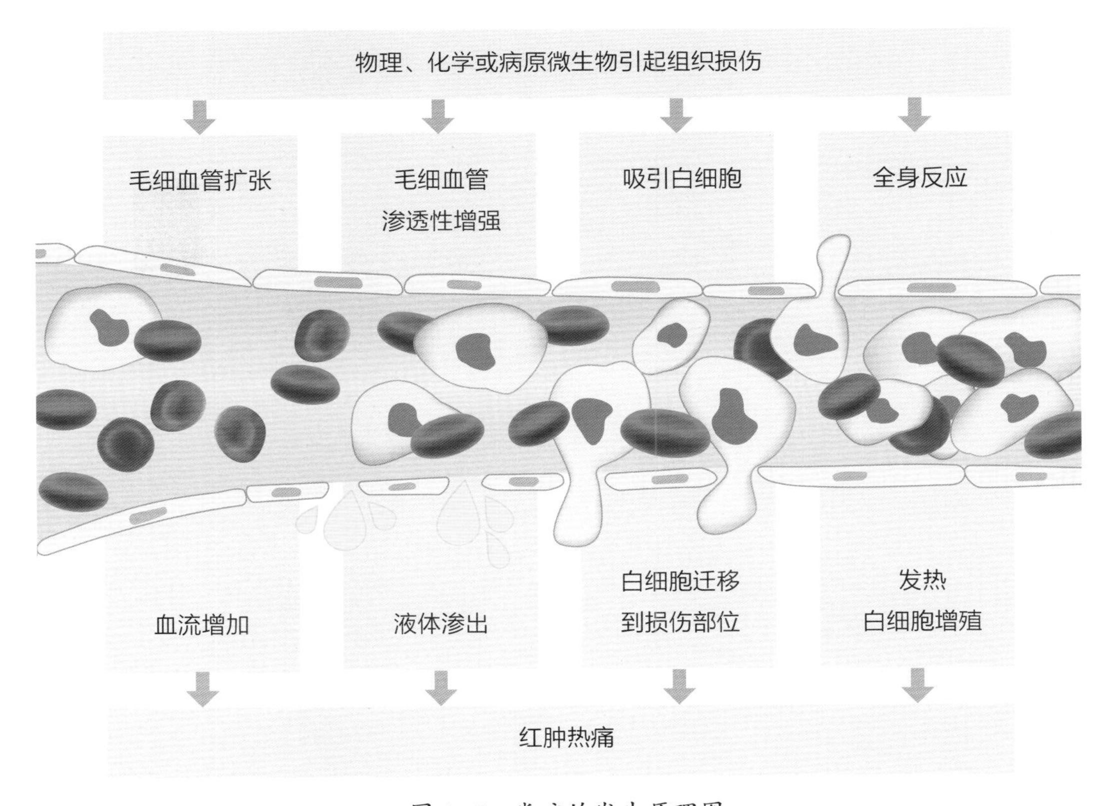

图 1–5　炎症的发生原理图

丘疹、脓疱、水疱、鳞屑

这是各种皮肤损害（简称“皮损”）的名称。丘疹是指突出于皮肤表面的圆形、半圆形或不规则形的隆起，直径不超过1厘米。痤疮就会有红色的丘疹，称为“炎性丘疹”。

脓疱是指隆起于皮肤表面的中空的疱，其内充满黄色的脓液。脓液由死亡的白细胞、降解的组织碎片、渗出的液体和其他物质构成。如果疱内是透明的组织液，则称为“水疱”。脓疱是炎症反应剧烈的结果之一。痤疮的严重皮损可能会形成脓疱。

鳞屑是指皮肤表面出现的成片皮屑，是即将脱落或已脱落的表皮角质层薄片，其中含有多量的角质细胞。正常情况下，角质细胞也会脱落，但是不会成片脱落，因而肉眼不易察觉。只有在某些疾病情况下，角质细胞才会成片脱落，常见的有脂溢性皮炎、银屑病等。

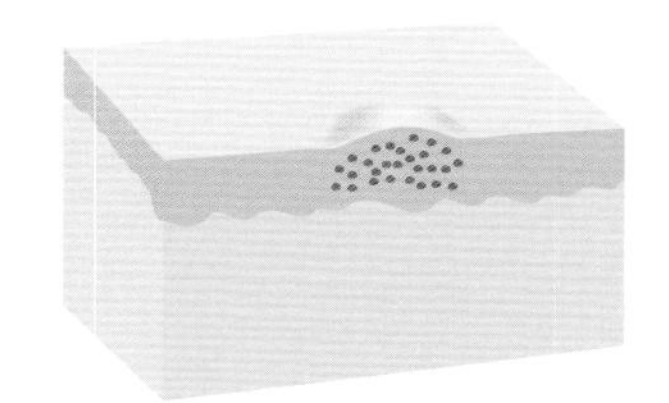

丘疹
局限、表浅、隆起，直径小于1cm

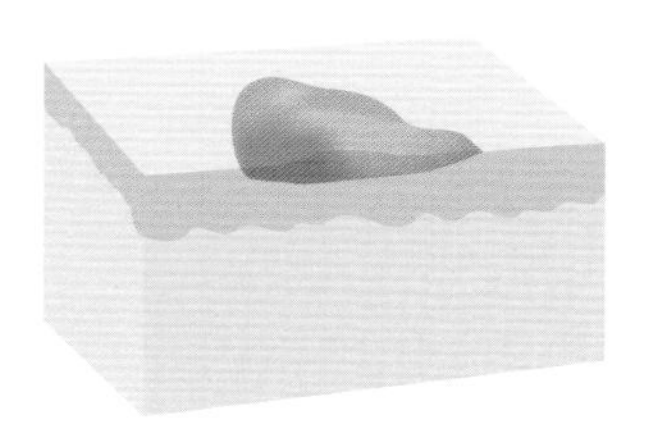

风团
真皮浅层水肿，临时性，容易消退，退后无痕，见于荨麻疹

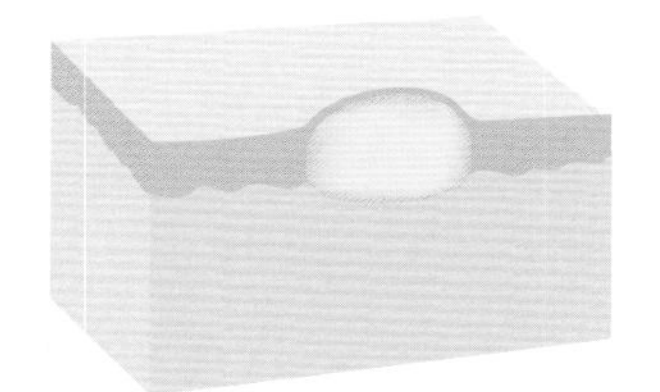

脓疱
内为脓液

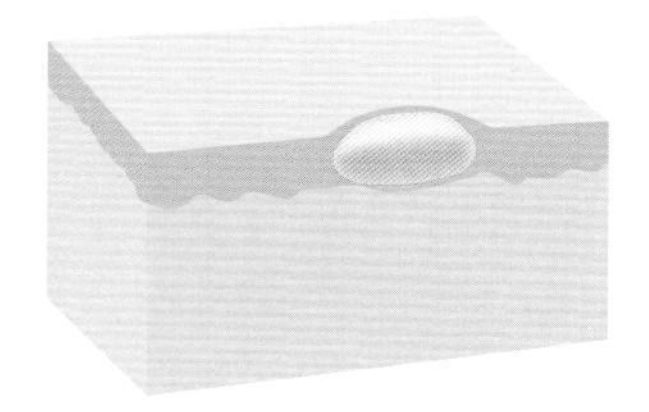

水疱
内为透明液体，直径小于1cm

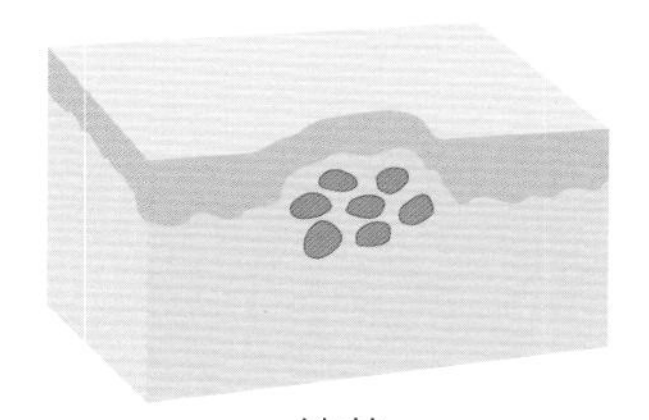

结节
内为实质性组织

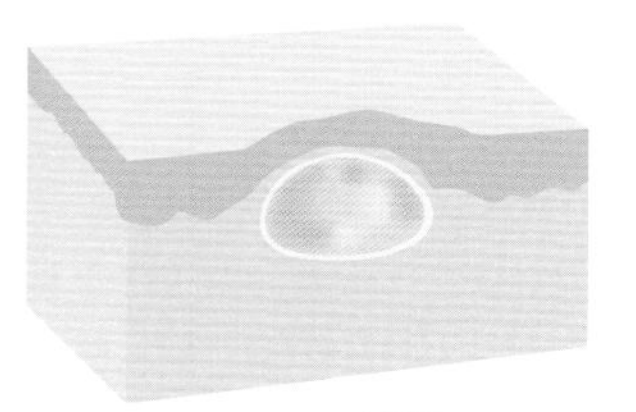

囊肿
内为黏性物质，较深在、较大，按之有波动性，有包囊

图1-6 常见皮损的名称与说明

氧化、抗氧化、自由基

生物体内的氧化是指物质失去电子的过程。为了维持生命，人体内无时无刻不在发生氧化反应。然而，某些氧化反应对人体是有害的，例如细胞膜中的磷脂被氧化，会使细胞损伤，可能导致细胞功能失常甚至死亡。

目前认为，人体老化的一大原因是氧化，因此“抗氧化”一词很多时候指代“抗衰老”，而这种氧化多是自由基造成的。

自由基是一类缺少电子的分子基团，通常是身体代谢的产物。自由基非常活跃，由于它缺少电子，因此会夺取正常组织结构（尤其是细胞膜）的电子，造成破坏。常见的自由基包括 ROS（活性氧簇）、OH^-（羟自由基）和超氧阴离子自由基等。某些物质如维生素 E、维生素 C、谷胱甘肽、辅酶 Q10 等，有多余的电子可以贡献给自由基，使自由基变得稳定、失去氧化正常组织的能力，这类物质称为“抗氧化剂”。抗氧化剂也是减轻炎症、抗衰老的重要力量。

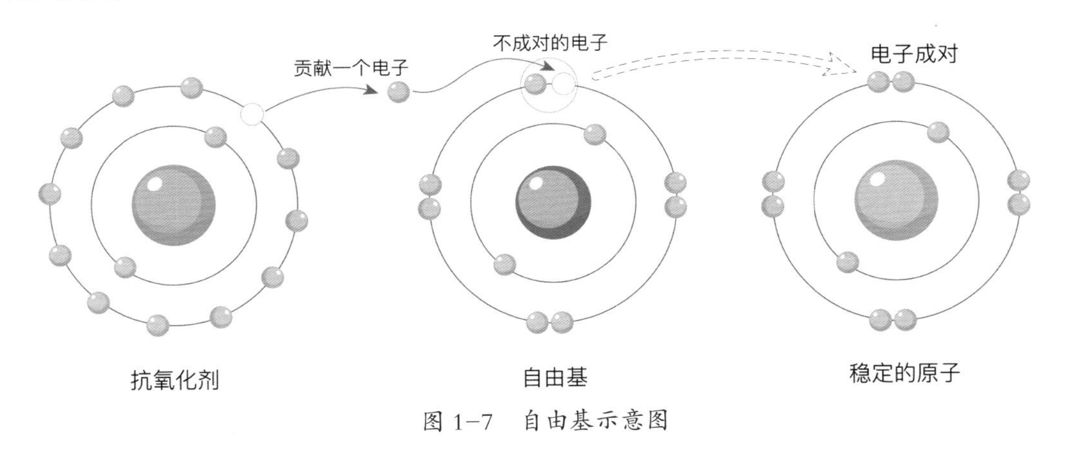

图 1–7　自由基示意图

赫氏反应

赫氏反应（Jarisch-Herxheimer reaction）是感染性疾病治疗过程中发生的症状临时性加重反应，最早在 15 世纪就有记载。1895 年和 1902 年，Adolf Jarisch（阿道夫 · 贾里希）和 Karl Herxheimer（卡尔 · 赫克斯海默）两位医生先后正式报道在梅毒的治疗中发现这种现象。其发生原因是抗生素或药物杀死病原体（最早是梅毒螺旋体，后来发现在真菌、寄生虫、病毒感染疾病中也有类似现象[1]）后，病原释放出大量抗原物质，使免疫反应加重。在一些皮肤问题如痤疮、玫瑰痤疮的外在护理、治疗过程中也常有这样的现象。这一现象应当与过敏相区别。

过敏是免疫系统参与的、针对特定物质的反应。如果怀疑是外用物质过敏，可以在正常皮肤部位（如上手臂内侧）涂抹，如果 24 ～ 48 小时后没有出现发红、起疹、瘙痒等情况，则基本上可以排除过敏嫌疑。

痤疮、玫瑰痤疮皮肤上的赫氏反应，是以毛囊为中心的“爆痘”，可出现脓疱和炎症加重。其特点是不会所有的毛孔都出现，会有消退趋势，或者消退和“爆痘”同时出现，此起彼伏，这种情况不必惊慌。值得注意的是持续加重的反应，因为赫氏反应过强、持续时间太久，会对机体本身造成伤害，这种情况需要请医生治疗，以控制反应强度。

第二章

大油田

√油从哪里来？
√皮肤为什么爱出油？
√怎样减少油脂分泌？

我决定先行讲述有关油的问题——这些油正式的名称叫作“皮脂”，因为皮脂是皮肤的基础产物，和非常多的皮肤问题紧密关联。痤疮、黑头/白头及一些毛囊皮脂腺问题和皮脂分泌过多密切相关；皮肤干燥则和皮脂分泌过少有关。调节或控制皮脂分泌，可以影响上述皮肤问题。所以，我们有必要先了解一些关于皮脂的基础知识。

油从哪里来？

皮肤中有大量的皮脂腺，它们分泌的油脂（包括中性脂肪和少量游离脂肪酸）经毛囊皮脂腺导管到达皮肤表面。经过毛囊时，部分油脂在微生物合成的脂酶作用下，分解为甘油和游离脂肪酸，以尚不清楚的机制形成一层膜，作为皮肤化学屏障的组成部分，发挥保湿等重要的生理作用。某些游离脂肪酸形成的酸性环境，也可以抑制一些微生物过度生长，从而帮助维护皮肤的微生态平衡。

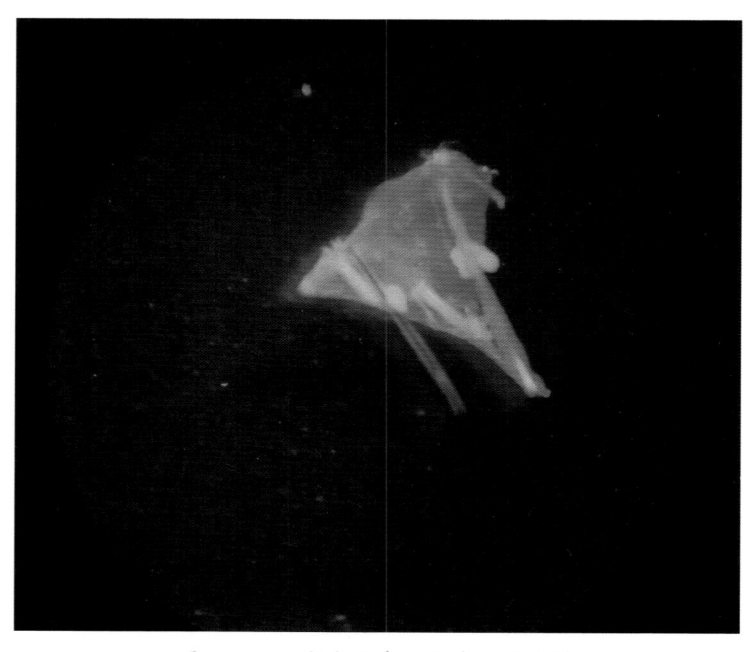

图 2-1　人类皮肤中的毛囊和皮脂腺

不幸的是，油脂分泌过于旺盛，皮肤看起来会油光满面，毛孔也会粗大，同时会给嗜脂性细菌、真菌、寄生虫制造良好的生活环境（某些微生物特别喜欢油脂，如果没有油脂它们就活不下去，比如马拉色菌），它们若过度繁殖，将引发或加重一系列皮肤问题，包括痤疮、黑头 / 白头、玫瑰痤疮、脂溢性皮炎等。

影响油脂分泌的主要因素

（一）激素

目前的研究认为，皮脂腺主要受雄激素影响。雄激素主要来自性腺，以睾酮等形式存在，成年人的肾上腺也能合成雄激素。睾酮先转化为脱氢表雄酮，而后在皮肤中转化为双氢睾酮（dihydrotestosterone，DHT）后发挥作用，在这个转化过程中，5α-还原酶（5α-reductase）发挥了关键作用。

后来的研究发现，一种叫作胰岛素样生长因子 1（insulin-like growth factor-1，IGF-1）的物质，促进皮脂分泌的作用也很强[2]。研究者发现：IGF-1 的血清浓度越高，皮脂分泌越多[3]；摄入大量的牛奶及奶制品（酸奶除外）、高糖食物，则可以获得或刺激身体产生更多的 IGF-1，从而促进油脂的分泌。

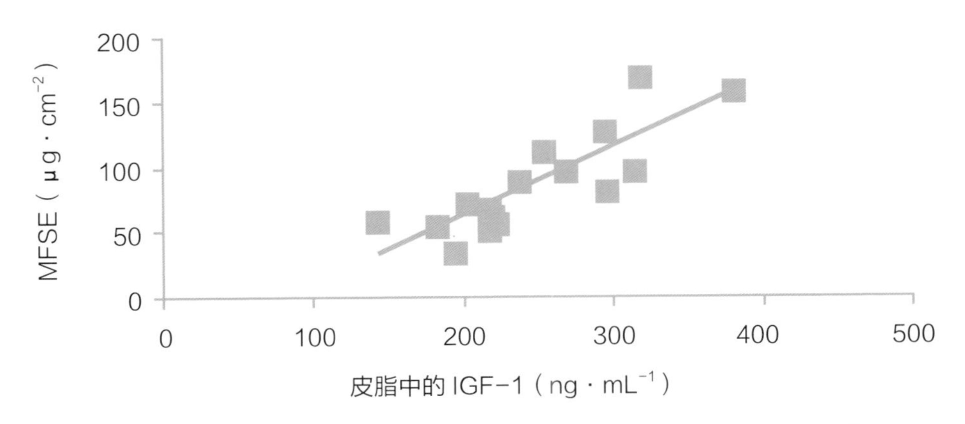

图 2-2　皮脂中 IGF-1 含量与皮脂分泌量的关系（MFSE 指面部皮脂）[3]

促进皮脂分泌的可能还有其他激素，这些激素不一定独立作用，而是彼此交织、互相影响[4]。

雄激素分泌旺盛，会导致体毛较重、小胡子明显，皮肤也更易偏油；某些疾病，例如多囊卵巢综合征、肾上腺增生或肾上腺肿瘤，都会导致雄激素分泌过于旺盛，加速皮脂分泌。雄激素受体敏感或数量较多，亦可造成皮脂分泌活跃，但目前还没有研究表明如何阻断相应受体以控制油脂分泌。

很神奇的是，虽然孕酮（progesterone）这种激素可以拮抗雄激素，却只能减少女性的皮脂分泌，对男性无效[5]。

（二）温度

早在1970年代，就有研究发现温度可显著影响皮脂分泌，皮肤局部温度每变化1℃，皮脂的分泌速度变化达10%[6]（可能的解释是温度升高时，皮脂输送到皮肤表面的速度加快）。研究也发现，环境温度越高，皮脂腺分泌越活跃[7]。这可以解释为什么夏季皮肤偏油，而冬季皮肤偏干；南方人油性皮肤偏多，而北方人则相对较少。对着电脑可能让油脂分泌旺盛，也许是因为电脑屏幕散发的热量累积起来不可小视。

温度不仅影响皮脂的分泌速度，还会影响皮脂的成分，当温度降低时，皮脂中的角鲨烷含量会降低[8]。

（三）精神因素

精神因素对皮脂分泌也可能产生影响。在一部分人身上，紧张、激动时皮脂分泌会增加[9]，也有学者在新加坡研究了皮脂分泌量与精神压力之间的关系，发现精神压力对皮脂的影响不明显，但可以加重痤疮[10]。也许人群、地区不同，皮脂的影响因素会有一定差异。

（四）微生物

一些细菌可以促进皮脂的分泌，如痤疮丙酸杆菌在体外试验中可以促进仓鼠的皮脂腺细胞分泌脂类[11]，马拉色菌（一种真菌）也可以促进皮脂腺细胞分泌皮脂[12]，其他微生物是否也有类似的作用，还有待进一步研究。皮肤中蔬菜芽孢杆菌（*B. oleronius*）和毛囊虫多的玫瑰痤疮患者，皮肤表面的皮脂水平较低，这可能是因为毛囊虫主要以皮脂为食[13]。

（五）反应性皮脂分泌

有一种观点猜测皮肤会在过度清洁皮脂或水分不足时发生“反应性油脂分泌”，因为皮脂在皮肤表面的厚度是一定的，只有分泌到这个厚度才会停止[9]。不过目前这一猜想还没有获得严格的研究证实。如果这一假设成立，那么良好的补水和保湿护理也许可以减少油脂分泌。

此外，有研究发现皮脂的分泌还有昼夜节律性，接近中午的时候，皮脂分泌最旺盛[14]。

年龄因素也有很大影响，青春期皮脂分泌开始增多，随着年龄增长，皮脂分泌逐渐减少。

由上可见，皮脂的分泌既可以受内在因素的影响（如激素水平），也可以受外在因素的影响。皮肤油或不油，在一定程度上是可变的。因此，可以通过相应的护理，减少皮脂分泌。

减少油光的主要方法

根据前面所阐述的原理，可以制定出控油的综合策略。

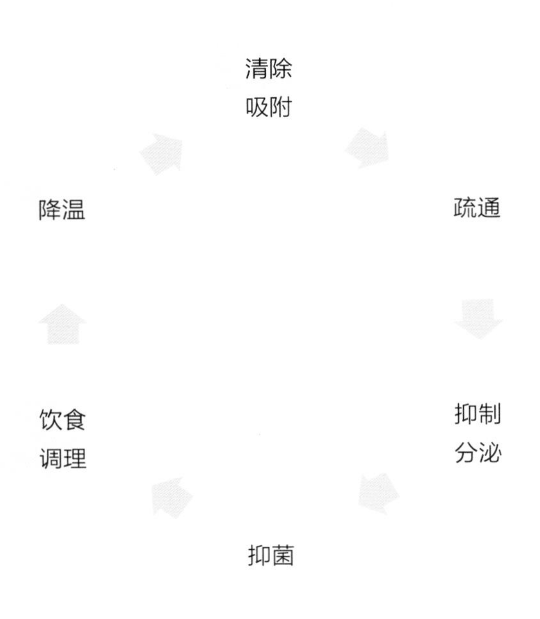

图 2–3 控制油脂分泌的“六脉神剑”

（一）清除吸附

使用洁面产品洗去过多的皮脂，可以明显改善皮肤油亮的外观，常用的洁面产品都可以实现这个功能。

吸附产品以粉类为主，粉体吸附了油脂后，皮肤可实现亚光效果。此法并不能真正减少皮脂的分泌，但是可以改善皮肤油亮的外观。一些用户反馈使用珍珠粉扑在皮肤上，效果很好。海藻多糖也可消除面部油光。常用的还有活性炭粉、海泥、黏土、多孔硅石微粒等（通常加入洁面、泥膜类产品中）。用于吸附的粉体应当足够细，因为粉体吸附能力与其比表面积（表面积 ÷ 体积）相关，更细的粉比表面积更大。此外，吸油纸也可以减少面部的油光。

（二）疏通毛孔

清除堵塞在毛孔内的油脂、角栓，疏通毛孔，减少皮脂在毛囊中的蓄积，使皮脂顺畅地流到皮肤表面并铺展开，可以减轻毛囊口附近皮肤油亮的情况。疏通毛孔可以使用含有粉体的洁面产品、水杨酸、撕拉式面膜（请不要过度使用，关于撕拉式面膜的使用技巧和方向，将会在第四章详细叙述）、果酸等。

（三）使用抑制皮脂分泌的护肤品

以下成分可以减少皮脂的分泌：

√视黄醇及其衍生物：包括视黄醇（retinol，维生素 A，VA）、视黄醇棕榈酸酯（retinyl palmitate）、视黄醛（retinal）等，可以在皮肤内转化成视黄酸（即维 A 酸），然后作用于相应的细胞核受体，抑制皮脂分泌。

√大豆异黄酮（soy isoflavones）：植物性类雌激素，具有抗炎、抗氧化等多种功能，可以拮抗雄激素的作用，从而抑制皮脂分泌。

√丹参（salvia miltiorrhiza）提取物：主要有效成分为丹参酮，可以拮抗雄激素的作用。丹参酮也有内服制剂，常用于痤疮的治疗。

√茶（camellia sinensis）叶提取物（绿茶提取物）：主要成分为茶多酚，可以抑制 5α-还原酶，减少皮脂分泌。

√维生素 C（ascorbic acid，抗坏血酸）：可以减少油脂分泌，也有美白、抗衰老功能。

√烟酰胺（niacinamide，维生素 B_3）：可以抑制油脂分泌，也可以强健皮肤屏障，还有美白作用。

√吡哆素（pyridoxine，维生素 B_6）、吡哆素 HCl（盐酸吡哆素）：后者是前者的衍生物。维生素 B_6 可以抑制皮脂分泌。

√锌剂：包括硫酸锌（zinc sulfate）、葡糖酸锌（zinc gluconate），通过抑制 5α-还原酶起作用，也可以抗炎。

我曾针对皮脂过多的问题设计过一款绿茶精华配方，就考虑了上述多个环节，大部分使用者的反馈很好，不过仍然有部分人使用效果不佳，其中的原因值得进一步研究。

（四）抑制微生物等

如果检查确认马拉色菌过多，可以在医生指导下，使用采乐洗剂或含吡硫鎓锌（ZPT）、二硫化硒、硫黄等成分的护肤品或药品护理皮肤，特别是有脂溢性皮炎倾向的人。某些皮肤细菌繁殖过多的人，不仅有油田问题，还伴有炎症、丘疹、脓疱等问题，这种情况需要在医生指导下进行治疗或护理，可能需要内服或外用抗生素。也可使用一些有抑菌成分的护肤品，如：茶树精油、迷迭香精油、广藿香精油、檀香精油、薰衣草精油、肉桂精油、柠檬草精油以及含黄连、黄柏、黄芩等成分的护肤品。

需要说明的是：精油需要稀释到合适的浓度使用（一般建议 5% ～ 10%，参见各个产品的具体说明），建议使用荷荷巴油或化妆品级矿物油稀释，它们更适合油性皮肤。

（五）皮肤降温

可以在电脑前面放一个吸饱水的海绵，保持环境湿润；还可以用凉毛巾冷敷，使用带制冷功能的美容仪按摩面部。

（六）饮食调节

少肉少油低糖（低血糖指数），避免摄入牛奶及奶制品（酸奶除外）；多摄取蔬菜、大豆类食品，多吃含维生素 B、维生素 A、胡萝卜素的食物，例如粗粮、胡萝卜、西蓝花等（关于各种维生素的主要食物来源及作用、不同食物的血糖指数，可参见《素颜女神：听肌肤的话》第五篇《内调养颜》）。有一项研究显示，内服胶原蛋白也可以减少皮脂分泌，增加皮肤水分。

在内服药物方面，医生会用丹参酮、维 A 酸等来减少油脂分泌。维 A 酸有较大的副作用，应谨遵医嘱使用。内服维生素 B_6、维生素 B_3、维生素 A 也是有效的。

通过上述护理，大部分人的油田状况都会得到较好的改善。然而，我在实际工作中也发现少数极为顽固的油性皮肤，已排除了内分泌疾病，用上述方法效果也不够理想，其原因和解决方法还需要进一步研究。

知识链接

控油的医美手段

研究发现，光动力治疗也可以抑制皮脂的分泌，光动力一方面可以直接抑制皮脂腺细胞分泌皮脂，另一方面可以抑制皮脂腺细胞上的雄激素受体，达到抑制皮脂分泌的目的。不过这种作用是可逆的，因此无法根除油田。关于光动力治疗，将在痤疮相关章节详细介绍。

答疑区

Q1. 用深层清洁的方法，比如使用洗脸刷、磨砂膏等，是否能帮助减少油脂？

A：这类方法可以帮助去角质，当然配合洁面产品也可以清除皮肤表面的油脂，但并不能让皮脂的分泌真正减少。要真正减少皮脂分泌，仍然要按前述方法综合护理。

Q2. 用吸油纸会不会让皮肤变得更油？

A：并不会。吸油纸接触的是皮肤表面，只会吸收掉表层多余（溢出）的皮脂，但对皮肤没有刺激作用。

小结

皮脂既是皮肤不可缺乏的滋润物质，也可能导致多种问题，包括痤疮、黑头或白头等，控油是解决上述问题的基础之一。

皮脂过多主要与激素有关，微生物、高糖饮食、温度升高都可以促进皮脂分泌。

控油需要从清除、疏通、抑制皮脂分泌、抑制微生物和饮食调节等多方面进行。

第三章

毛孔粗大

√毛孔粗大有哪些类型？
√毛孔为什么会粗大？
√毛孔粗大还有救吗？

护理粗大毛孔的第一步，是搞清楚毛孔的类型。我认为首先有必要建立单纯性和器质性（或萎缩性）毛孔粗大的概念，两者的核心区别是：有没有发生真皮的萎缩。

我们已经了解，皮肤分为表皮、真皮和皮下组织三层。真皮层的主要成分是细胞外基质（extracellular matrix，ECM），包括胶原蛋白纤维、弹性纤维，以及与水紧密结合的糖胺聚糖（如透明质酸）。ECM 成分使皮肤饱满、紧致、有弹性，如果这些成分降解、损失了，皮肤就会松弛，如果在小区域内损失，皮肤会出现凹痕。

先用模式图直观地解释一下两类毛孔粗大的区别：单纯性毛孔粗大的毛孔只是在水平方向上被动撑大，器质性毛孔粗大是因真皮基质损失而在垂直方向上形成凹陷。

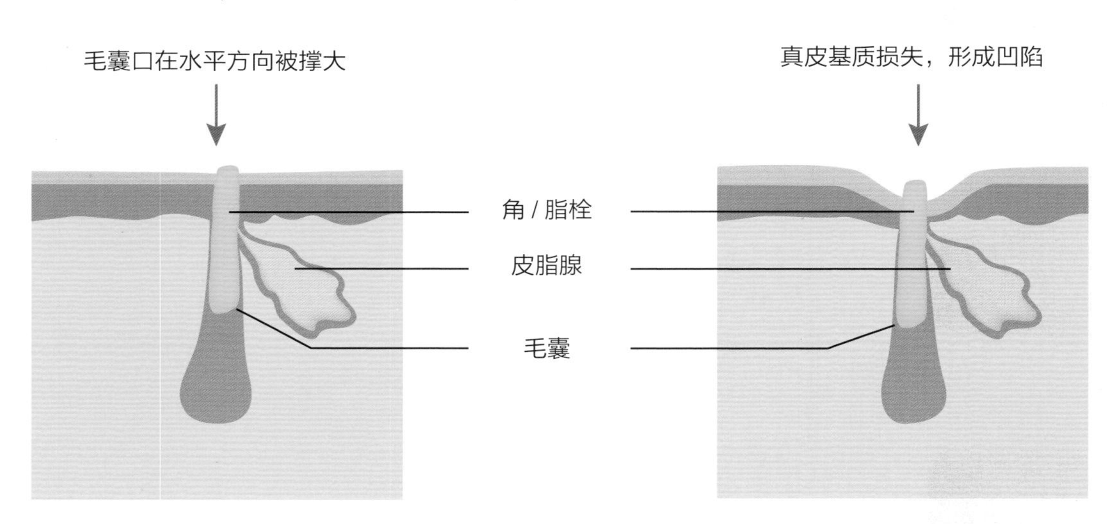

图 3-1　单纯性毛孔粗大和器质性毛孔粗大的区别

之所以要区分这两类毛孔，是因为器质性毛孔粗大并不能用护肤品解决，而要借助医美手段，它的处理方法与单纯性毛孔粗大有很大区别。除了单纯性毛孔粗大，还有两类非器质性毛孔粗大：炎症或感染导致的毛孔粗大和衰老性毛孔粗大。

单纯性毛孔粗大

毛孔大小与油脂分泌量相关，也和年龄、性别有关[15]。儿童时期雄激素分泌少，油脂

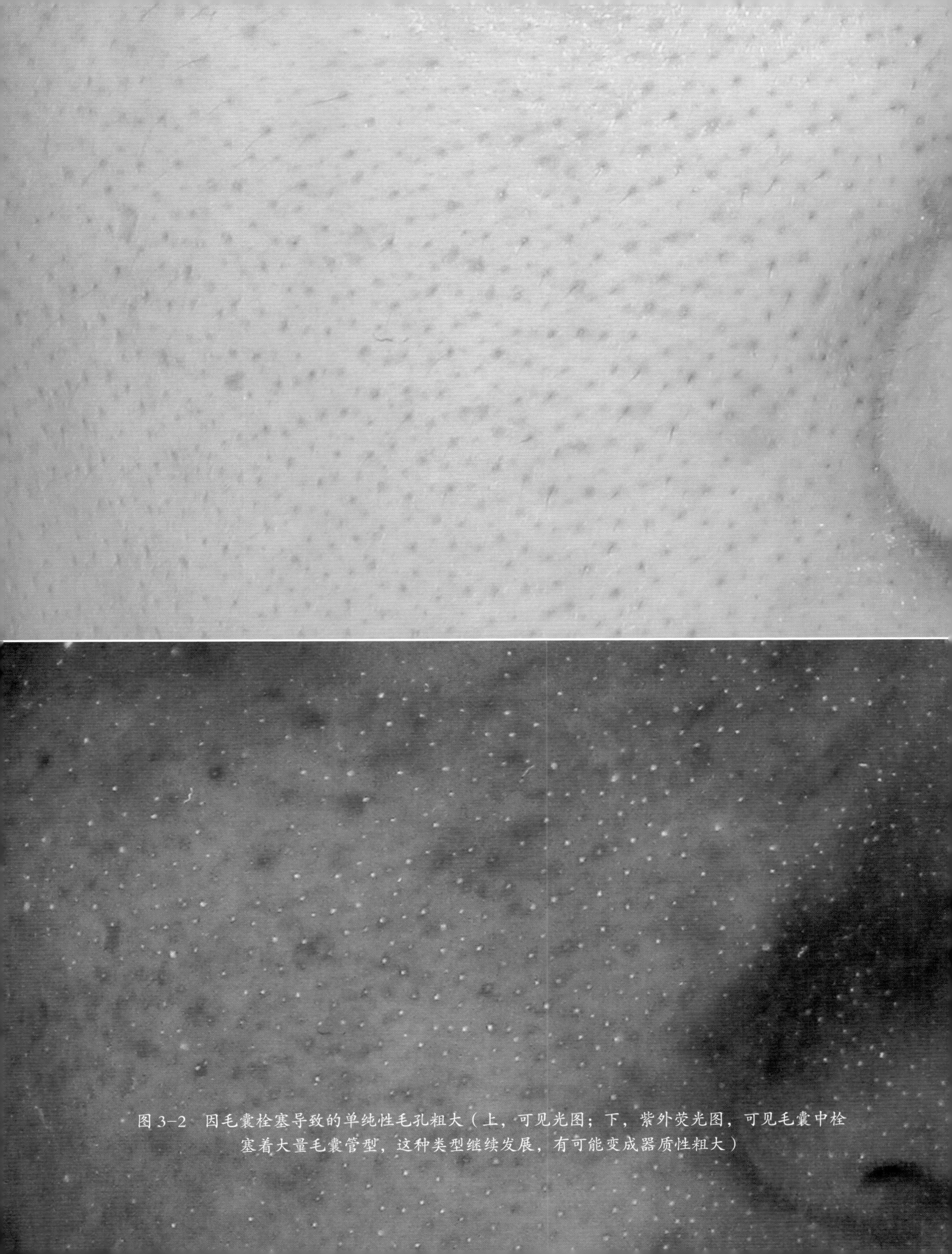

图 3-2　因毛囊栓塞导致的单纯性毛孔粗大（上，可见光图；下，紫外荧光图，可见毛囊中栓塞着大量毛囊管型，这种类型继续发展，有可能变成器质性粗大）

量少，毛孔细腻；青春期性腺发育，雄激素分泌增多，皮脂分泌量加大，为了排出这些油脂，显然需要更大的毛孔。在这一阶段，毛孔是自然增大的，并没有其他复杂因素参与，因此可称为“单纯性粗大”。

如第一章所述，皮脂过多可能引起嗜脂性微生物大量繁殖，从而引起毛囊壁细胞（学名“外毛根鞘细胞”）快速增殖，与皮脂、微生物一起堵塞毛囊，形成脂栓或毛囊管型，将毛孔撑大，因此，清除这些堵塞物十分重要。

单纯性粗大的毛孔，只是在水平方向上向四周扩展，只要注意清洁并抑制皮脂分泌，毛孔会自然回缩。清除毛孔中的油脂、脂栓的具体方法，请参见第四章的操作示例。很多情况下，清除黑头、白头是收缩毛孔的前期工作之一。控油的方法可参见第二章的指导。

衰老性毛孔粗大

毛孔粗大和衰老也有关系。年龄比较大、皮肤松弛的人，若有毛孔粗大，则要加强防晒、抗衰老、抗氧化、补充胶原蛋白、保湿等，此问题的日常护理与皱纹的护理有许多共同之处，请参见第十三章有关皱纹的内容。

图 3-3　衰老性毛孔粗大：因皮肤松弛，毛孔和细纹已经连成线

除了日常护理，也可以考虑医美术或者家用射频等方法。适用于此种情况的医美术包括:

√强脉冲光（IPL、OPT）：俗称“光子嫩肤”；

√射频：如热玛吉（Thermage）、黄金微针（实质是点阵式射频）；

√微针或水光针。

这些方法中，强脉冲光是创伤性最小的，见效也很快。当然也有禁忌症。

知识链接

强脉冲光的禁忌人群

1. 绝对禁忌人群：光敏性皮肤及患有光敏相关疾病者，治疗区域皮损为癌前期病变或恶性肿瘤者，治疗部位有感染者，治疗区域有开放性伤口者。

2. 相对禁忌人群：口服维A酸类药物者，近两周内有日光暴晒史、术后不能做好防晒者，妊娠或哺乳期女性，瘢痕体质者，免疫力低下或正在服用糖皮质激素类药物、免疫抑制剂的患者，有凝血功能障碍者，有精神疾病或精神障碍、不能配合治疗者，有其他严重系统性疾病者。

炎症或感染导致的非器质性毛孔粗大

（一）炎症导致的毛孔粗大

相当一部分成年人的毛孔粗大是炎症引起的，常常有脂溢性皮炎的症状：两颊及/或口周皮肤发红，尤其以鼻子两侧为甚。将毛孔中的脂栓取样检查，常可发现大量的马拉色菌、葡萄球菌（属）等。马拉色菌多的人常有皮肤脱屑，葡萄球菌（属）居多的脱屑不明显。毛囊周围的炎症使皮肤血管扩张，血清渗出使组织间发生水肿，挤压皮下组织向表皮外凸起，形成橘皮样变化，毛孔就显得更粗大了。

对于这一类皮肤，清洁上要很温和，以免刺激、损伤皮肤屏障，要防止各种刺激，防止过度摩擦皮肤和过度清洁皮肤。控油的同时，要注意抗炎，必要时，应请医生根据炎症的原因给予相应治疗。此种情况建议不要用激素或者激素替代类的非特异性抗炎药物，例如他克莫司、吡美莫司等。

（二）毛囊虫导致的毛孔粗大

毛囊中的毛囊虫数量过多，也会造成毛孔粗大。想象一下，好几条毛囊虫挤在一个毛囊口，自然就把毛孔撑得很大。不太严重的，虫子消除后毛孔可以回缩；而比较严重的，

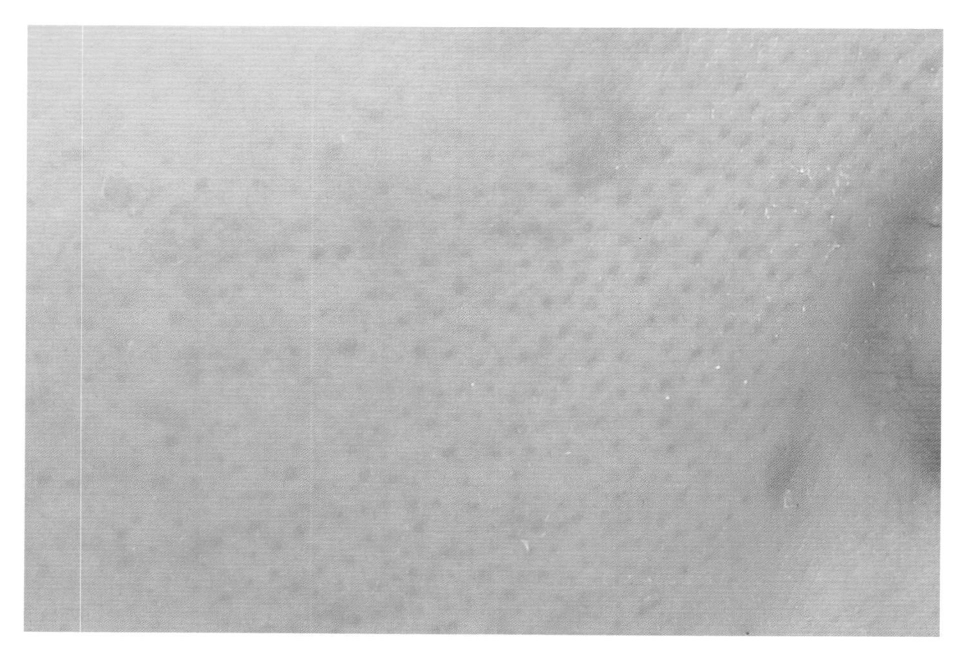

图 3-4 炎症水肿导致的毛孔粗大（玫瑰痤疮引起）

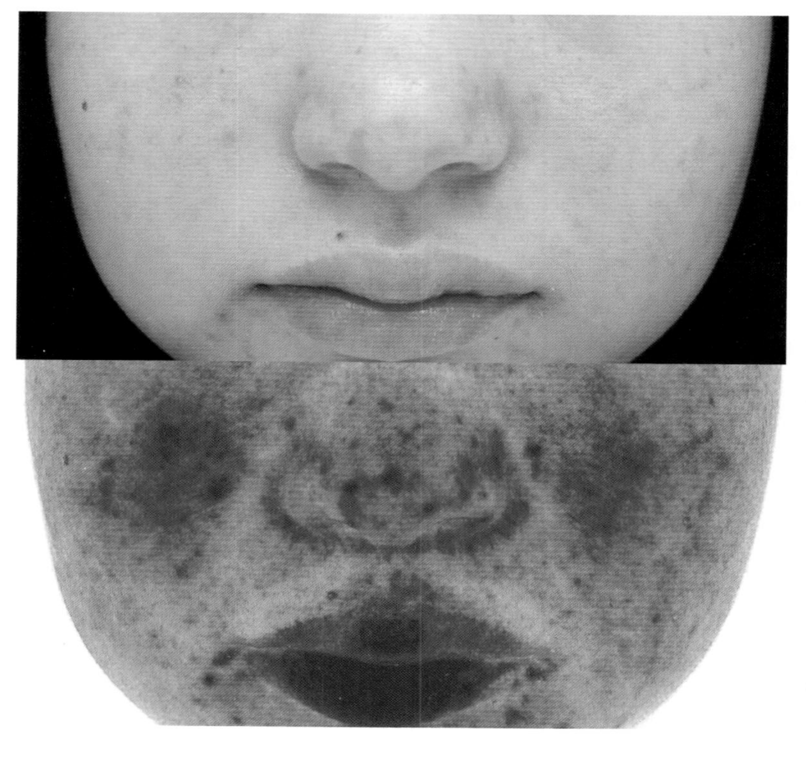

图 3-5 检出大量毛囊虫的皮肤

恢复就困难了。这类皮肤毛孔口的角栓常呈蜂蜡状(附着于汗毛突出体表者，称为毛囊糠疹)，有些油腻腻的感觉，但皮肤整体上并不油。

毛囊虫的数量需要实验室检查确认，关于它的处理，可参见本书第八章《玫瑰痤疮》的内容。

器质性毛孔粗大

如前所述，器质性毛孔粗大涉及真皮的萎缩，因此护肤品无法解决，需要求助于医美术。关于这一问题是如何形成的，没有任何相关资料。我将继续保持对此问题的高度关注。

治疗毛孔粗大常用的医美术包括：点阵激光、微针、美塑疗法(如"水光针")、射频等。这些方法已在《素颜女神：听肌肤的话》第四篇中医学美容的部分做过介绍，此处不再赘述。

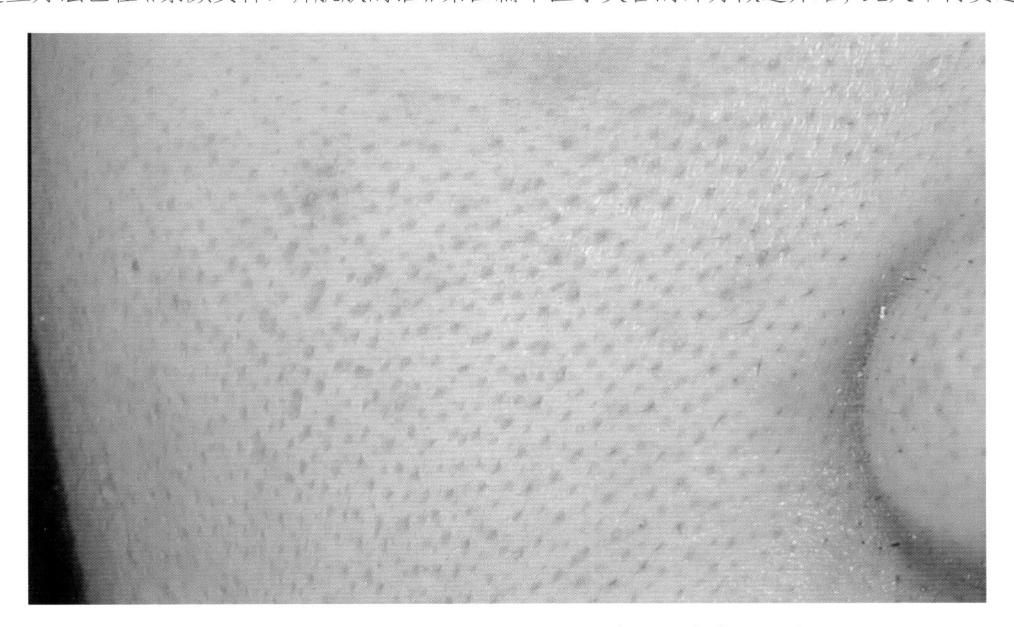

图 3-6　典型的器质性毛孔粗大：可见毛囊四周有萎缩性的凹陷

抗炎和去除诱导炎症的因素对改善早期器质性毛孔粗大、预防更严重的器质性毛孔粗大有非常重要的意义。器质性毛孔粗大的直接原因是真皮基质损伤，而这种损伤来源于炎症。炎症细胞在诱导因素的作用下分泌(或者促进真皮的成纤维细胞分泌)基质金属蛋白酶、透明质酸酶，让胶原蛋白、弹性纤维、透明质酸降解，从而导致皮肤下陷。不过，凹陷并不是一夜之间形成的，炎症有一个过程，不同阶段对毛孔粗大有不同的"贡献"，而且可以彼此掺杂。

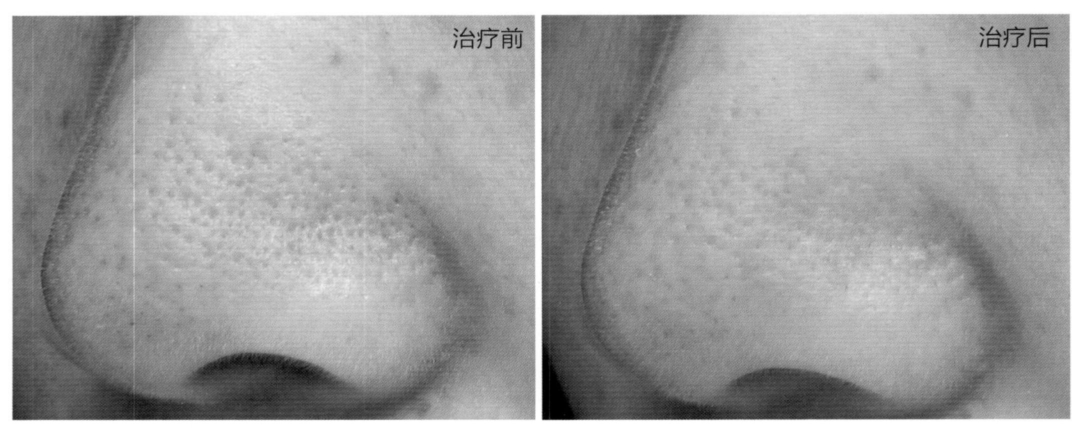

图 3-7 医美术治疗毛孔粗大前后对比：点阵激光处理 2 次，5 个月
（重庆长良医美诊所皮肤科友情提供案例）

炎症正在发生时，由于水肿，毛孔粗大状况会加重，如果能够减轻炎症（常常和微生物有关），则可以减轻毛孔粗大状况。

这种凹陷性（萎缩性）的毛孔粗大其实是一种瘢痕。其形成过程中毛孔周围的真皮在最终定型前有活跃的重塑（remodeling）过程，即胶原蛋白会发生降解、新生、重排，血管可以增多、减少，此时也可以出现真皮基质损伤性（而不是水肿）的毛孔粗大。若能及时去除诱导炎症的因素（如细菌及其分泌的外毒素、降解的真皮基质产物），则因为真皮重塑中的再生过程仍在进行，毛孔粗大可以有一定程度的自我改善。但炎症发展到一定程度后，最终瘢痕定型（呈现白色，组织中以致密胶原纤维为主，炎症停止），即使采用抗炎措施，毛孔粗大也不会再有什么改善。

冰寒友情提示

如果既有器质性毛孔粗大，也有炎症，应当首先处理炎症。上述医美术的基本原理都是通过一定的损伤，启动皮肤的再生和修复机制，使皮肤恢复更加年轻和紧致的状态。在皮肤本身有炎症的情况下，医美术有可能使炎症加重。

器质性毛孔粗大如果特别严重，常常需要多次治疗，要遵医嘱，有耐心。

要到正规的医学美容机构，由可靠的美容皮肤科医生选择合适的手术时机、方法、过程，才能取得好的效果，并且要十分注意术后的护理。

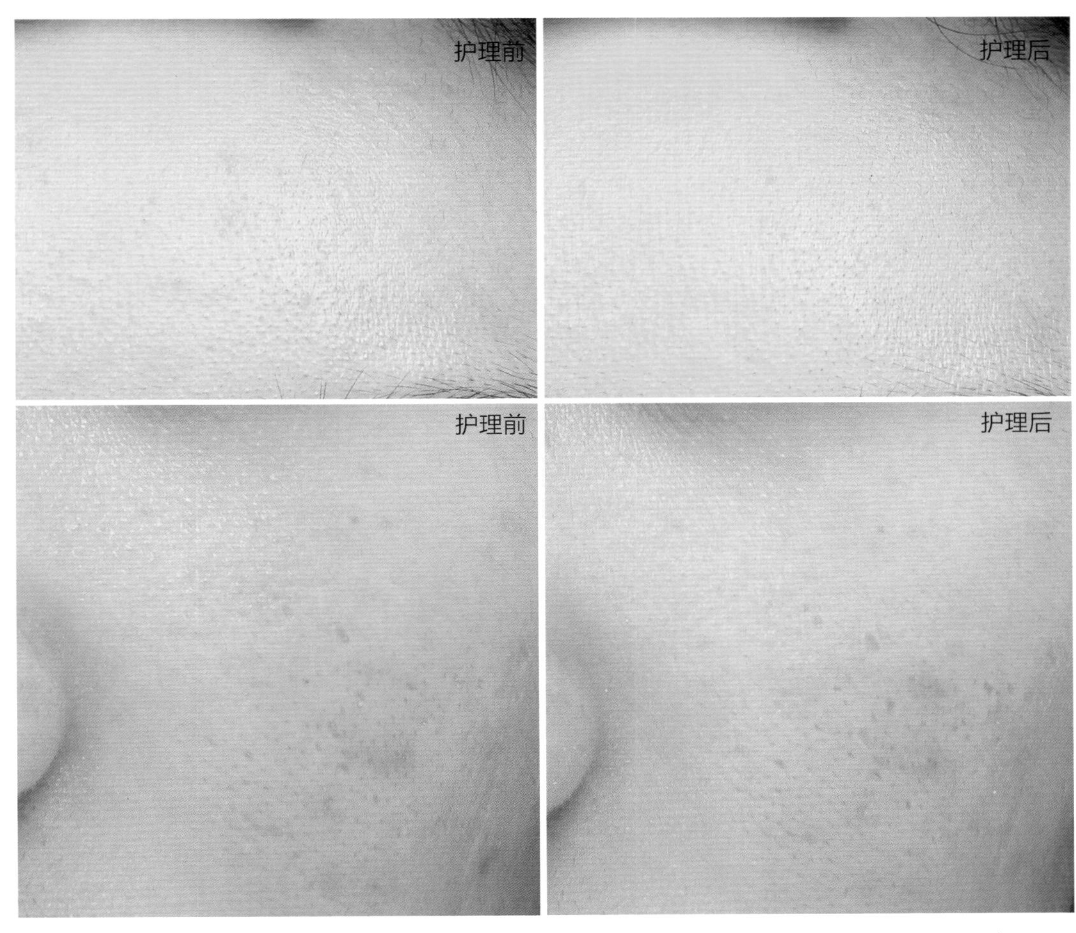

图 3-8　一位有器质性毛孔粗大的年轻女性，在及时清理毛囊内容物、干预炎症之后，炎症和毛孔粗大状况都得到了改善（60 天）

答疑区

Q1. 用泥类产品是否可以收缩毛孔?

A: 泥类产品有帮助清洁的作用，从这点上来说，它可以帮助收缩毛孔，但毛孔粗大是个综合问题，需要多方面护理，不能只靠泥类产品。

Q2. 收缩毛孔有哪些通用的原则？

A：（1）清洁和控油。去掉多余的皮脂、毛孔角栓或脂栓，减少皮脂分泌。

（2）减少外源性刺激因素（即过度繁殖的微生物、毛囊虫）。

（3）防晒抗衰老：保持皮肤弹性、紧致，这样才会有更细腻的肌肤。

（4）尽量不要用彩妆遮盖的方法掩饰毛孔。我在微博上做了调查，有约 69% 的投票者遇到了用彩妆遮毛孔，结果毛孔越来越大的情况。彩妆的确能立竿见影地改善外观，但它的封闭性可能会为毛囊内微生物的繁殖创造更好的条件，促进炎症和皮脂分泌。当然，也可能有卸妆成分方面的原因。

网络调查：你有没有遇到用彩妆遮盖毛孔，结果毛孔越来越大的情况？

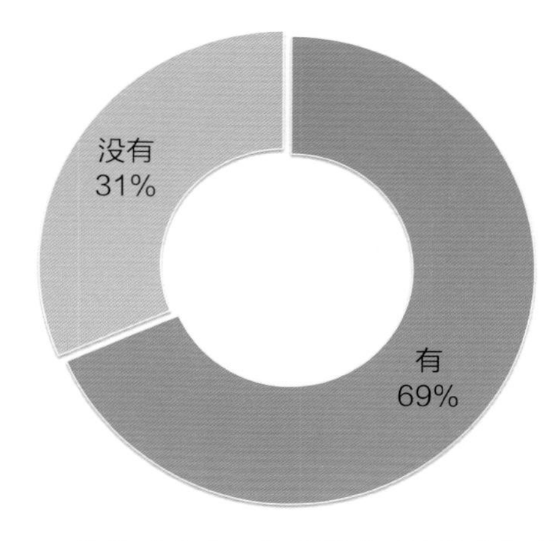

图 3-9 化妆对毛孔粗大的影响网络调查投票结果

Q3. 光动力疗法是否可以收缩毛孔？

A：可以临时改善单纯性毛孔粗大。光动力疗法中，微生物分泌的卟啉类物质可以吸收光线释放 ROS（活性氧），从而起到抑制微生物的作用。更重要的是，活跃的皮脂腺也可以吸收光敏剂，继而被光能作用抑制，然后萎缩，达到减少出油的目的。但这种变化是可逆的，几周后就会逐步恢复。此方法可以作为处理毛孔粗大的选项之一，但通用的基础工作仍然要做好。

Q4. 水杨酸、果酸是否可以收缩毛孔？

A： 水杨酸日常最多使用 2% 浓度的，可帮助清理角栓，也有一定的抑菌作用，能改善单纯性毛孔粗大。果酸的情况类似。此外，果酸对衰老性皮肤的毛孔粗大也有一定作用，因为它可以让真皮增厚、弹性增加，具有抗衰老作用。

Q5. 用鸡蛋清敷脸可以收缩毛孔吗？

A： 蛋清可能有一定的收敛作用，但对于收缩毛孔的作用不够明显。

Q6. 用柠檬汁洗脸可以收缩毛孔吗？

A： 柠檬汁中含有高量的柠檬酸，有一定的去角质作用，可以使皮肤柔嫩，还可以降低皮肤的 pH 值。用柠檬汁洗脸对轻度的毛孔粗大可能会有帮助，但这其中有运气的成分。

讨　论

毛孔真的不可能缩小吗？

有一个较为流行的观点是：毛孔是不可能依靠化妆品缩小的，即使缩小了，也只是视觉上的效果，比如毛囊被清理后变得更为干净了。有些人将这个观点理解为“毛孔是不可能缩小的”。

我的看法是：某些情况的毛孔粗大，是不可能依靠化妆品缩小的，例如器质性粗大，涉及真皮基质的萎缩，有瘢痕组织形成，只有借助医美手段才有改善的希望。而单纯性毛孔粗大以及与皮脂分泌过多、过度角化、炎症相关的毛孔粗大，经过适当的护肤、饮食调理，是可以改善的。事实上我在实践案例中也看到了，消除或减轻毛孔粗大的诱因后，毛孔是可以变得更细腻的。

小结

毛孔粗大分为单纯性和器质性（或萎缩性）毛孔粗大两类。

单纯性毛孔粗大一般做好清洁、控油就能改善；炎症和衰老引起的毛孔粗大，需要处理炎症和抗衰老。器质性毛孔粗大是真皮萎缩引起的，只能借助医美术治疗。

器质性毛孔粗大的原因尚不明确。

第四章

黑头和白头

√黑头和白头的实质是什么？

√黑头和白头是怎么来的？

√不同类型的黑头该怎么清除？

√怎样避免黑头复发？

√脂肪粒是怎么回事？

黑头和白头是怎么来的?

(一)黑头和白头的核心问题

一个普遍的误解是:黑头是毛孔中的油脂未能得到及时清除,顶部接触空气被氧化,再混合了灰尘等污垢后发黑形成的,所以清洁、去角质是去黑头最重要的方法。但黑头真正的问题在于:皮脂(内含微生物)混合了角质细胞(确切地说是外毛根鞘细胞)共同堆积在毛孔中,使得毛孔颜色发黑;还有一类黑头中存在大量的毳毛,毳毛含有黑色素,所以看起来非常黑。

图 4-1 小洞的光学效应

前一类黑头(非毳毛型)的毛孔被堵塞物撑大,本身就会因为光学效应显得黑。比如右边的照片,一个馒头上扎了一个小洞,洞内并无一物,但它看起来是黑的。

(二)黑头和白头的诱因

根据毛囊中栓塞物(毛囊管型,follicular cast)的构成,我将黑头和白头分为四种类型:脂栓型、脂丝型、角栓型、毳毛型。黑头和白头的本质是相同的,只是颜色深浅有差异。为简便起见,下文中除非特别指出,否则均用“黑头”代指“黑头和白头”。不同类型的黑头有几个共同的诱因:

1. 皮脂分泌过多。黑头多发生在皮脂腺丰富的 T 区,而且夏天黑头更明显,发生得更迅速,冬天油脂分泌少,黑头“安静”得多。在显微镜下进行染色观察,会发现黑头中填充着大量的油脂。

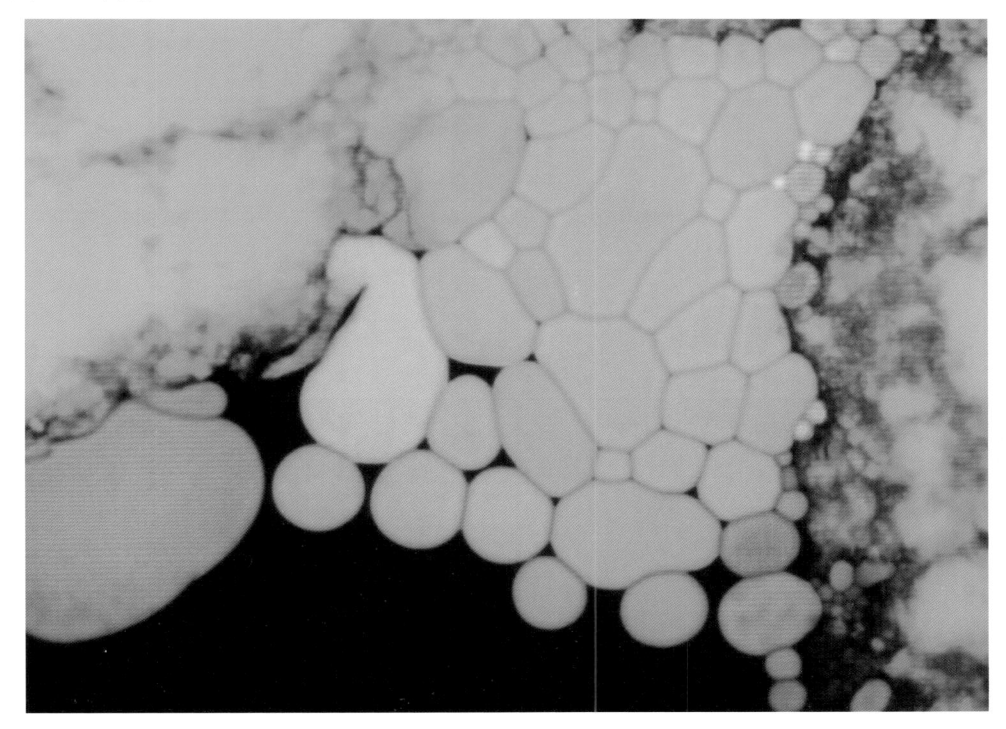

图 4-2　黑头中的大量油脂（绿色和橙色均质物）

2. 毛囊壁细胞过度增殖。在黑头中可以发现大量的外毛根鞘细胞（它可算是角质形成细胞的近亲，所以也常称为“角质细胞”）。至于这些细胞为何会大量存留在毛囊中并堵塞毛囊，暂时还不清楚，可能有外部诱发因素，如真菌、毛囊虫等，也可能与皮脂本身的刺激有关。这些微生物一方面分解人体油脂，刺激皮肤产生更多油脂，另一方面也可能引发机体的炎症反应，而某些炎症因子的增多（例如白介素 -1α），可能促使外毛根鞘细胞过度增殖，当然，也许还有其他因子的作用，我们目前尚未完全了解。上述过程与痤疮粉刺的发生有些相似。不过，黑头、白头本身很少变成痤疮粉刺，从栓塞物的结构上来看，它们与粉刺区别较大，主要体现在油脂的数量较多、角质细胞数量少一些，且细胞之间的结合不像粉刺那样紧密。

黑头护理三部曲

经实践验证，采用清除、促渗、长效抑制相结合的方法护理黑头，效果出众。

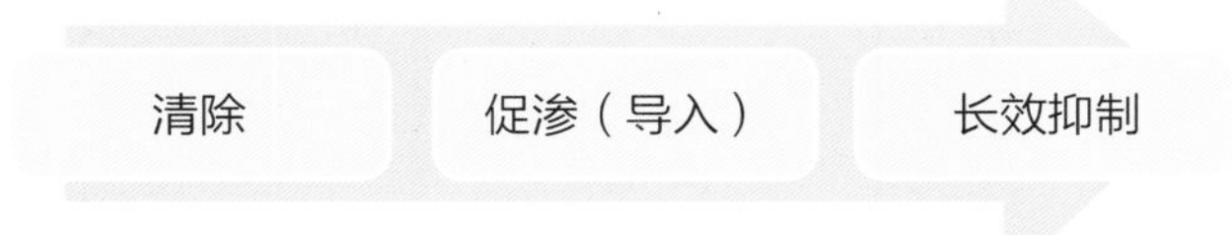

图 4-3 黑头护理三部曲

（一）清除黑头

清除的作用是充分疏通毛孔，这样毛孔才会回缩变细。在清除黑头之后的短暂时间内，毛孔是中空的，此时是促进黑头护理成分进入（导入）毛囊内的绝佳时机。只有做好清除和促渗导入，才能长效抑制黑头再生。

要高效地清除黑头，建议根据黑头的分型，单独或联合使用各种方法，实现真正的深层清洁。黑头的分型和清除方法如下：

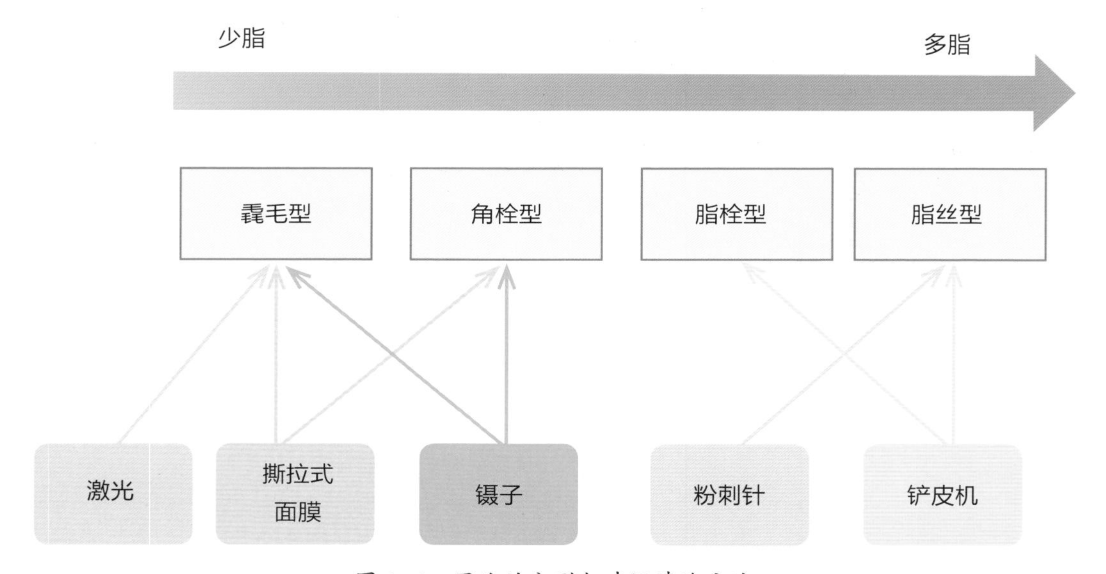

图 4-4 黑头的分型与建议清除方法

接下来，我们以实例说明，每种分型的特征是什么，以及每种工具的使用步骤。

1. 脂栓型黑头的清除

这类黑头的脂类含量比较高，长度比较短，经常位于毛孔的浅部，比较容易挤出。但如果经常使用洗脸刷或者其他浅部清洁方法而未彻底清理的话，会导致毛囊轻微下陷，黑头表层被洗掉了，下半截却藏得更深，就会不那么容易清理。脂栓型黑头可以使用超声波洁面仪（俗称“铲皮机”）或粉刺针清理。超声波洁面仪适用于较大面积的操作，粉刺针非常适合单独清理顽固的黑头。

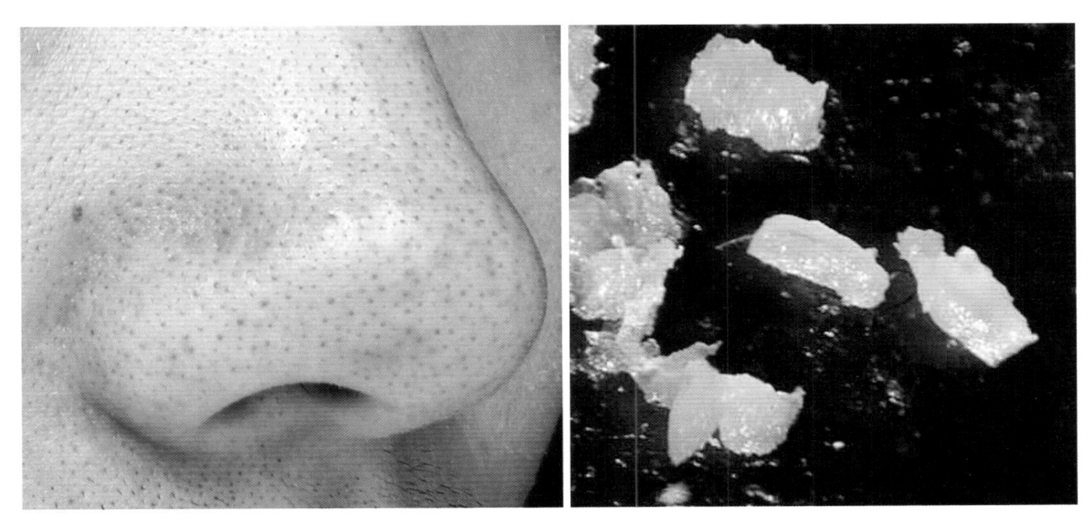

图 4-5　脂栓型黑头（也可以视为白头）的皮肤表现和脂栓形态

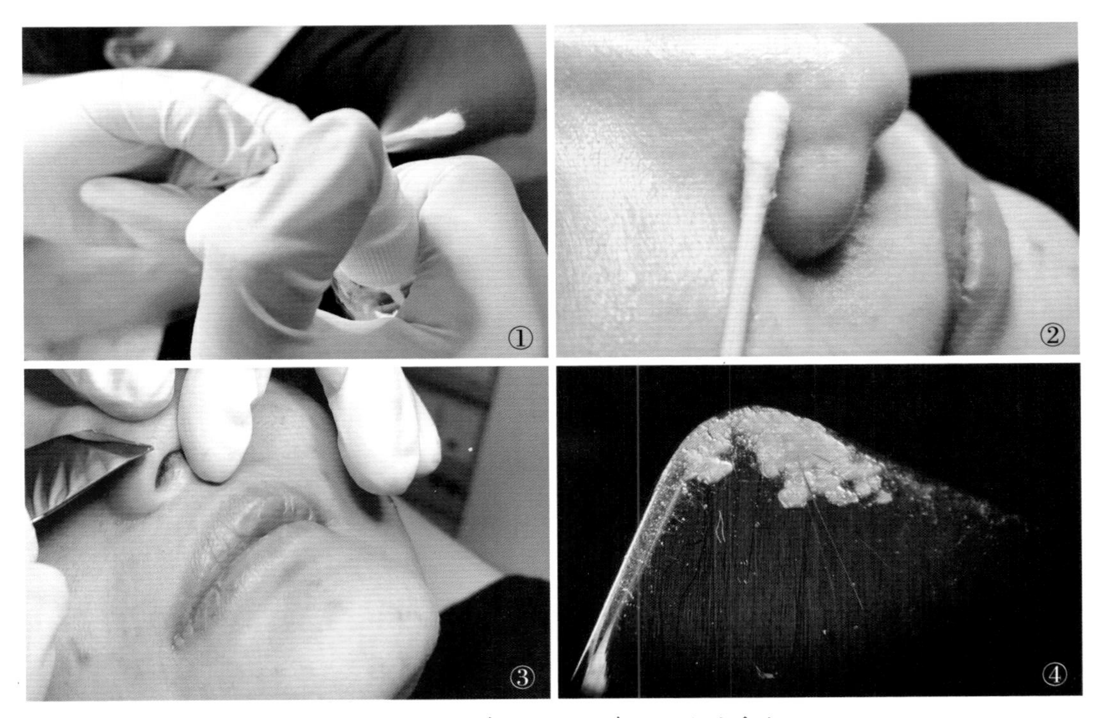

图 4-6　用超声波洁面仪清理黑头的手法

清理黑头前，要使面部充分湿润，让毛孔口和其中的脂栓软化，因此可以在敷完面膜或洗澡后进行。用超声波洁面仪清理黑头的方法（图 4-6）如下：

（1）用 75% 的酒精消毒所有器械。

（2）用 75% 的酒精给操作区域皮肤消毒。

（3）将洁面仪的超声波发生器（或清洁头）以 30° ～ 45° 角接触皮肤，轻轻按压并向前推进，此时可以看到毛囊中的脂栓不断“蹦”出。

冰寒友情提示

铲皮机的使用技巧

- 不要用力过猛或在同一区域停留过久，以免引起疼痛或损伤。
- 不需要每天都用，可以一周用一次，逐步清除黑头。
- 无法用超声波洁面仪清除的黑头，可以用粉刺针逐个清除。
- 铲皮机并非对所有黑头类型都有效，实在清除不掉的，应换用其他方法。

用粉刺针清除黑头的方法（图 4-7）如下：

（1）给两根粉刺针消毒。

（2）在明亮的光线下操作，可以对着镜子自己操作，但最好请人帮忙操作。

（3）用粉刺针的圆环端按住黑头的一侧，再用另一根粉刺针的圆环端按压黑头的另一侧，轻轻挤一下，多数情况下可以迅速挤出黑头。

（4）挤下的黑头可以擦到棉片上。

这样做非常精准，对皮肤的损伤很小，也不会痛。而用指甲挤则容易损伤皮肤。

2. 脂丝型黑头的清除

这类黑头的特点是皮肤表面略平滑一点，毛囊内聚集着大量的脂类物质，挤出时呈丝状喷出，没有固定的形状，质地柔软，挤出后形成弯曲的形态（图 4-8 右）。脂丝型黑头的基本清除方法与脂栓型黑头相同，需要注意的是这类黑头毛囊中隐藏的皮脂有时非常多，一次无法完全清洁干净的话，可以用铲皮机多清理几次。

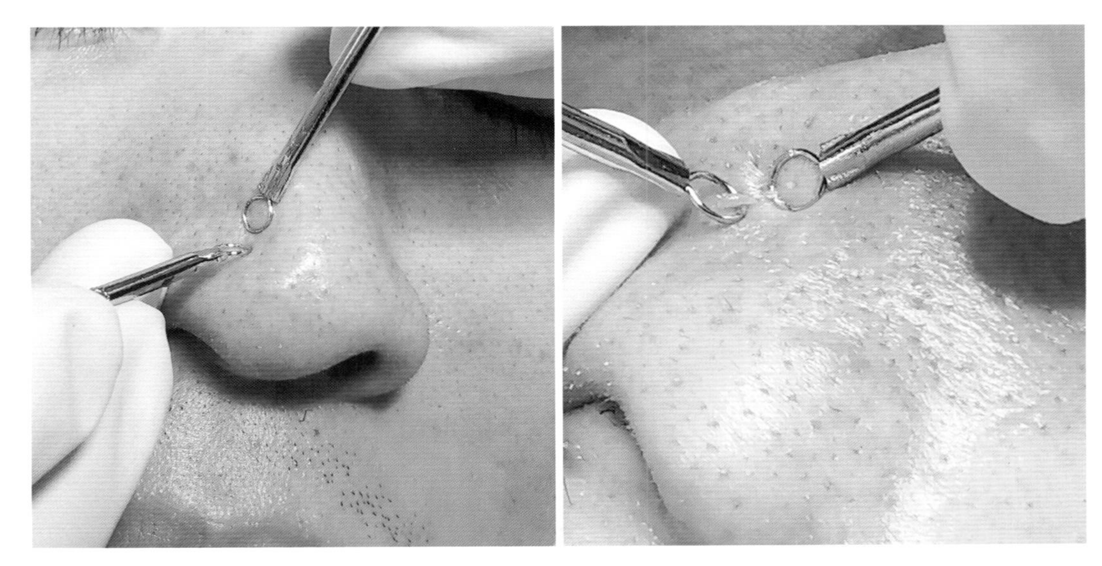

图 4-7　粉刺针清除黑头手法

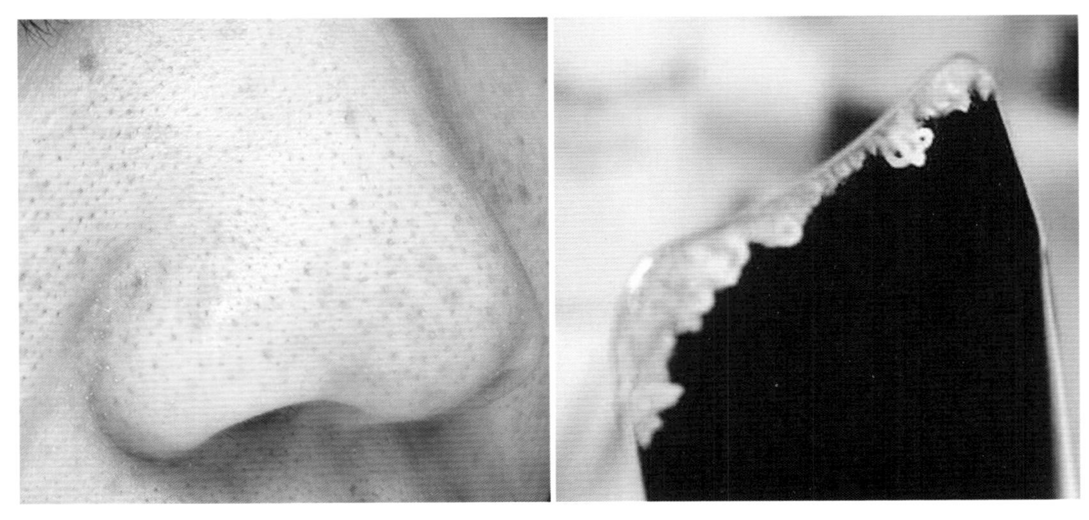

图 4-8　脂丝型黑头的皮肤表现和脂丝形态

冰寒友情提示

以上两类黑头都很脆弱，结构比较松散，因此不适合用撕拉式面膜。若使用撕拉式面膜常常只能把黑头浅层的部分撕下来，大部分仍然残留在毛囊内。

3. 角栓型黑头的清除

这类黑头的特点是比较细，藏得比较深，与毛孔开口处的粘连比较顽固，脂类含量略低，而角质细胞含量很高，所以黑头质地比较“干”。角栓型黑头单用超声波洁面仪很难清理出来，用粉刺针也往往只能挤出来一部分，配合撕拉式面膜清理效果更好。相应地，这类毛孔也不会过于粗大。

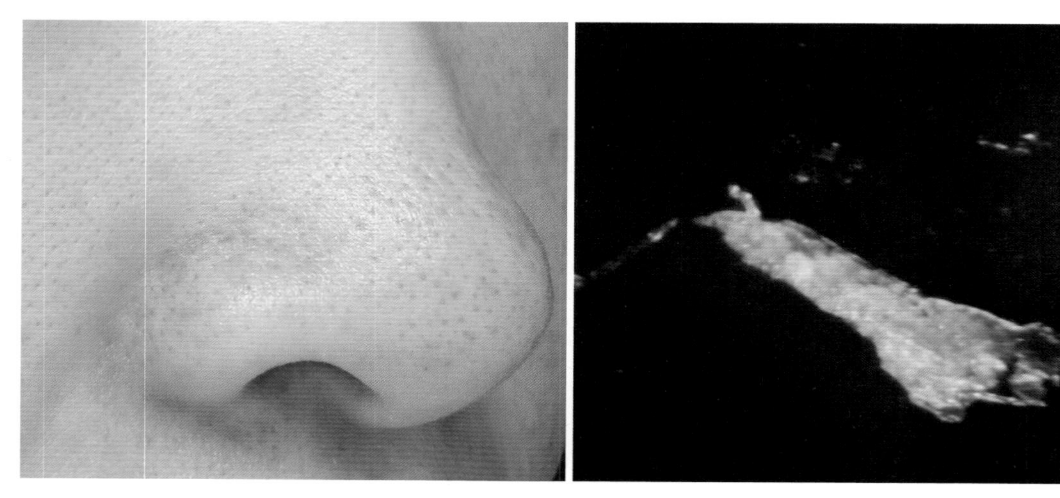

图 4-9 角栓型黑头

清理的步骤如下：

（1）洁面，清理面部的油脂。

（2）涂上撕拉式面膜，待面膜干后撕下即可拔出黑头和白头（图 4-10）。未完全拔出的和只露出半截的，可以用精密镊子进一步清理。

（3）最后用超声波洁面仪做一次全面的清理。

冰寒友情提示

有些撕拉式面膜是胶状的，还有一些附着在基布上，使用前打湿，敷在皮肤上，干后撕下。它们的原理和作用是一致的。

撕拉式面膜不要用得太频繁，以免损伤皮肤，因为它们在撕下黑头的同时，也会粘下一部分角质层细胞。如果使用频率过高，可能导致皮肤屏障损伤。

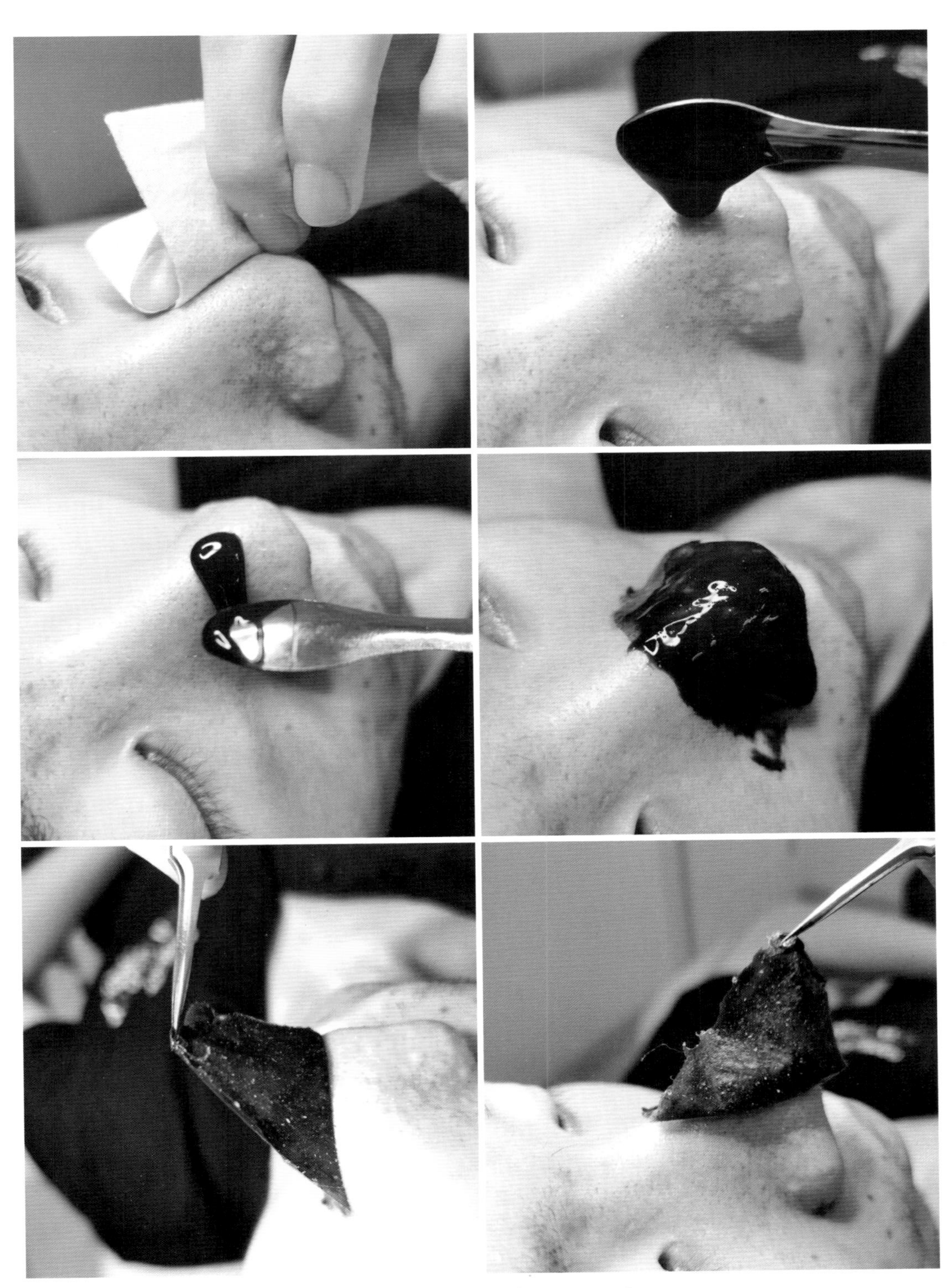

图 4-10　撕拉式面膜清理黑头的步骤

4. 毳毛型黑头的清除

此类黑头内有多根毛，少则几根，多则几十根。这是一种皮肤疾病，名为“小棘状毛壅症”。

这类黑头使用撕拉式面膜清除效果非常好，面膜使用程序与角栓型黑头的相同。下面是撕拉下来的黑头图片。撕下面膜之后，也可以使用超声波洁面仪和精密镊子进一步清理。

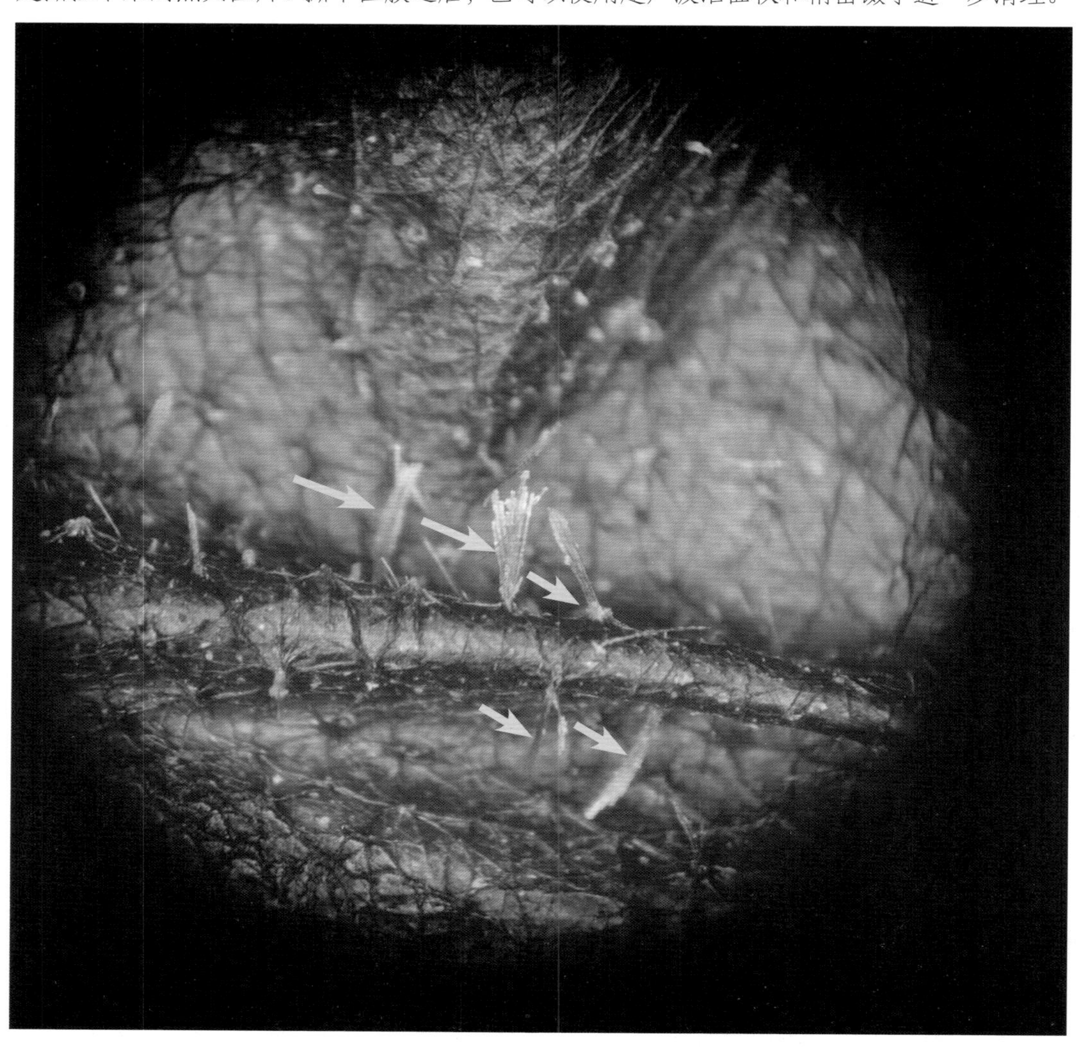

图 4-11 撕拉式面膜粘下来的毳毛型黑头

脂栓型和角栓型黑头，用果酸或水杨酸换肤术清除效果也很好（图 4-13）。酸换肤术的基本原理是：将低 pH 值的酸类（果酸、水杨酸、三氯乙酸等）涂抹于皮肤上，使角质细胞剥落，毛孔就会更干净。此法使用的酸类浓度比较高，刺激性很强。换肤术属于医美术，不能自行操作，必须由专业的美容皮肤医生或受过训练的治疗人员操作。

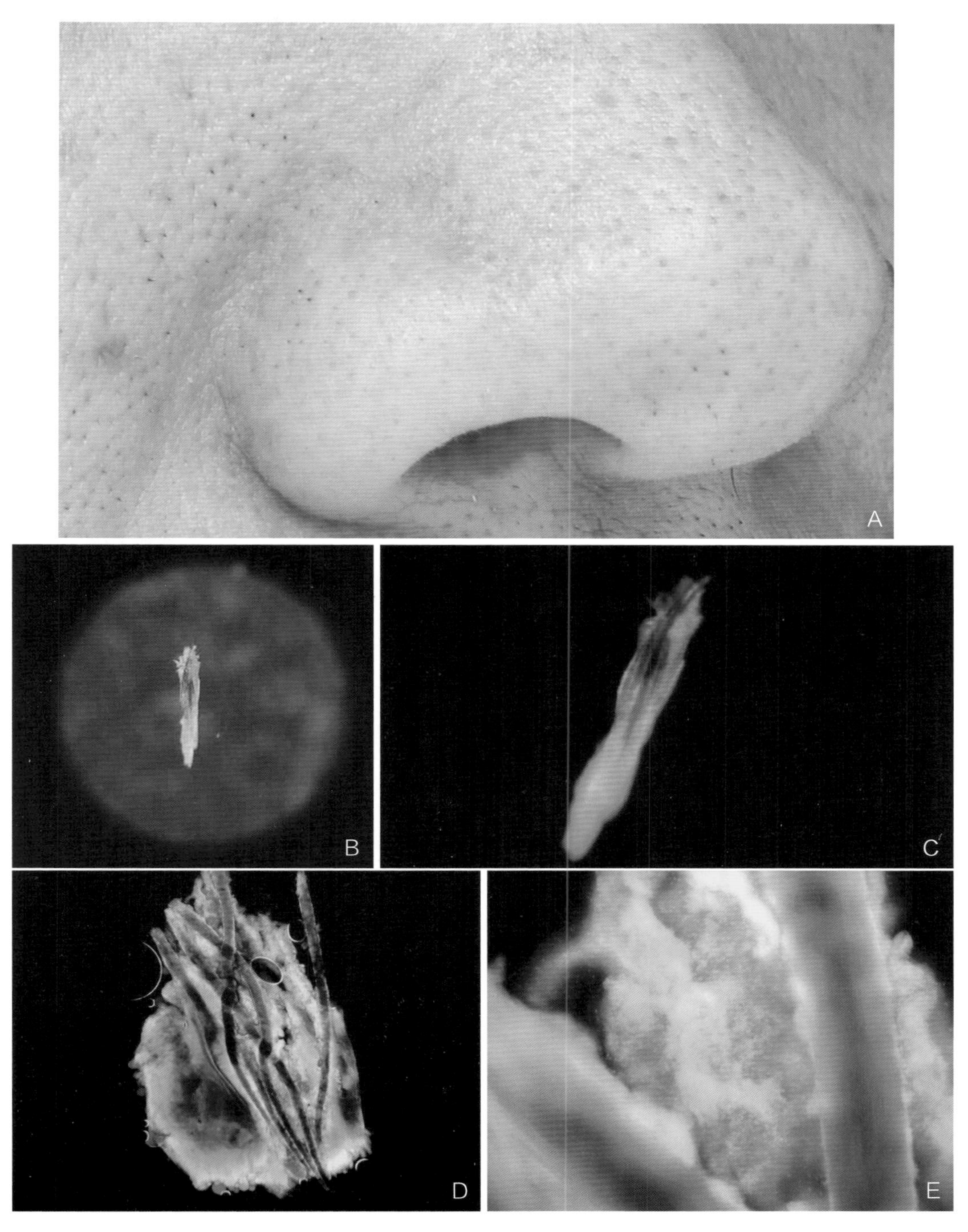

图 4-12　毳毛型黑头（小棘状毛壅症）

A. 皮肤表现 B. 体视显微镜下观 C. 紫外荧光照片：毳毛下部呈红色，含有高量卟啉类物质
D. 荧光染色整体观 E. 其内可见大量细菌

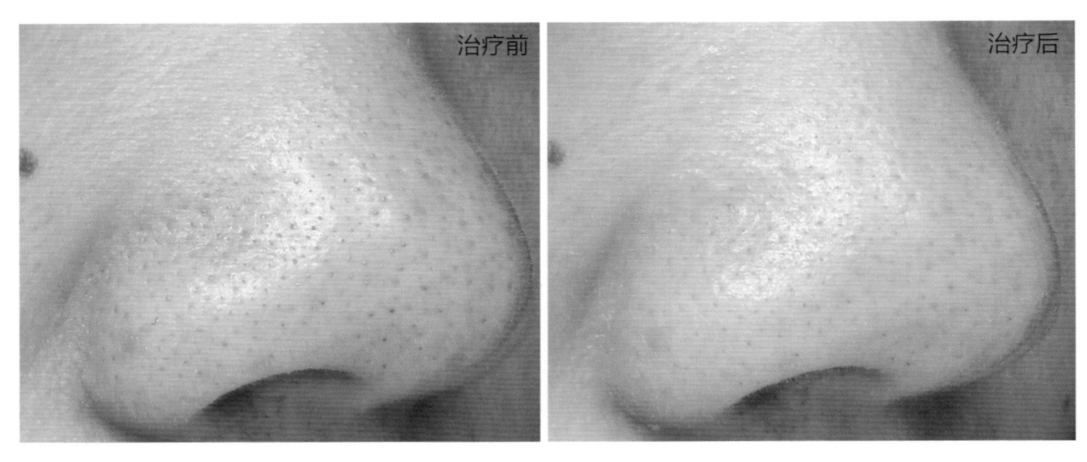

图 4-13 酸换肤 1 次后黑头改善效果（重庆长良医美诊所皮肤科友情提供案例）

冰寒友情提示

有的人可能只有一种类型的黑头，有的人可能兼有多种类型，需要灵活地组合上述方法来清除。

（二）促渗（导入）

单纯采用上述方法清除，并不能防止黑头再次发生，因此需要进行后续护理，达到长效抑制黑头长出的目的。

因为黑头发生在毛囊的内部，所以抑制黑头的有效成分必须充分渗入毛囊内才能发挥作用，而促进渗入（也就是我们常说的导入）的最好时机就是在清除黑头和白头之后，毛囊正门户大开的时刻。

前面介绍的超声波洁面仪就是一种很好的促渗工具。清洁完黑头之后涂上黑头护理精华，然后用超声波洁面仪紧贴皮肤，轻轻移动两三分钟即可（图 4-14）。超声波可以促进精华成分渗入到毛囊中，在此过程中皮肤会有轻微的热感。

超声波洁面仪促渗操作步骤：

（1）毛囊清理干净后，将需要促渗的乳液或精华滴在超声头的下侧。

（2）开启仪器，将超声头上的乳液按到皮肤表面，轻轻按压，平面推进，利用超声波使有效成分渗入毛囊。

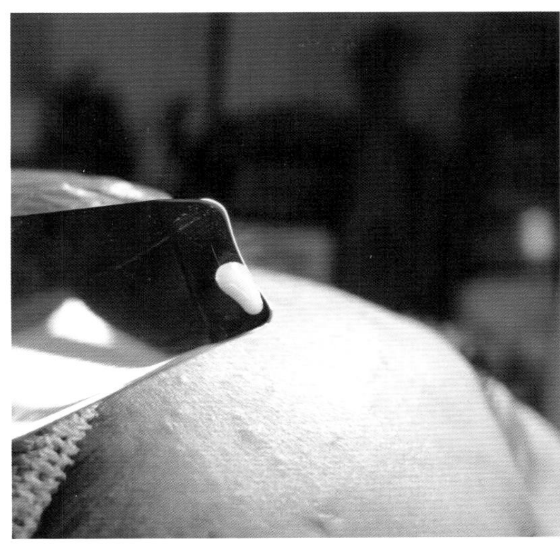
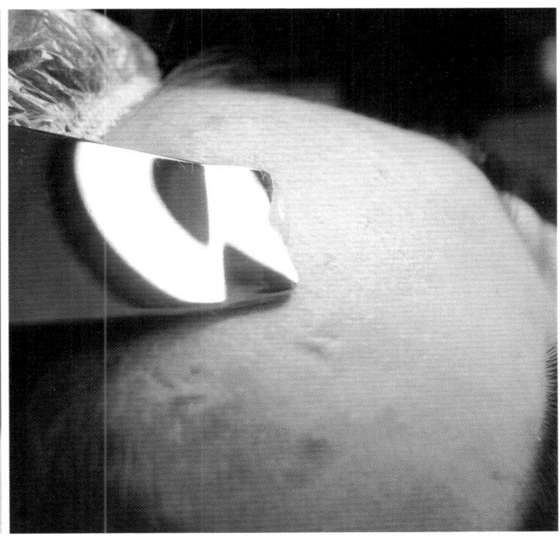

图 4-14　超声波洁面仪促渗操作

促渗结束后可以贴上净鼻贴，促进有效成分进一步渗透到毛囊内，第二天早上起床时揭掉即可。净鼻贴与撕拉式面膜不同，它含水量适中，不会导致皮肤过水合和屏障损伤，所以能贴一整晚。

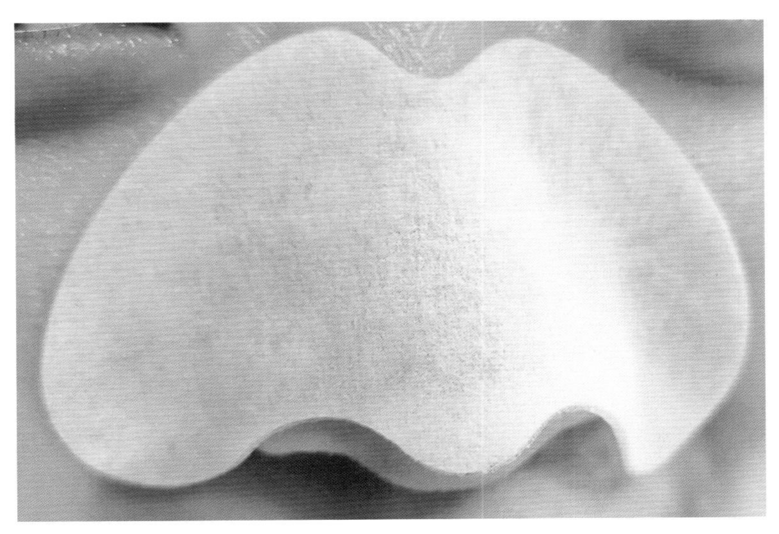

图 4-15　净鼻贴

（三）长效抑制

要长效抑制黑头的产生，日常需要注意前面两章所讲的控油和清洁技巧，同时特别要选择有效的黑头护理精华日常使用，可以选择有以下成分的：

√控油成分：这类成分在第一章中已详细讲述，此处不再重复。

√抑制角质过度增殖的成分：例如维生素 A 及其衍生物。

√剥脱角质的成分：如水杨酸、α-羟基酸（俗称果酸，最常用的是羟基乙酸，又名甘醇酸）、辛酰水杨酸等。

√抗炎成分：维生素 C 及其衍生物、维生素 E 及其衍生物、甘草提取物、绿茶提取物、姜根提取物、洋甘菊提取物、红没药醇及一些植物精油等。

根据上述原理，我研发了一款黑头护理配方，经实验验证，护理效果很好，图 4-16 展示了使用前和使用后的皮肤状态对比。该配方已申请专利。

如果你有草莓鼻，千万不要放弃，经过上述综合护理，相信你的鼻子可以变得更加光滑细腻。

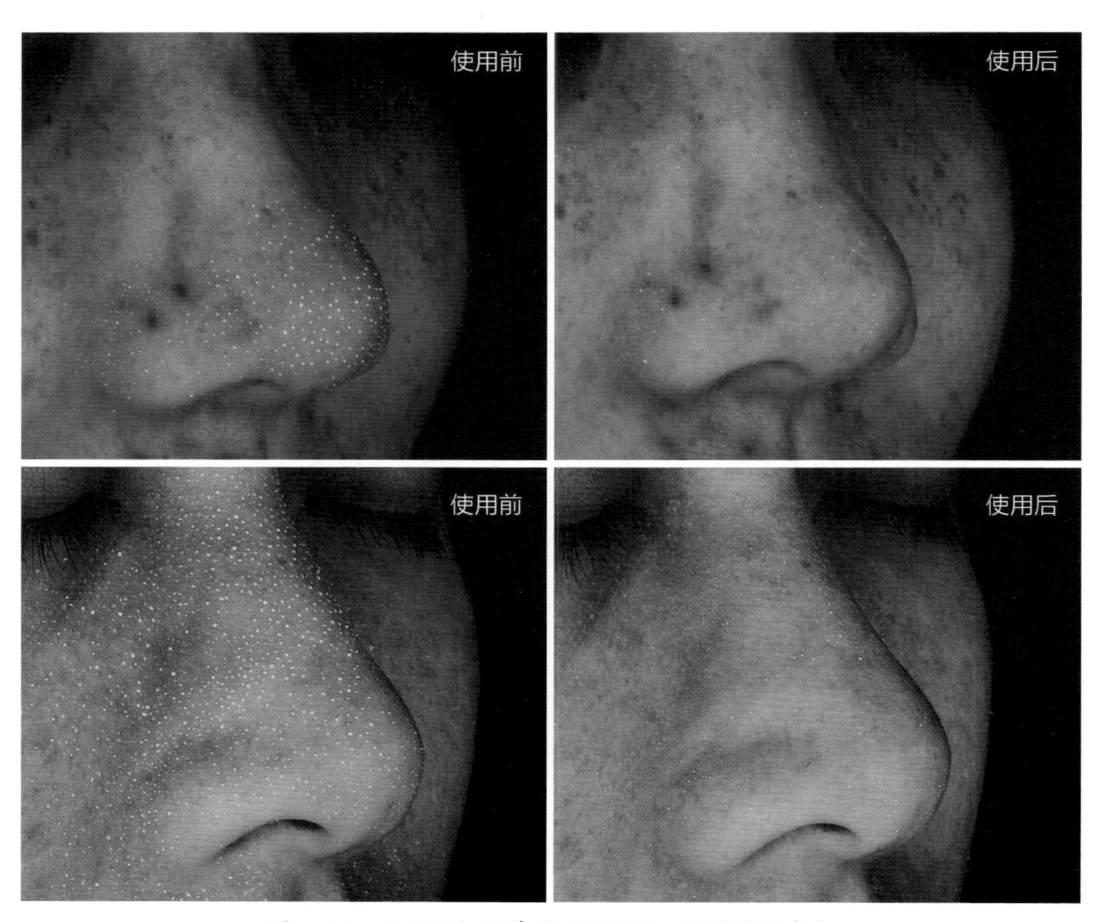

图 4-16 用黑头护理精华液护理后，黑头明显减少

答疑区

Q1. 用洗脸刷能清除黑头吗?

A: 洗脸刷可以帮助清除黑头表面的部分，但并不能深入毛囊内部，所以去黑头的效果比不上本章介绍的其他方法。

Q2. 不清除黑头，只涂抹精华和促渗，去黑头的效果好吗?

A: 经实践验证，这样做效果不佳，顶多能让黑头维持原样，但并不能在较短时间内显著改善黑头。

Q3. 清除了黑头后，只涂抹精华，但是不做促渗或导入效果会好吗?

A: 经实践验证，这样做效果会打折扣，因此强烈建议：清除、促渗或导入、长效抑制，一个步骤都不能少。

Q4. 如果使用上述综合护理方法，每次涂抹精华前是否都需要清理黑头呢?

A: 并不需要，只要在首次使用前充分清理就可以了，但一次可能无法清理掉所有的黑头，因此后续过程中如果有一些藏在内部的黑头长出，或者一些未完全清除的又长出，可以再行清除。

Q5. 黑头导出液有用吗?

A: 就我的了解，目前市面上流行的黑头导出液多是含羟基乙酸的配方。羟基乙酸是水溶性的，难以进入毛囊内，因此其对去除毛囊口的角质有帮助，但作用的深度似乎欠了一点。

专题：脂肪粒

脂肪粒是面部毛孔中残留的脂类和角质细胞混合物（栓），多发生于油性皮肤和混合性皮肤的 T 区，本质上和鼻子上的黑头、白头相同。因此，脂肪粒也可以参照黑头和白头的方法护理，效果很好（图 4-17）。

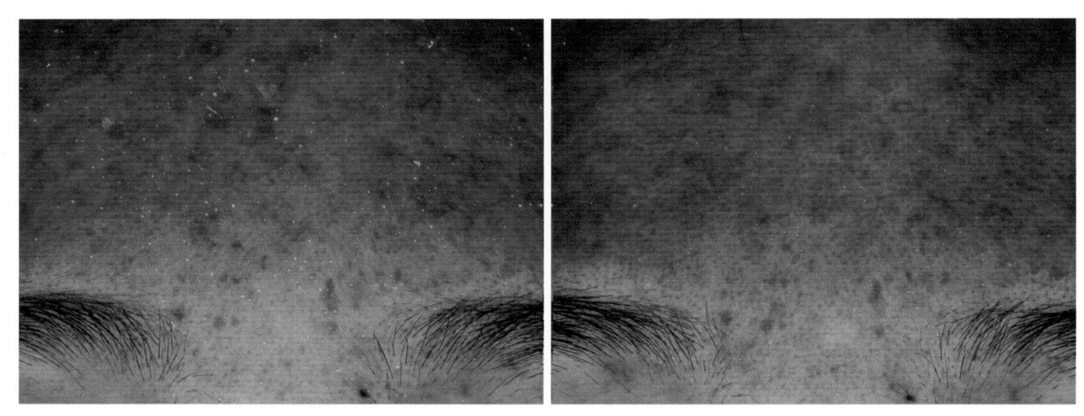

图 4-17 参照黑头处理方法护理面部脂肪粒后，毛孔变得更干净

冰寒友情提示

油性、易长粉刺、易长黑头的皮肤，都不建议使用除荷荷巴油之外的植物油护理，也不建议使用合成酯类（例如硬脂酸单甘酯、硬脂酸十三酯等，卸妆产品可能含此类成分）清理皮肤，哪怕使用皂类都要好一点。

皮肤脂肪粒多的人，很多还伴有慢性的毛囊炎症，若成功减少了脂肪粒，毛囊炎也可能会改善。

有两类情况需要和脂肪粒鉴别，即粟丘疹和汗管瘤。

这两种问题目前都原因不明，也没有特效疗法。粟丘疹是皮肤上生的小囊，内有致密的角质颗粒，质地比较坚实，表面颜色发白。粟丘疹可通过挑除、激光等方法去除[16]，但不能保证根除，有的人很容易复发。

汗管瘤是汗腺导管上部细胞过度增殖而发生的良性肿瘤，原因尚不明确，其特点是个头较小，顶部较圆，肉色，表面光滑，多发生于眼部皮肤，一般只能用烧灼、磨削、酸换肤等方法清除，但效果并不理想，复发率高。有报道用 Nd:YAG 调 Q 激光治疗效果较好[17]。

阅前打基础

识与后续各章内容之间的内在联系。

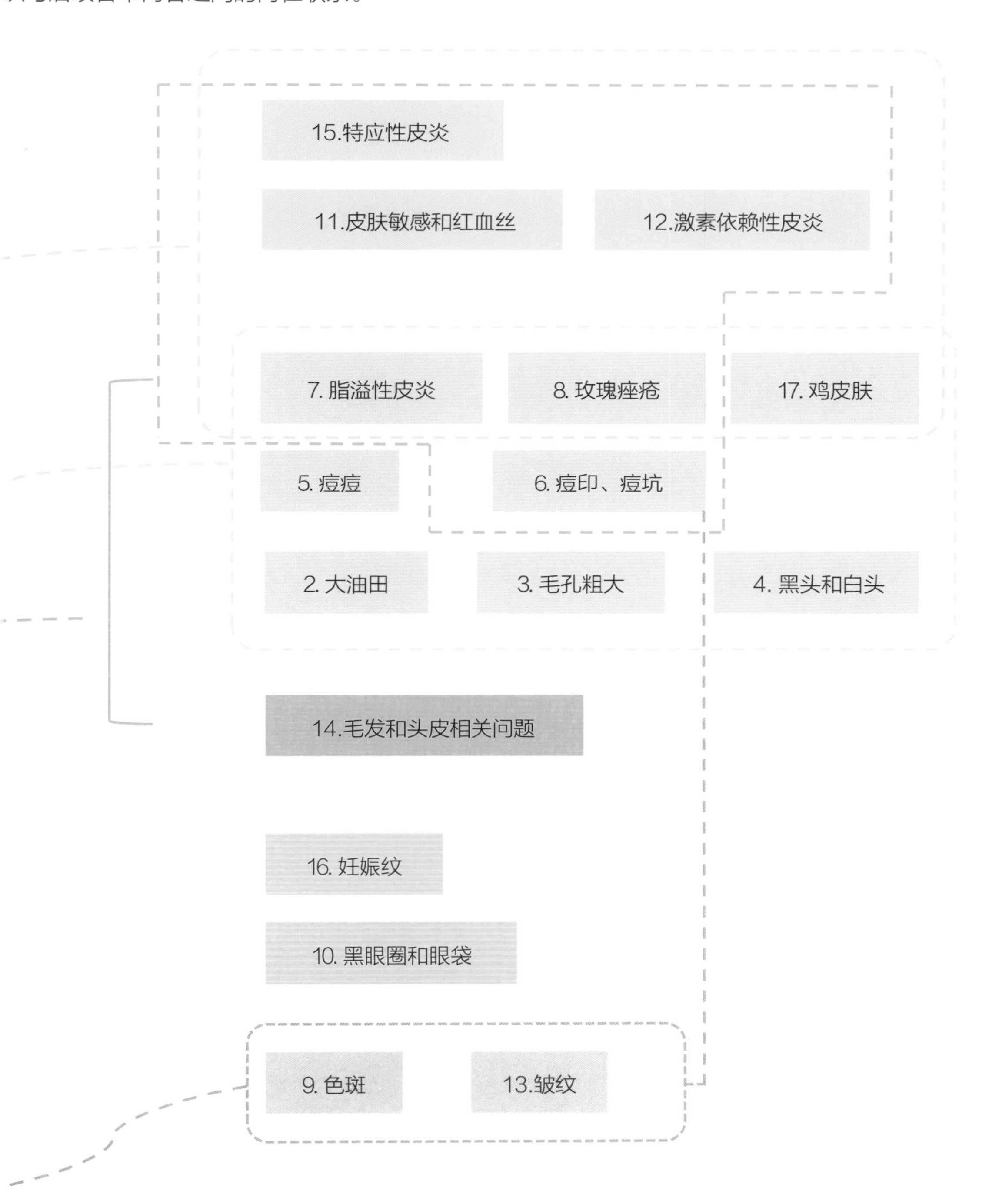

微信扫描二维码，关注“冰寒护肤”公众号，发送“听 2 导图”可获得各章内容的详细思维导图，各种皮肤问题的原因和护理方法便会一目了然

思维导图：

本图将帮助您理解第一章的基础知

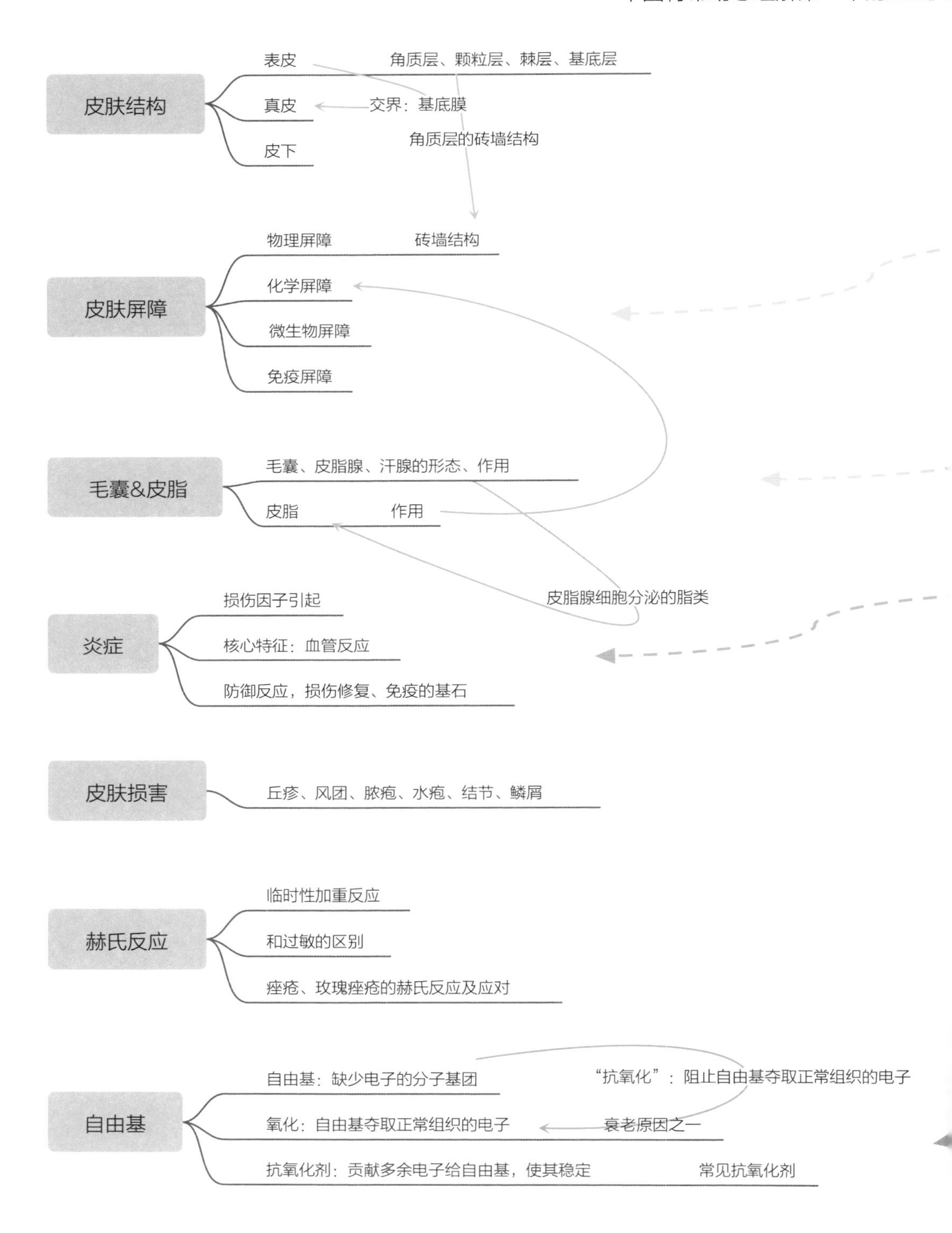

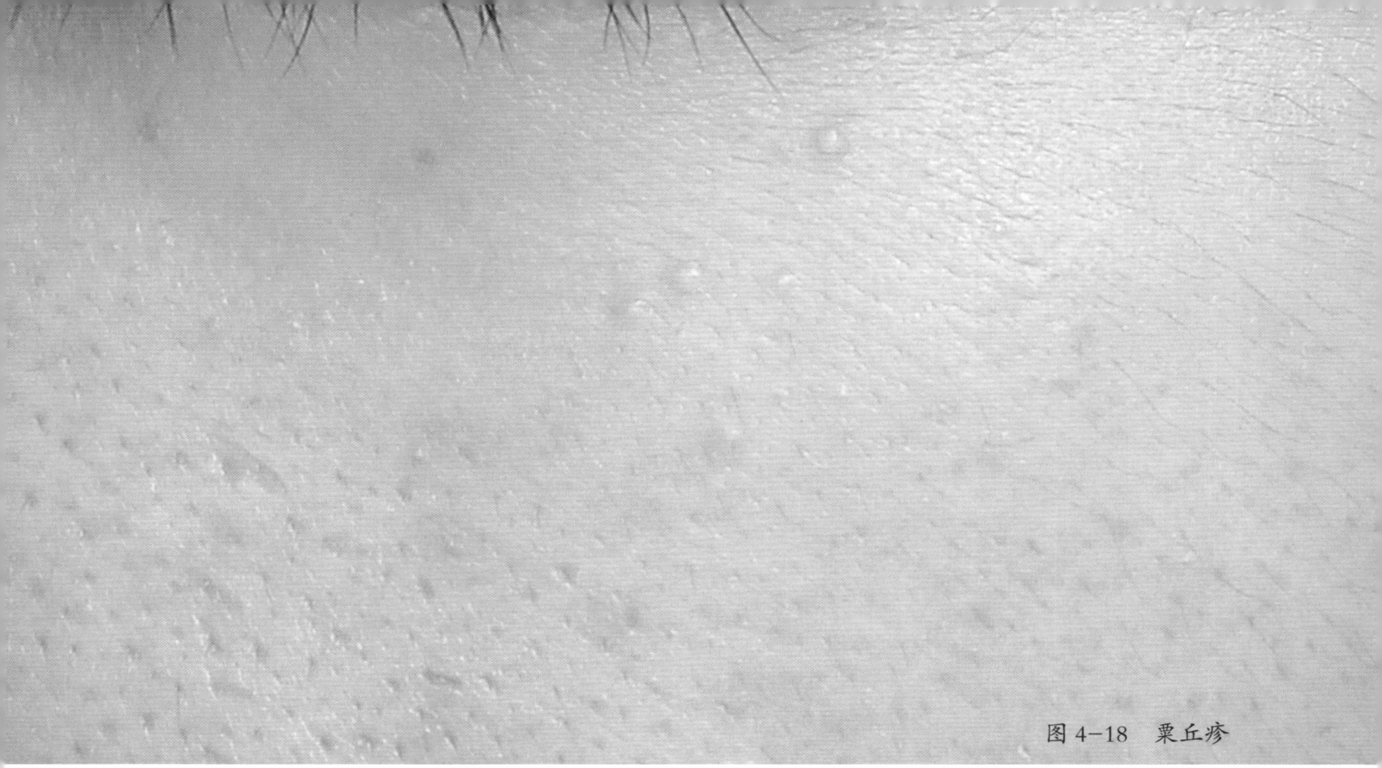

图 4-18　粟丘疹

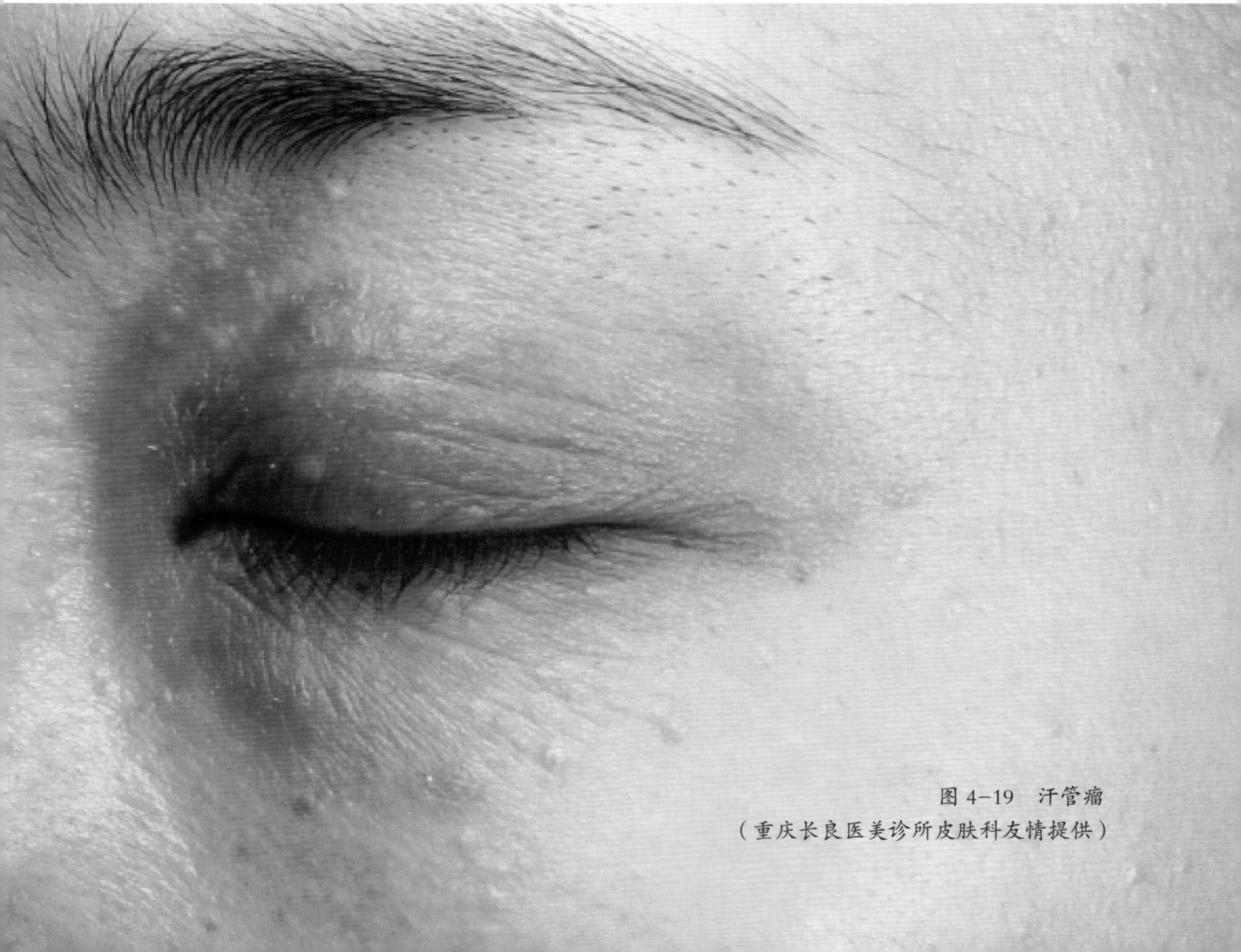

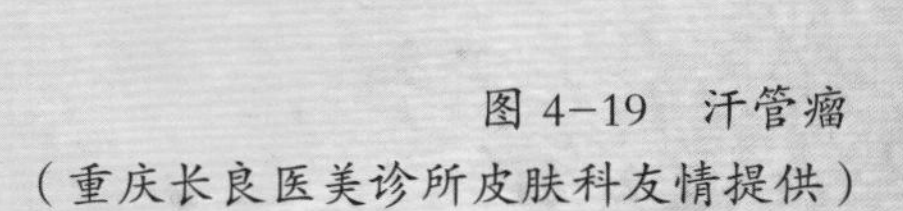

图 4-19　汗管瘤

（重庆长良医美诊所皮肤科友情提供）

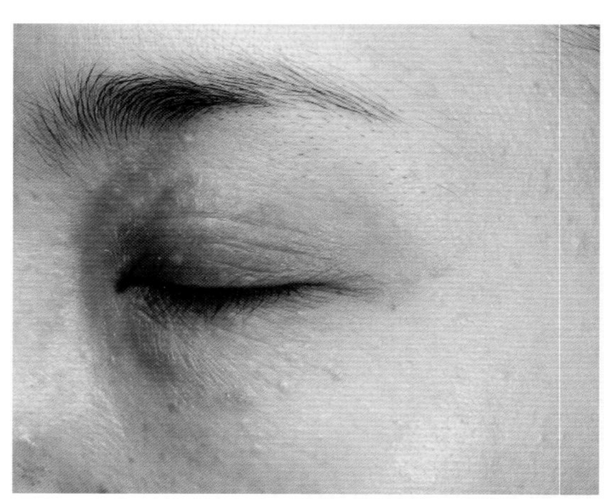
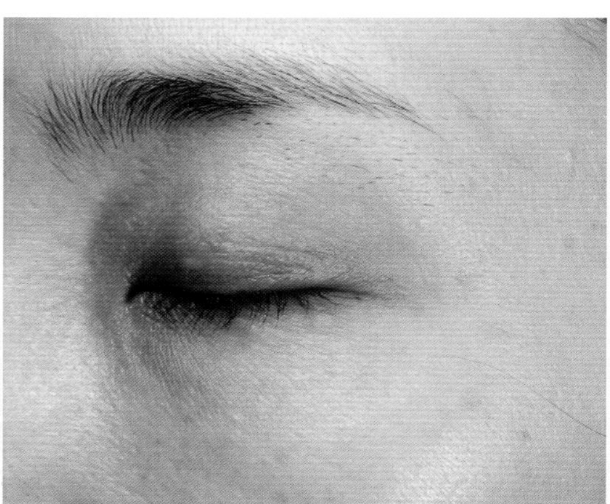

图 4-20 汗管瘤的改善

小结

黑头和白头的实质是堵塞在毛囊中的毛囊管型，根据其内的成分可以分为脂栓型、脂丝型、角栓型和毳毛型。

含脂量高的黑头质地较软，可以用超声波洁面仪、粉刺针清除；而含脂量较低的，则需要用撕拉式面膜、镊子清除。清除完成后，毛孔就疏通了，此时使用抑制皮脂分泌、促进角质松解的护肤品，可以减缓黑头的发生。如果只是清除而不做后续护理，黑头会迅速复发。

脂肪粒的实质与黑头、白头是类似的，因此护理方法也类似。

脂肪粒需要与粟丘疹、汗管瘤区别开来。

第五章

痘痘（寻常痤疮）

√痘痘是怎么发生的？
√开口粉刺和闭口粉刺是怎么回事？
√痘痘可以挤吗？
√有哪些产品可以祛痘？
√严重的痘痘该怎么治？
√怎样预防痘痘复发？

寻常痤疮俗称“痘痘”或“青春痘”，是一种影响全球10亿人的常见皮肤病。国外的调查显示，多达85%的青少年曾遭受痘痘的困扰。痘痘可能带来非常严重的生理和心理影响，甚至可以引起抑郁或自杀。痘痘不严重时，人们通常不会重视，也就不会及时做针对性护理或治疗，造成病情蔓延，以至难以治愈。

多种皮肤问题都带有“痤疮”二字，寻常痤疮最为常见。为表述方便，除非特别指出，本书中均用痤疮代指寻常痤疮。本章将向大家介绍痤疮的基本发生过程、轻重分级、处理原则和方法、注意事项及常见问题。由于这是一本护肤书，特别严重的痤疮照片可能会引起感官不适，因此主要向大家介绍轻中度痤疮的护理和治疗知识。

痤疮的基本发生过程

痤疮本质上是发生在毛囊内的一种炎症性疾病。因为尚不清楚的原因和机制，毛囊漏斗部细胞快速增殖，形成粉刺角栓，将毛囊堵塞。毛囊内的皮脂以及脱落的毛囊壁细胞（外

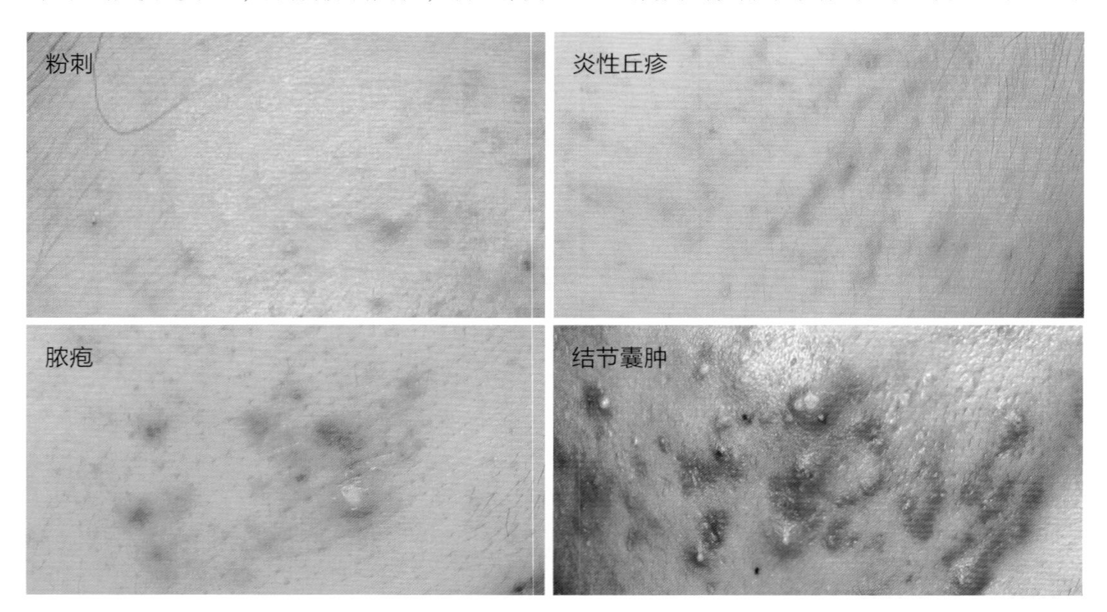

图5-1 痤疮的皮损类型和表现（结节囊肿照片由上海市皮肤病医院王佩茹博士惠赠）

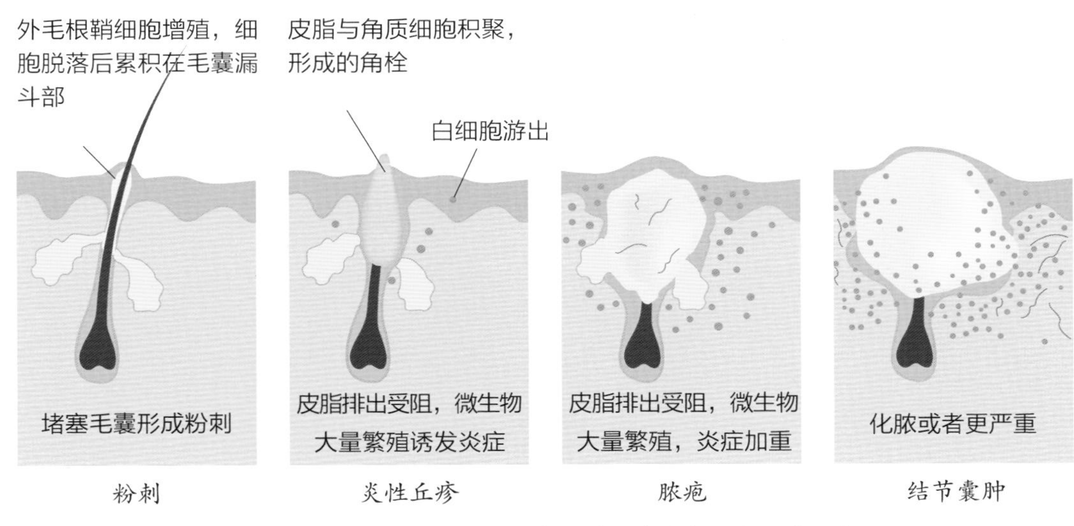

图 5-2　痤疮的发展过程和表现（毛囊内部结构示意图）

毛根鞘细胞，与角质细胞同源）、微生物代谢产物等无法及时排出，堵塞在毛囊中，对毛囊壁形成物理挤压，并引发更严重的炎症。炎症严重到一定程度，会出现红色的丘疹，也就是我们常说的“炎症性丘疹”。如果这些丘疹不能及时退去，就有可能进一步发展为脓疱；特别严重的情况下，可以发展为结节、囊肿，甚至瘢痕。一般来说，痤疮患者的面部会出现多种类型的皮损，可能某一些数量较多，而其他的数量较少。

知识链接

关于痤疮病因的争议

一个令人难以接受的事实是：痤疮的病因至今未确定。痤疮病理过程中的两个核心环节——过度角化、炎症——因何而起，尚没有准确答案。在 1980 年代以前的相当长一段时间里，研究者都认为痤疮的病因是痤疮丙酸杆菌（*P. acnes*）。但后来有部分研究认为痤疮可能是一种原发性的炎症性疾病[18, 19]，也就是说不需要微生物参与就能够发生炎症，原因是在部分粉刺中没有观察到微生物[20]。但考证支持这一理论的有关研究，发现证据并不充分，至少在我观察过的所有粉刺中，从来没有发现无菌的。同时这个理论不能充分解释为什么抗生素治疗痤疮常常有效。（如果效果来自抗生素的抗炎作用，就不能解释另一个问题：为什么不直接单纯用抗炎药物治疗痤疮呢？）

另一方面，痤疮丙酸杆菌到底是不是致病菌，至今也没能确认。在过去几年的研究中，我们根据初步的证据推测痤疮丙酸杆菌可能不是致病菌，至少一部分痤疮可能与痤疮丙酸杆菌无关[21]。但这个推测还需要更多的证据予以证实，相关的研究工作仍在进行中。

开口粉刺和闭口粉刺

开口粉刺在毛囊口顶部是开放的，其角栓一般比较大，顶部发黑，因此又称为“黑头粉刺”。而闭口粉刺在肉眼看来，顶部是封闭的（虽然在显微镜下看仍然有细小的开口），颜色发白，所以又叫“白头粉刺”。此处需要说明的是：黑头粉刺和黑头、白头粉刺和白头是两回事。粉刺是痤疮的特征性皮损结构，黑头、白头则不是。

图 5-3　闭口（白头）粉刺

无论是哪种粉刺，其内的角栓都对毛囊构成了堵塞——一旦形成，它们就不会消失，因此应当尽可能地早一点清除，并进行后续处理。

粉刺的角栓内含有三类物质：（1）大量的细胞。在闭口粉刺中，以高速增殖的细胞为主；在开口粉刺中，则以分化的细胞为主。（2）大量的微生物，有细菌，还可能有真菌。（3）无定形物，包括油脂、微生物的分泌产物，特别是生物膜。这些物质相对于机体来说属于异物，它们可以诱发炎症反应，因此清除粉刺角栓也有利于避免炎症加重。

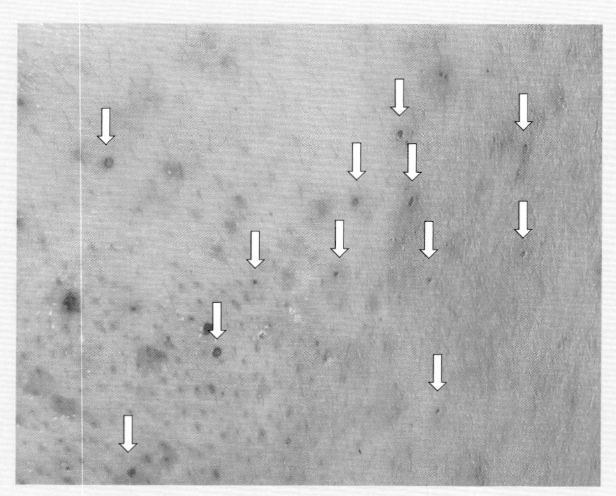

图 5-4　开口（黑头）粉刺

尽量把痘痘扼杀在摇篮里！

痤疮的病程一旦启动，就不会逆转，即使可能在一段时间内保持静止，但最终会继续发展。它的初始皮肤损伤（皮损）——也是最重要的皮损——粉刺，一旦形成，就不会自动脱落或自行消失，最终的结局要么是被人为清除，要么是引起更强烈的炎症反应，以脓疱的形式被溶解、清除。因此，及早开始护理，清除粉刺并防止其再产生至关重要。

到了炎症性丘疹和脓疱阶段，毛囊内的角栓已经软化、溶解或部分溶解，组织水肿严重，这时痤疮就很难清除了，大多要靠药物抑制炎症反应，直到皮损消退。

痤疮的分级目前并没有一个统一的、放之四海而皆准的标准[22]，作为患者只要大致了解自己的严重程度即可。根据目前国内较常用的分级方法[23]，可以粗略地认为，炎症性丘疹和结节是重要标志：若主要是粉刺，没有或只有少量炎症性丘疹，则为轻度；若以炎症性丘疹为主，有少量脓疱，则为中度；以结节和囊肿为主，则为重度痤疮。

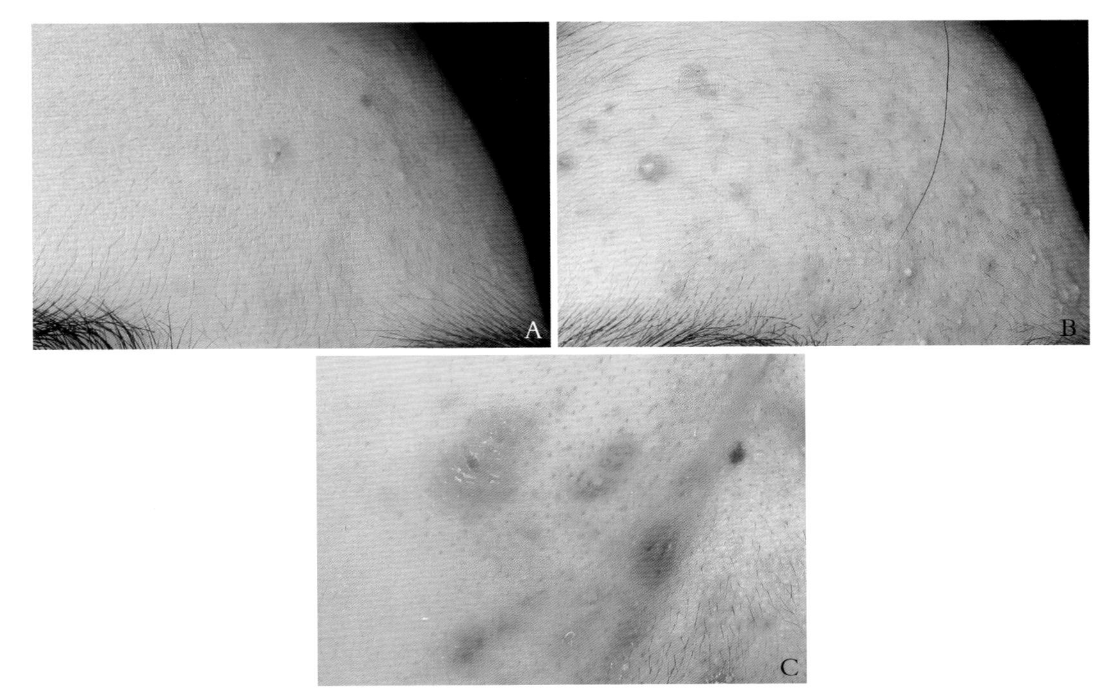

图 5–5　痤疮的分级：A. 轻度；B. 中度；C. 重度

对痤疮分级有个基本概念十分重要，这直接决定了你接下来要采取的策略：

√轻度和轻中度的痤疮，护肤品和日常护理可以发挥重要的甚至是主要作用。

√中重度和重度痤疮，应当去医院治疗，护肤品和日常护理处于辅助地位，不要再自己捯饬了！

清除粉刺要稳、准、狠

（一）准备工作

粉刺角栓的清除（也就是大家平常所说的“挤痘痘”）很早就受到重视，是一种重要而常用的方法[24]。挤痘痘不会导致痘坑生成。和取黑头一样，挤痘痘需要用两根粉刺针。一端带环、一端带针的粉刺针最好用。挤之前需要用75%的酒精给皮肤、粉刺针和其他器械消毒。

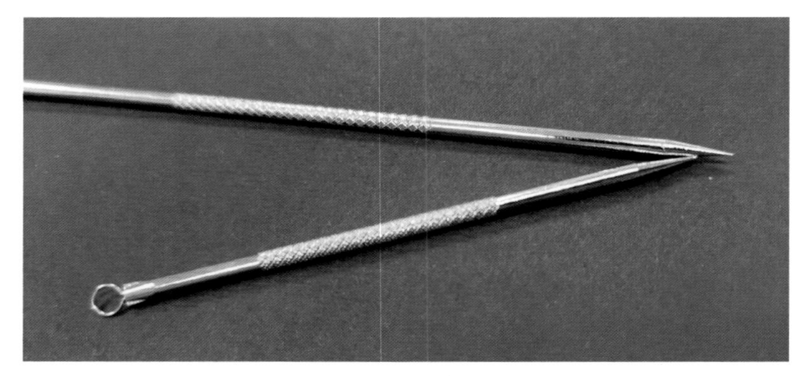

图5-6 带有针和圆环的粉刺针（取粉刺器）

（二）挤开口粉刺

挤开口粉刺的步骤（图5-7）如下：

（1）把粉刺针的圆环按在粉刺周围，使粉刺的角栓向外凸起。

（2）用另外一根粉刺针的针尖轻轻分开角栓和毛囊口的粘连。

（3）然后用圆环按住粉刺的一侧，用另一根粉刺针的圆环按住粉刺的另一侧，轻轻向斜下方相向用力挤，即可顺利挤出角栓，之后给皮肤消毒。可以将挤出物转移到干净的棉片上丢弃。

冰寒友情提示

用这种方法对着镜子自己挤，手法不熟练的话有误刺皮肤的风险，要十分小心。若要清除在自己视野范围之外的粉刺（特别是侧面的），应当寻求专业美容或医疗机构的帮助。

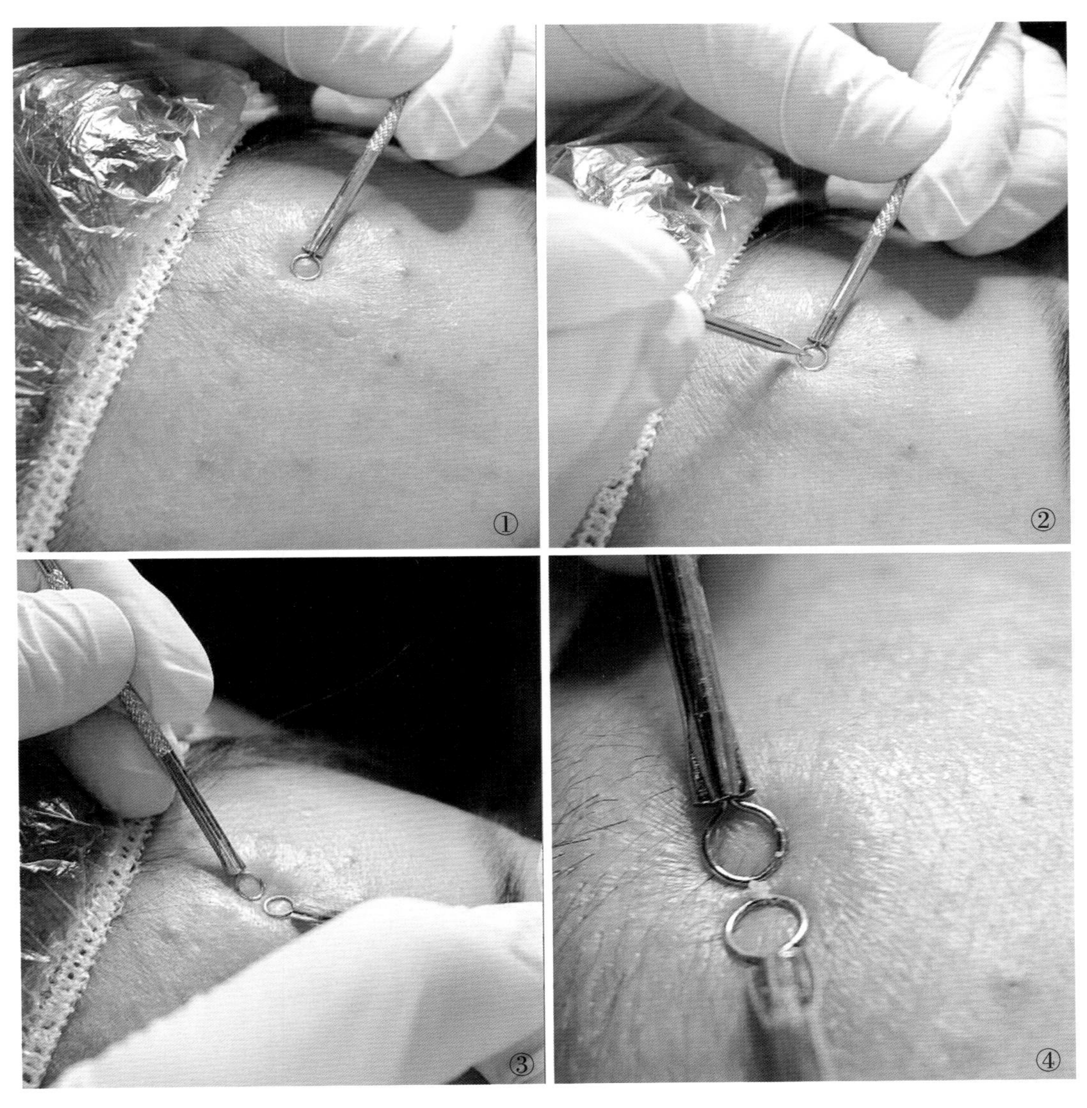

图 5-7　挤粉刺的手法和步骤

（三）挤闭口粉刺

挤闭口粉刺的操作方法与开口粉刺的基本相同，但有一点不同：由于粉刺表面看不到毛囊内的堵塞物（闭口粉刺的堵塞物通常软一些），因此无法直接用粉刺针剥离角栓，而必须在毛囊口处，用另一根粉刺针轻轻顺着毛囊向下刺，把毛囊口扩大一点，才可以挤出堵塞物（此处称“堵塞物”是因为里面不一定是角栓，也可能是无定形的奶酪样物质）。

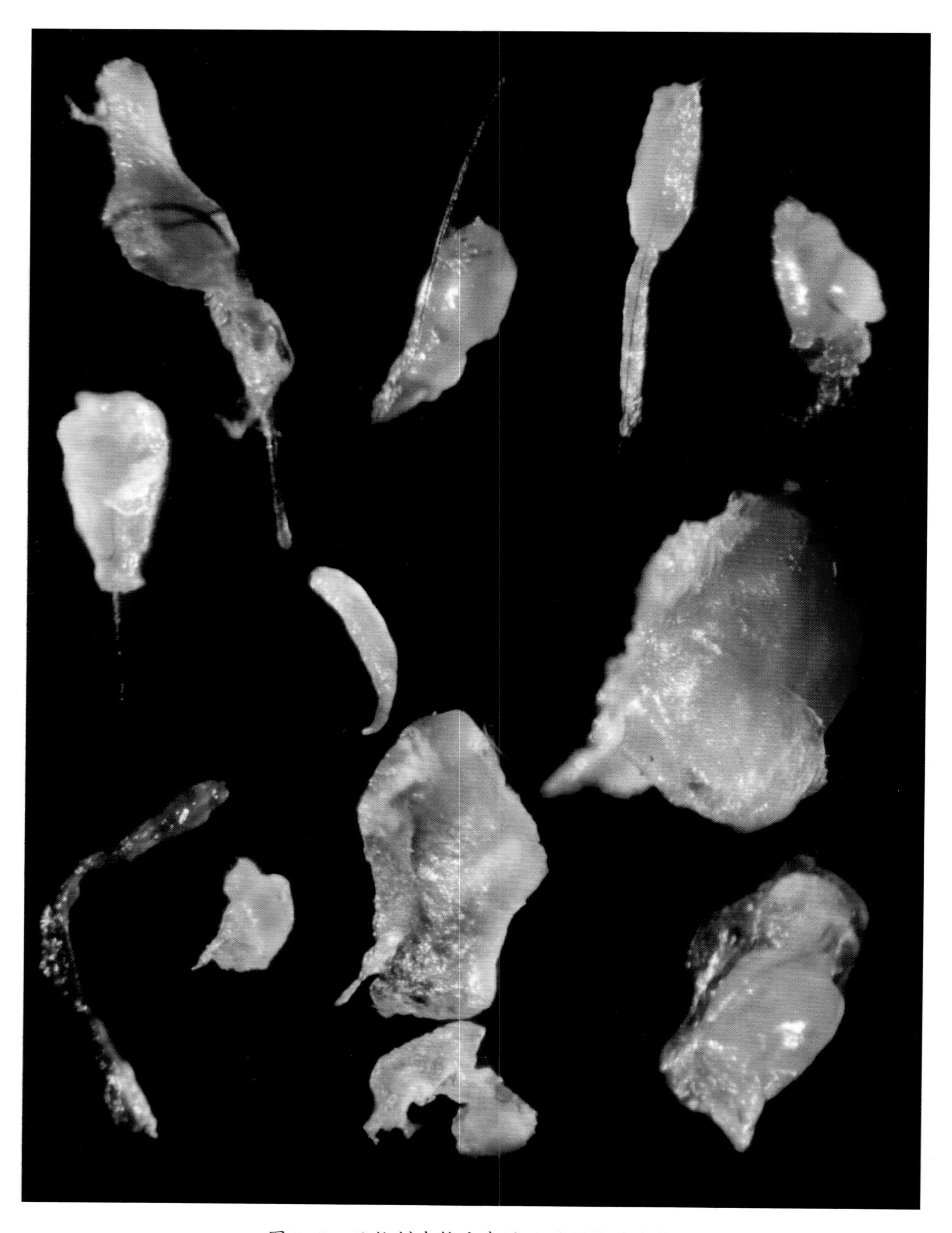

图 5–8 从粉刺中挤出来的不同形状的角栓

（四）后续护理

挤出粉刺后应给皮肤消毒，以免皮肤表面和环境中的微生物入侵。

取出粉刺后应立即导入祛痘产品，比如祛痘精华液、祛痘精华乳、药物等，使其渗入毛囊内部发挥作用，超声波导入是一个很好的选择（操作方法参见本书 43 页图 4-14）。如果不这样做，仅仅是挤出粉刺，那么在 8 ～ 12 周内这些毛囊中会长出新的粉刺。经常有人在微博上问我：为什么脸上经常长粉刺，挤了又长挤了又长？这就是答案。

我把以上原则总结为“两理”，即“清理 + 护理”，目前看来这样的方法效果不错。

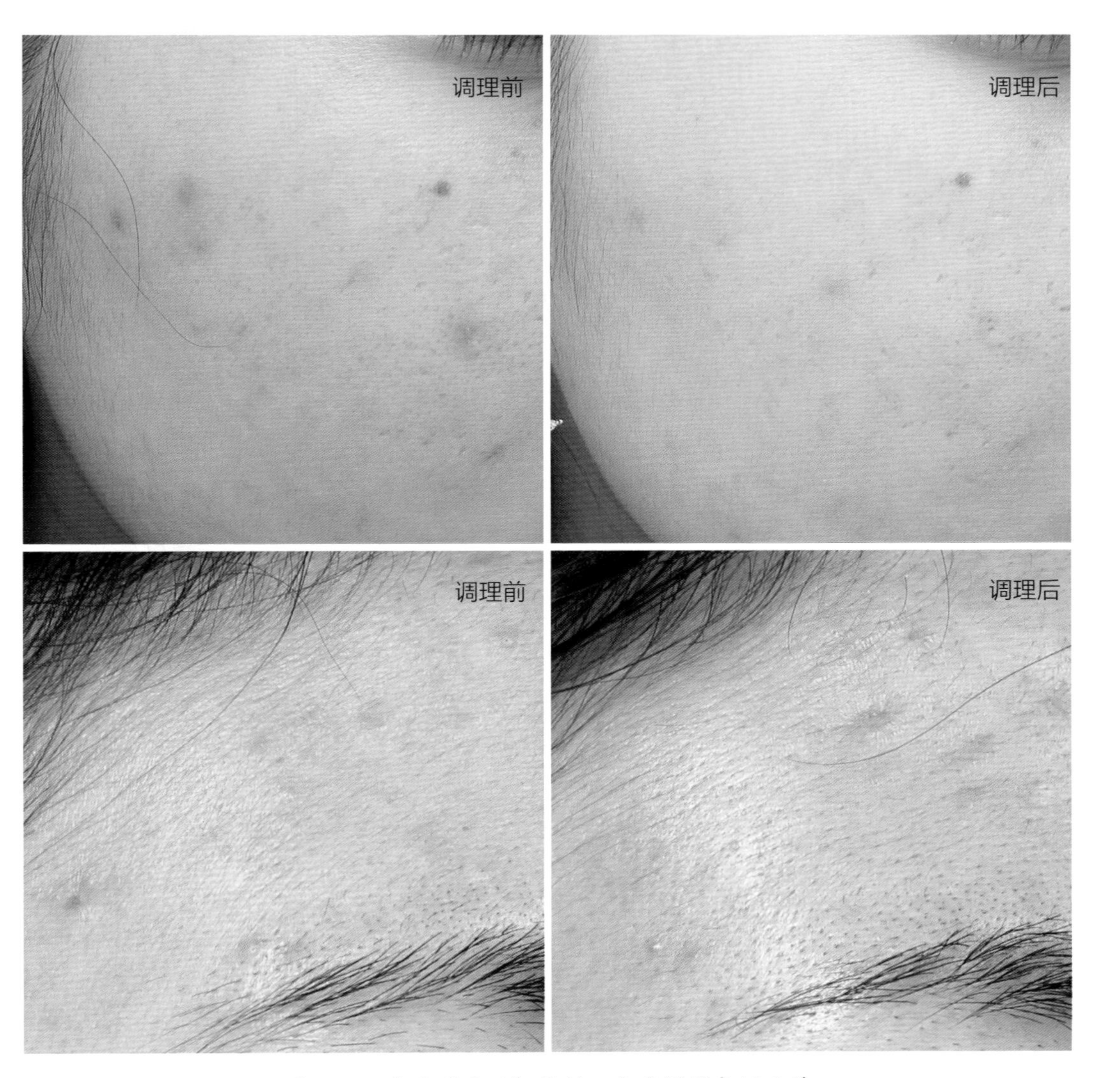

图 5–9　采用“两理”原则，痤疮得到良好改善

冰寒 ！
友情提示

不要挤发红的炎症性丘疹、脓疱结节，有可能导致炎症更加严重，特别是面部三角区的脓疱。媒体上隔三岔五就有乱挤痘痘导致脑部感染，甚至死亡的报道，都是在三角区出的问题。这个区域后面就是鼻腔，再隔一层薄薄的骨头就是脑室，细菌一旦进入鼻腔的海绵窦，就会扩散得非常快，而且非常容易进入脑室。

不要用手指头去挤粉刺。因为手指做不到精准给力，非常容易损伤正常的皮肤，也可能因为用力方向不对而使毛囊破裂，致使角栓中的物质渗入毛囊周围组织，引起更严重的炎症反应，而且指甲里还不知道有什么样的有害微生物。

如果自己操作不熟练，可以请专业人士帮忙，特别是清除闭口粉刺的时候。医院也有粉刺清除治疗项目。

将有关器械和皮肤区域充分消毒十分重要。

如果一次或者一天取不出所有的粉刺其实没有关系。过两天再取就是了，不要操之过急。

撕拉式面膜、倒膜对深处的粉刺无效，特别是闭口粉刺，但有助于减少微粉刺和毛囊管型，故可以适度使用（1～2周使用一次可能较为合适），不要频繁使用。

洗脸刷、超声波洁面仪（铲皮机）并不能清除粉刺，所以不要用洗脸刷拼命刷粉刺和炎症性丘疹，可能使炎症加重、皮肤屏障受损，也不要试图用超声波洁面仪去挤粉刺。

选择有效的祛痘产品

祛痘护肤品对轻度痤疮可能有较好的护理、改善作用，也可用于防止痤疮复发、辅助治疗痤疮，以及治疗的善后——减轻炎症，减少色沉，促进皮肤修复，等等。

我们已经了解，痤疮的病理过程主要与四个因素有关：

√过度角化；

√皮脂过度分泌——对部分人可能影响较大；

√炎症——炎症贯穿了痤疮发生的始终；

√微生物——痤疮可能是一种与多种微生物相关的毛囊炎症。

因此配方师在设计改善痤疮的护肤品时，会重点考虑这四个方面的因素，护理痤疮的方法也以改善这些因素为导向。

由于护肤品不断推陈出新，因此本书中不介绍具体的产品，而是介绍一些此类产品的常用成分、剂型和原理，学会这些，就不难挑选适合自己的祛痘护肤品了。目前，单用任何一种成分，祛痘效果都不够理想。一个合理的祛痘护肤品或者方案，一般需要组合多种成分，在不同方向上发挥作用。

（一）疏通毛孔类

1. α-羟基酸类（α-hydroxy acids，AHA）：一类水溶性小分子酸，又称果酸，最常用的是羟基乙酸（俗称“甘醇酸”）。酸类的主要作用机制是使上层角质细胞之间的连接变松，从而更容易脱落（角质剥落或松解）。因此，α-羟基酸类既可以用作美白剂（促使含有黑色素的角质细胞脱落），也可以预防粉刺产生。国内化妆品中的α-羟基酸类含量不可超过6%。浓度过高的α-羟基酸刺激性较强，只能在专业机构由医生使用，如果酸换肤。α-羟基酸类还有刺激真皮胶原蛋白合成的作用，因而也可以用于抗衰老，但敏感性、炎症性皮肤应当谨慎使用。

在祛痘方面比较受关注的是扁桃酸（又称“杏仁酸”，mandelic acid），化学结构为α-羟基苯乙酸，它更亲脂，因而容易进入毛囊中。

2. 水杨酸（salicylic acid）：化学结构为邻羟基苯甲酸，最早是在柳树皮中发现的。水杨酸是一种皮肤学经典用药，2%以下浓度可用于护肤品。它的生物活性十分广泛，有角质剥脱、抗炎、抗菌等作用，其脂溶性较羟基乙酸略强（但也不是太强），故对毛囊的亲和力比α-羟基酸略强。水杨酸是一种基本的抗粉刺剂，不过也有一定刺激性，采用包埋、包合等技术可以减轻它的刺激性。水杨酸还可以抑制过度角化，从而减轻粉刺形成，这对于挑除粉刺后的护理、防止微粉刺发生意义重大。水杨酸的配方挑战主要在于降低刺激性、增加对毛囊的亲合性、促进对毛囊的渗透性。配方体系会影响水杨酸作用的发挥。

3. 辛酰水杨酸（capryloyl salicylic acid）：又称“脂酰水杨酸”。毛囊中含有大量油脂，水溶性物质难以进入，水杨酸虽然有一定亲脂性，但要在毛囊中达到有效浓度一般比较困难，故将水杨酸进行改良，在其分子上接入一个辛基，使之更易溶解于脂类，以利于渗入毛囊中。其作用机制与水杨酸类似，由于亲脂性强，渗入皮肤速度快，因此使用浓度相同的情况下，刺激性也略强。

4. 蛋白酶类：包括木瓜蛋白酶（papain）、菠萝蛋白酶（bromelain）等，可以通过催化角蛋白水解，使角质软化，在抗粉刺产品中尚不是主流。

5. 磨料类：在洁面产品中加入小颗粒，按摩皮肤时可通过摩擦作用把表层角质脱去。

常见的是塑料小球（聚乙烯等），但因其难以降解，会造成全球环境问题，故有的国家和地区已经禁止使用，转而采用碳、果核等可降解的材料代替。磨料类产品可适度使用，但不宜过度。磨料类对微粉刺的意义更大些，原因是它们的作用深度较浅，只作用于毛囊口，而且不是选择性作用于毛囊。

6. 维生素 A 及其衍生物：包括视黄醇（维生素 A）、视黄醇棕榈酸酯、视黄醛、视黄醇丙酸酯、视黄醇乙酸酯等，统称类视黄醇（retinoids），主要通过作用于细胞核中的维 A 酸受体发挥作用，可抑制皮脂分泌，也可以抑制细胞过度增殖，减少粉刺发生，改善毛囊内微环境。类视黄醇最终都要转化为维 A 酸起作用，维 A 酸是药物治疗痤疮的两大基石之一，但也有复发率高的问题。

7. 不饱和脂类[25]：如亚油酸、亚麻酸等，可以抑制角蛋白的形成[26]（促进毛发脱落[27]），减轻氧化应激和炎症，增加皮脂的流动性。

8. 撕拉式面膜类：高分子胶状成膜剂，如聚乙烯醇，涂布于皮肤上干燥后形成较结实的膜，可将微粉刺、部分黑头粘在膜上撕拉下来。

（二）抑制皮脂过度分泌类

这类成分包括维生素 A 及其衍生物、维生素 C（抗坏血酸）及其衍生物（抗坏血酸乙基醚、抗坏血酸葡糖苷等）、维生素 B_3（烟酰胺）、维生素 B_6（吡哆素）、丹参提取物、知母提取物、锯棕榈提取物、γ 亚麻酸[28]以及聚氢化富勒烯（富勒醇）等。富勒烯是一种人工合成的高效抗氧化剂，进行多个位点的氢化处理后，在体外试验中可以抑制皮脂的分泌，也有很强的抗氧化能力[29]。

（三）抑制炎症类

这类成分包括甘草提取物、维生素 E、洋甘菊提取物、维生素 C、大豆异黄酮等。

葡萄、松树皮、海藻、绿豆、仙人掌等多种植物提取物也有抗炎能力，有助于缓解炎症。

（四）抑制有害微生物类

桃柁酚、伞花烃、茶树精油、广藿香、檀香精油、迷迭香精油、肉桂精油、苦参提取物、黄连提取物、黄柏提取物、黄芩提取物、硫黄等成分，均对不同微生物有一定抑制作用，常应用于祛痘产品中。

传统观点认为痤疮与痤疮丙酸杆菌有关，众多研究者围绕此菌做了大量研究，但至今还不能确认它是否是真正的病因。我们的研究也怀疑它的角色，但目前相关的假说还在进一步证实中。

痤疮的治疗

痤疮比较严重时，应当以医学治疗为主，护肤品为辅。某些与内分泌相关的重度痤疮，可以说除了医学治疗，并无他法。治疗方案主要由医生根据指南和经验把握，因此本节仅对相关药物和方法做科普性介绍，而不是教读者自己做医生、自己开药。同时，希望您能重点了解一些注意事项，好好配合医生的治疗，达到更好的“战痘”效果。

（一）外用药物

1. 抗生素类

相关指南中提到的有夫西地酸、红霉素、克林霉素、林可霉素等。夫西地酸相对来说抗菌谱更宽、效力更强，因此较建议使用。其他三种对某些痤疮皮损中的微生物抑制能力较弱[30-32]，我在实验室中发现了类似的情况，还发现氯霉素、氧氟沙星对痤疮皮损中分离得到的多种微生物有强烈的抑制作用（数据暂未发表）。

2. 过氧化苯甲酰（benzyl peroxide）

又称“斑赛”，是一种可释放出氧自由基从而强烈氧化、破坏细菌的物质，还能轻度溶解粉刺。它的杀菌作用是无差别性的，也不存在耐药性的问题。其不足之处是渗透力相对较弱，同时由于氧化性过强，也容易刺激皮肤，造成接触性皮炎[22]，用后皮肤可能会灼热、发红、瘙痒，患者不一定能耐受。

3. 维 A 酸类

外用维 A 酸类为处方药，其治疗痤疮的疗效有随机双盲安慰剂对照试验的支持。共有 3 种制剂可选：维 A 酸、阿达帕林和他扎罗汀。维 A 酸类通过抑制皮脂分泌和减少细胞过度增殖发挥抗粉刺作用，是治疗痤疮的核心药物之一。其副作用是干燥、脱屑、红斑及刺激。过氧化苯甲酰可能使维 A 酸氧化、失效，二者不宜同时使用。外用维 A 酸类药物与光敏风险增加相关，要注意防晒。相对而言，维 A 酸类对闭口粉刺的效果似乎更好，这可能是因为闭口粉刺中的细胞增殖活动更强烈，而维 A 酸可以抑制这些细胞的增殖。

4. 氨苯砜（dapsone）凝胶

医生也可能使用氨苯砜凝胶治疗痤疮。目前该药物的作用机制尚不明了，可能是通过抗炎发挥作用。

（二）内服药物

1. 抗生素类

目前应用较多的是多西环素和米诺环素，二者均属四环素家族，但效力比四环素更强。

美国皮肤学会的《痤疮治疗和护理指南（2016）》[22]认为四环素类抗生素应作为治疗中重度痤疮的首要选择，但是不建议单独使用抗生素治疗痤疮，而且一定要有外用药物或产品配合。这个观点是完全正确的，一方面单独应用抗生素无法作用于更多发病环节，另一方面抗生素滥用导致的细菌耐药性问题已在全球引起广泛关注。多西环素和米诺环素的抗菌谱相当广，效力强，这可能是它们成为痤疮推荐用药的重要原因。也有观点认为它们也许不是通过抗菌，而是通过抗炎发挥作用，不过普通患者可以不必太过关注这些学术之争，管用是硬道理。

多西环素和米诺环素的主要副作用是肠胃不适、头晕、光敏等，如果不能耐受，应当及时告知医生请求指导。此外，长期服用抗生素，有可能引起肠道和皮肤微生物菌群失调、真菌感染机会增加等。四环素类药物的另一大副作用是导致牙齿发黄，因此儿童和青少年不能过度使用。总之，抗生素对治疗痤疮有重要的意义和作用，但也有很多需要注意的风险，一定要在医生指导下使用。

2. 抗雄激素类

抗雄激素类药物通过拮抗雄激素来抑制皮脂分泌，医生可能会用这类药物治疗和内分泌紊乱相关的（如多囊卵巢综合征、肾上腺增生综合征，或者单纯的高雄激素水平）、较顽固的痤疮，常用的包括口服避孕药（如达英-35、优思明）、螺内酯、丹参片等。其主要作用机制有：在卵巢水平降低雄激素水平，提高性激素结合球蛋白水平以结合更多的游离睾酮，从而使睾酮不能结合和激活雄激素受体，减少5α-还原酶活性，阻断雄激素受体等。

需要注意的是：这类药物应该用于有避孕需要的女性痤疮患者，而且不应单纯长期依赖此类药物治疗痤疮。这些药物可能引起多方面的风险[22]，包括心肌梗死（myocardial infarction, MI）及其他心血管病风险、乳腺癌和宫颈癌风险等，应避免用于初潮后两年内或14岁以下的女性患者。

3. 维A酸类

口服药使用的是异维A酸（isotretinoin），用于治疗严重的顽固性痤疮，可减少皮脂分泌、减轻痤疮皮损与瘢痕，不过也可能会引发焦虑和抑郁症状。其副作用可累及黏膜、骨骼肌肉和视觉系统，大体上与维生素A过量的症状相似，可导致全身腺体分泌减少、皮肤干燥、眼睛干涩等。

维A酸类最大的不良反应是导致生殖畸形，因此有怀孕需要的女性应当避免服用。正在服用的女性要备孕的话，需要停药一段时间后再怀孕。关于停用多长时间才是安全的，目前有多种说法，从一个月到两年不等。之所以差别如此大，是因为无法在人身上做大规模的试验。如果比较担心这个问题，停药时间可以长一点。

（三）化学、物理、手术治疗

1. 酸换肤（角质剥脱术）

将高浓度的酸类用于皮肤，会使表皮细胞成片脱落，过厚的角质也就可以脱落（包括微粉刺、毛囊口过度增殖的细胞），可以显著改善毛囊堵塞的状况。常用的酸换肤制剂包括高浓度的羟基乙酸、水杨酸、间苯二酚、Jessner's 液、三氯乙酸等[33]。

酸换肤起效快，能在较短时间内使皮肤外观有较大改善，目前的不足主要是复发率较高，掌握不好的话可能伤害皮肤。换肤后皮肤会比较敏感，做好修护、防晒、避免刺激等善后工作十分重要。

酸换肤属于医疗行为，应当在正规的医院由专业的医生操作。微博上曾见到过胆大的美女自己玩“刷酸”，结果导致“毁容”，这样的高危操作值得警惕。

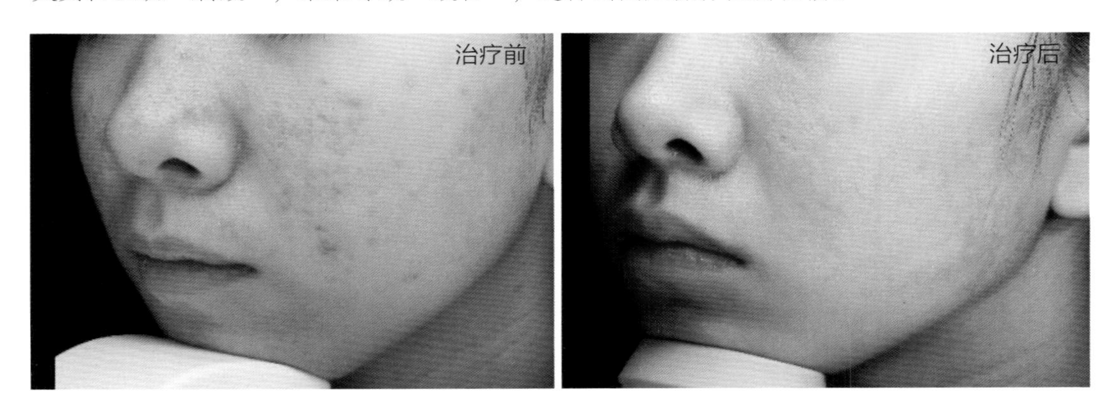

图 5-10　酸换肤对痤疮的改善（重庆长良医美诊所皮肤科友情提供）

2. 粉刺清除术[34]

前文已述及，及早清除粉刺非常重要。清除粉刺还能打开毛囊通道，使祛痘的药物、护肤品更容易渗透入皮损毛囊中发挥作用。如果你自己不方便清除，或者实在掌握不了技巧，应当寻求专业人员的帮助。许多医院、美容机构都有这个项目。清除后，应及时使用有效的祛痘产品。

3. 光动力疗法（photodynamic therapy，PDT）[35]

光动力疗法是一种新兴的治疗方法，治疗重度痤疮（囊肿、结节为主的）的效果很好。治疗时，先把光敏剂（如氨基酮戊酸）涂在患处孵育一段时间（从 15 分钟到 3 小时不等）。待光敏剂渗入毛囊皮脂腺，被皮脂腺细胞吸收后，用激光或其他光源照射皮肤，激发光敏剂，产生单线态氧（singlet oxygen species, SOS），从而破坏皮脂腺。亦有学说认为该疗法有助于杀灭痤疮丙酸杆菌，但目前还没有充分的证据阐明光动力治疗痤疮的机制，相关研究还在进行中。

PDT 不适合治疗粉刺，主要问题在于有疼痛、水肿和红斑反应。但现在出现的日光光动力、低剂量光动力等方法，可以有效减少这类反应。

PDT 治疗痤疮有一个非常有意思的现象：治疗后炎症反应（例如爆痘）越严重的患者，最终的效果越好。相关的机制还不明确，目前有假说认为 PDT 可能诱导了更严重的急性炎症反应，使得免疫系统被激活，从而清除病灶。

除了治疗痤疮外，PDT 还用于治疗多种皮肤肿瘤、尖锐湿疣等皮肤疾病。

冰寒友情提示

长痘求医的几点小技巧

要有足够的耐心：痤疮是慢性病，其发生和发展是一个长期的过程，治疗亦然。一夜之间让痤疮消失这种神奇效果很难实现，因此治疗和护理都需要足够的耐心。不要在求诊后一两周觉得改善不明显，就放弃治疗。如果情况有好转，也应当坚持治疗。

定期复诊：痤疮的治疗常常要分阶段进行，病情也可能会发生转变，同时因为成因复杂，治疗方向也可能需要调整，需要定期去找固定的医生复诊，以便及时根据情况调整治疗方案。

留存不同时间的照片：医生每天看诊的患者多达上百位，因此难以记住每个人的准确信息。如果你能够详细而准确地记录自己皮肤的变化等情况，对医生诊断、用药、调整治疗方案会有非常大的好处。照片的拍摄技巧是：相同角度、相同光线，在明亮的灯光下拍摄；照片要清晰锐利，不要美颜，不要用前置摄像头拍，不要背光拍摄（就是背后有窗户或者明亮的光源）。

和医生充分交流：有问题及时问医生，有顾虑也要及时和医生沟通，让医生充分了解你的情况，包括你对一些药物的禁忌、不良反应等，这有助于医生做出准确的诊断和治疗决策，保障你的安全。互信的关系和充分的信息沟通，十分有助于治疗成功。

听从医生指导，不要自己瞎折腾。不要带着奶茶去见皮肤科医生。不要对自己使用的所有化妆品“迷之自信”。

可能会有反复或者临时性加重的情况，这可能是赫氏反应，详情参见绪论。

痤疮与饮食健康

长久以来人们都怀疑饮食对痤疮有影响，认为有一些食物有“发物”的作用，吃这些食物会导致痤疮加重。这一猜想近些年来逐渐被证实。饮食不当可以加重痤疮，这是千真万确的。在此根据近年来的研究，列出一些痤疮的饮食注意事项供大家参考。总结起来就是：戒糖，断奶，素食为主，清淡为宜。

（一）糖

痤疮患者应当避免摄入过多的糖。高糖食物和高血糖指数(glycemic index, GI)的食物可以显著提升皮脂分泌水平，促进炎症发展。这其中的机理尚不明了，目前已知的是血糖量过高，可以延缓组织损伤的修复，造成胰岛素抵抗以及胰岛素样生长因子-1（insulin-like growth factor-1, IGF-1）升高，而IGF-1可以促进皮脂的分泌，也可以促进角质形成细胞的过度增殖。

韩国科学家做了一项研究[36]：将32位中度痤疮患者随机分为高糖组和低糖组，进行了10周的饮食干预平行试验。结果显示：低糖组发炎者和非发炎者的症状都表现出明显的临床改善，皮肤组织学检查显示皮脂腺缩小、炎症减轻、固醇调节者——结合蛋白1以及IL-8(白介素8）的表达降低。这表明低糖饮食能够改善痤疮。

一项针对纽约青少年的研究[37]发现：中重度痤疮患者明显比无痤疮及轻度痤疮者摄入了更多高GI食物，总糖分和额外糖分、水果和果汁（人工调配果汁中可能添加了大量糖）的摄入量也更高。糖促进痤疮发展的作用目前已经被广泛肯定[38]。

当然，并不是说一定不能吃高GI食物或者完全不能吃糖，主要问题是高GI食物在日常饮食中比例太高，所以应当尽可能选择GI适中的食物（建议尽量选择GI在60以下的），而少摄取高GI食物。精制碳水化合物类食物（包括精白米饭、精白面粉面条、馒头、包子、馍、蛋糕、面包、点心等）是糖的主要来源。在这个问题上，近些年来遍地开花的烘焙店可能有突出的“贡献”。

注意，并不是有甜味的东西才叫糖。我们通常所说的“碳水化合物”就是指糖，其中有一些并不甜，比如淀粉，面粉、大米的主要成分就是淀粉——它们也是糖。

关于GI和不同食物的GI值，可参见《素颜女神：听肌肤的话》第五篇。

临床中已经观察到，降低饮食的糖负荷，相当一部分人的痤疮就会缓解。

（二）奶制品

已有充分的研究认为摄入过多牛奶可以促进痤疮发展，特别是脱脂牛奶。前面提到的研究[37]中发现，中重度痤疮患者相较于轻度痤疮患者，摄入的牛奶量明显更多，令人疑惑的是脱脂牛奶与痤疮更为相关。

牛奶中含许多小牛生长所需要的激素，这些激素可能对人体有影响，特别是其中的IGF-1。牛奶含有丰富的酪蛋白，酪蛋白进入胃之后，在胃酸的作用下变成凝乳（类似于豆腐脑），形成交联结构，从而保护了IGF-1不被破坏。IGF-1在肠道吸收，进入血液循环。IGF-1在调节皮脂分泌方面处于主导地位，同时可以促进粉刺形成。除了IGF-1之外，牛奶中的胰岛素、生长激素等都可能对痤疮有影响[39]。

酸奶的发酵过程可能会破坏相当一部分IGF-1，因此酸奶对痤疮患者来说相对比较安全。流行病学研究也没有发现奶酪与痤疮之间有关系，也许是因为生产奶酪也要发酵。

许多人吃乳制品是为了获取蛋白质和钙。为了避免加重痤疮，蛋白质可以从其他食物获取，例如豆浆、豆腐、鸡蛋；钙则可以单独补充钙剂，不必非要喝牛奶。

牛奶是西方式饮食的经典食物，它可升高餐后血浆中胰岛素和IGF-1水平，这一变化又可能与很多现代健康问题有关，包括痤疮、动脉粥样硬化、糖尿病、肥胖、癌症和神经退行性疾病等[40]，此问题已在国内外引起越来越多学者的关注。

（三）动物来源食物

高亮氨酸动物性食品可以促进炎症发展，因此建议痤疮患者避免过多摄入此类食物（下表左侧）。当然，亮氨酸是人体必需氨基酸，是维持生命活动必不可少的成分，也不可矫枉过正，吓得一点都不摄入。

表5-1 常见食物的亮氨酸含量[41]

食物	亮氨酸含量(mg/100g)	食物	亮氨酸含量(mg/100g)
牛肉	2369	玉米	394
Gouda奶酪(40%)	2359	小麦	274
黑鳕鱼	1883	大米	219
烤肉	1806	西蓝花	193
凝乳酪（脂含量20%）	1290	花椰菜（菜花）	185
酸奶（脂含量3.5%）	410	西红柿	38
牛奶（脂含量1.5%）	381	苹果	16

由上表可见，动物来源的食品亮氨酸的含量要更高些，特别是牛肉和奶酪。

前面提到的研究[37]还发现，重度痤疮患者摄入的动物性食品更多，植物性食物更少。可见，建议痤疮患者饮食更清淡一些是有道理的。

新的观点认为，只要痤疮患者观察到吃了某种或某些食物后有痤疮加重的现象，就应当避免相应的食物，这个建议更加个体化了。

（四）维生素类

1. 维生素 A（视黄醇）

缺乏维生素 A 会导致皮肤过度角化，加速角栓粉刺的发展。补充维生素 A 可以减轻角化过度状况（有调查显示 85% 的中国人维生素 A 摄取量不足），维生素 A 还可以抑制皮脂分泌，这也是维 A 酸（维生素 A 的代谢产物）成为痤疮治疗两大基石之一的原因。

维生素 A 的来源主要是动物肝脏，也可以考虑服用单独的补充剂（服用量请遵医嘱或看说明，过度补充会引起不良反应）。

2. 类胡萝卜素

类胡萝卜素可以在体内转化成维生素 A，还有防止光损伤的作用。补充维生素 A 和类胡萝卜素还可以改善视力和缓解眼疲劳。

类胡萝卜素的食物来源有：各种深色绿叶菜、胡萝卜、南瓜、番茄、黄玉米、小米、蛋黄、小麦皮、黄椒、枸杞、西蓝花，还有木鳖果这种神物。

补充类胡萝卜素的优点是不用担心维生素 A 过量，因为它们转化成维生素 A 的速度是有限的。食用过多含类胡萝卜素的食物可以造成皮肤黄染，例如橘黄症，不过这种情况对健康没有什么危害，减少或停止补充后症状会自动消失。

3. 维生素 B 族

维生素 B_3 和维生素 B_6 均可以抑制油脂分泌，维生素 B_3 还可以帮助皮肤屏障恢复。

维生素 B 族在全谷物食品中含量丰富，蛋黄也是良好的来源。调查显示中国绝大部分人维生素 B 的摄入量是不足的[42]。

可考虑服用维生素 B 族的复合补充剂，药店那种几块钱一小瓶的就很好。

4. 维生素 C

维生素 C 有抗炎作用，可以促进受损组织的修复，还可抑制皮脂分泌。这种人体无法合成的、堪称“青春维生素”的物质，任何人都需要足量摄入才能保持健康。

其他抗氧化物质，包括维生素 E、花青素、绿茶多酚、谷胱甘肽（GSH）、超氧化物歧化酶（SOD）等在不同程度上都可能对痤疮有帮助，虽然通常它们被认为是抗衰老物质。

（五）矿物质

补充锌、钙有助于减轻炎症。补充微量元素的产品和广告很多，就不一一介绍了，常见的有葡萄糖酸锌、葡萄糖酸钙等。需要强调一下的是硒，它是抗氧化的核心元素，饮食中有足够的硒对很多健康问题都有帮助。硒主要通过摄取富硒地区的食物来补充，例如富硒茶叶（陕西安康为著名富硒茶产地）、富硒大蒜等，也有现成的硒营养补充剂。

（六）多不饱和脂肪酸

有研究表明，摄入亚油酸和 ω-3 不饱和脂肪酸（其代表是亚麻酸）可以减轻痤疮炎症[43]。缺乏多不饱和脂肪酸，尤其是亚油酸可能是痤疮的病因之一。皮脂中的脂类合成原料来自血液循环，放射示踪显示口服吸收的亚麻酸和亚油酸主要分布于皮肤中。有研究显示很多痤疮患者的皮脂中缺乏亚油酸，这种下降可能是相对的：当亚油酸的数量一定时，皮脂分泌得越多，稀释得越厉害，亚油酸的相对含量就会下降[44]。换句话说，饮食补充亚油酸对痤疮患者可能有好处。亚油酸（9,12-18 碳二烯酸）主要来源于一些植物油，属人体必需脂肪酸（人体不能合成，必须从外界摄入）。

亚油酸和 ω-3 不饱和脂肪酸还有帮助抑制炎症、抗氧化、延缓衰老、发展智力等作用。

多不饱和脂肪酸含量丰富的有红花籽油、亚麻籽油、紫苏油、核桃油、芝麻油、月见草油和深海鱼油等，每天补充 10 ～ 15 克比较适宜。

痤疮与生活习惯

（一）熬夜与压力

成年人的一部分雄激素，女性的全部雄激素都是由肾上腺分泌的。肾上腺受脑垂体调节，脑垂体又受下丘脑调节，由此构成了丘脑—脑垂体—肾上腺轴（HPA 轴），这是人体内分泌的重要轴机制。人处于压力状态时，可以激发此轴，使肾上腺分泌更多的 DHEA（dehydroepiandrosterone，脱氢表雄酮），从而促进皮脂的分泌。当然，压力状态的影响不止于此，还可以促进炎症发展、抑制组织损伤愈合、增加自由基生成等等，这些均不利于痤疮的缓解。很多人在紧张备考、熬夜、焦虑的时候会“爆痘”，很可能与 HPA 轴有关。因此，保持心情舒畅、平和，少熬夜很重要。

（二）便秘

非常早期（1931 年）的研究认为长痘和不长痘的人群，便秘与否并没有差别[45]。但是实际生活中，医生注意到患者便秘时痘痘会加重，很多人也向我反馈了这样的情况。后来的研究提出了肠—脑—皮肤轴理论（如图5-11）：情绪压力，或者再加上饮食，可以影响肠道蠕动和肠道微生物，使肠道屏障变差，微生物释放的内毒素进入血液，导致炎症和胰岛素抵抗，进而可以影响皮肤；反过来，肠道微生物也可以影响中枢神经，进而影响皮肤[46]。

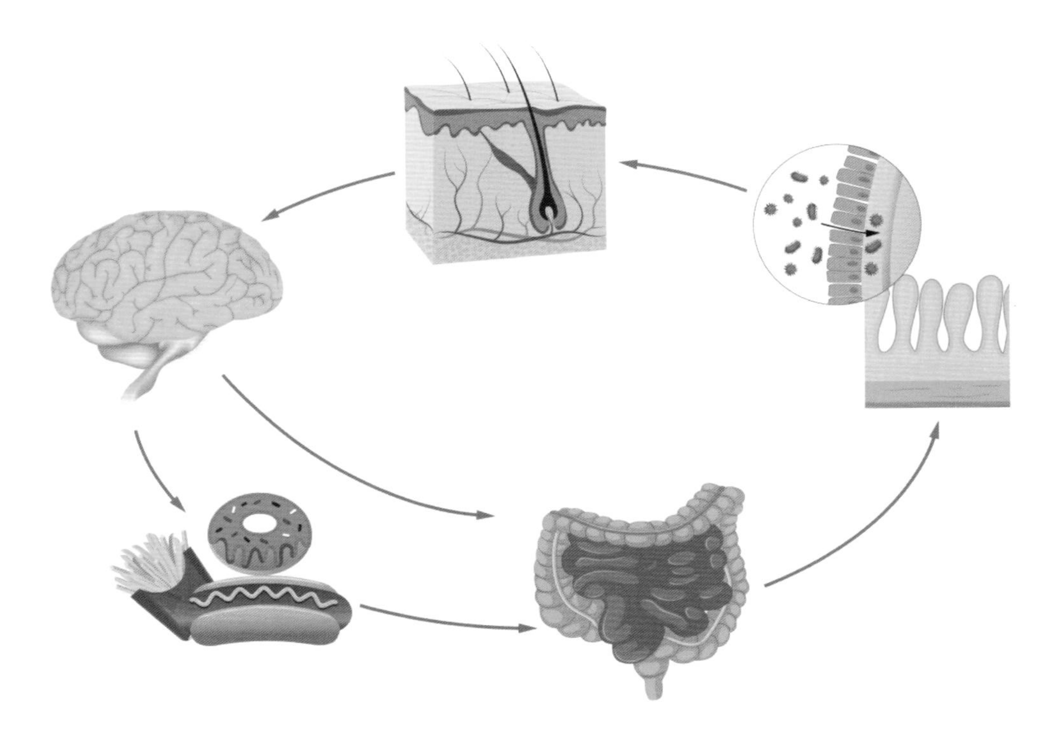

图5-11　寻常痤疮中的肠—脑—皮肤轴通路

其中一些猜想逐渐被证实。现已了解，肠道微生物对人的健康有非常重要的作用，肠道菌群失衡可以使促进炎症发展，能影响痤疮也就不意外了。而在便秘时，肠道中有害微生物可以大量繁殖，它们的有毒代谢产物也更容易通过大肠壁被吸收，进而影响全身的健康。

有鉴于此，日常生活中，无论是否患痤疮，都应当注意肠道健康，多摄食新鲜水果、蔬菜、全谷物等富含膳食纤维的食物，多运动，多喝水，避免便秘，维护肠道健康。

（三）化妆

化妆对痤疮的影响，各方的意见不一。有研究认为痤疮患者在治疗期间化妆可以让皮肤看起来更好，心情更为愉悦，从而提高生活质量，因此主张痤疮患者治疗期间可以化妆[47]。

但另一方面，调查显示较多的女性使用彩妆后痤疮加重，例如韩国研究者调查了一所大学医院的女性痤疮患者，发现 66.8% 的女性遇到了这种情况[48]。我在微博上做的调查，结果与此相似：大约 48% 的人使用彩妆或卸妆后痤疮加重，10% 的人减轻了，其他的表示没有影响。在微信上的调查结果则显示 60% 的人痤疮加重，40% 的没有影响，没有人化妆后痤疮减轻。

加重的原因尚不清楚。有可能是彩妆本身比较黏稠，影响了皮脂的正常排出和角质细胞的正常脱落；也有可能某些成分具有致粉刺性，或者某些卸妆成分对痘痘有不良影响。

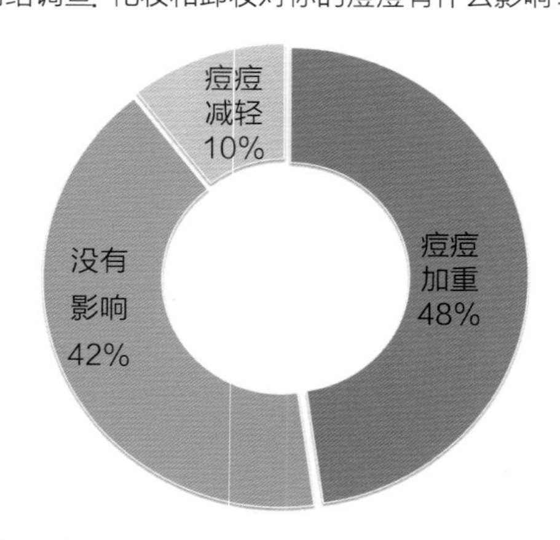

图 5-12 笔者在微博进行的“化妆和卸妆对痤疮的影响”调查结果统计

所以，如果你长了痘痘又想化妆的话，要做好痘痘加重的心理准备。当然这个调查也不够细致，比如没有考虑妆容的浓淡、化妆频率的高低等问题，年龄段、性别、所用的产品类型等都还有进一步探究的必要。从这些数据来看，我建议除非必要，痤疮患者应谨慎考虑化妆。同时也可以看出，如果能设计出祛痘的彩妆产品，将极大地造福消费者。

知识链接

影响因素并不等于病因

前面讲了很多痤疮的影响因素，它们与病因是有区别的。影响因素可能加重或减轻痤疮，但并不能决定痤疮的发生与消失，即使注意各种影响因素，如饮食、心情、压力、化妆等等，痤疮仍然有可能发生或继续存在，这是正常的。正如同放在高处的球总会往下滚，根本原因是重力，坡度、球的形状、坡道表面的情况等只是影响滚动过程。但不要因此认为无须注意影响因素——反正总是要长的，又何必在意呢？这种想法是不对的，因为不注意这些因素，有可能抵消掉你在治疗、护理上的努力。

讨　论

看痘痘应该找中医还是西医？

微博上经常有人提问：“我的痘痘应该看中医还是西医？”

我的态度比较实用主义：不管是中医还是西医，能把病治好就行。但我通常建议先去看西医，西医已经有一些基于证据的治疗痤疮的方法，这些方法对一部分人是管用的。当然西医目前也不能完美地治疗痤疮，对其发病机理还有很多没有研究清楚的方面。也有一些人向我反馈，自己“顽固的痤疮被中医调理好了”。这个现实也需要正视。前面谈过肠—脑—皮肤轴及 HPA 轴，中医疗法也许不是只作用于皮肤，而是通过影响这些轴来减轻疾病，这种可能性是存在的。西医上某些治疗痤疮的药物，也来自中药材，例如丹参酮。中医中某些关于痤疮的理论，也已经被现代研究证实了，比如吃了某些“发物”后痤疮会加重，还有饮食应当清淡等，现代研究发现都是正确的。

我之所以推荐先看西医，是因为我曾经粗略地学习过中医治疗痤疮的文献，感觉总体上中医对痤疮的分型仅做了十分简略的文字描述，缺乏清晰的影像资料和数据，因此阅读者、徒弟如果没有跟着师傅亲眼查看，便容易不知所云，或者拷贝走样，势必会造成诊断、治疗的不准确。

另一方面，我主张痤疮的诊断、治疗应当走向精准化，不同的人病因可能是不同的，这需要实验室检查和数据的支持，在这一方面，中医还需要大量的研究和验证。

当然，无论是中医还是西医，面对的疾病本身是客观的，只是观察、认识的角度不同，都可能有正确的地方，也都可能有错误的地方，还需要通过实践、研究不断深入，逐步接近乃至揭示真相。

可能与痤疮混淆的皮肤问题或疾病

容易与痤疮混淆的皮肤问题或疾病有二十余种，常见的有口周皮炎、玫瑰痤疮、脂溢性皮炎及革兰氏阴性细菌性毛囊炎，这几类问题的机理、表现、处理方法均有所不同，有几种在本书中会有详细叙述，故在此以表格方式列举（见下页），以便读者鉴别处理。当然，这些问题也可能混合发生，我在实验研究和护肤咨询中已经遇到过多例，这种情况需要综合处理。

表 5-2 可能与痤疮混淆的皮肤问题和痤疮的对比

问题	寻常痤疮	口周皮炎	玫瑰痤疮	脂溢性皮炎	革兰氏阴性细菌性毛囊炎
要点	有粉刺，粉刺中有角栓	无粉刺，仅有炎症性丘疹和脓疱	面部T区和两颊潮红，毛囊中有细小毛囊管型	无粉刺，脱屑，有红斑	无粉刺，密集，形态均一
发生部位	全脸均可发生，较少累及鼻子	口鼻周围更为严重	面正中隆起部位和鼻子两侧，常常累及鼻子	全脸可见，在皮脂腺丰富的部位（T区）更严重	全脸泛发，但眼以下部位更常见
皮损形态	粉刺、炎症性丘疹、脓疱为主，严重的有囊肿或结节，皮损是散在的，即皮损之间有较多正常毛囊	炎症性丘疹和脓疱	潮红、毛孔粗大，皮肤亮但皮脂不多，几乎每个毛囊中都有细小管型，有时候有针尖大小的水疱，很少发展为大的脓疱	红斑、鳞屑为主，在换季时皮肤特别容易干燥	大小均一的脓疱，密集，脓疱较小，发生速度快
可能原因	内分泌、某些微生物过度繁殖、皮脂分泌过旺、角化细胞导致的毛囊堵塞等	厌氧杆菌、梭菌等感染	毛囊虫、某些细菌，二者也可能共同起作用	马拉色菌过度繁殖，某些细菌可能也有加重作用	大肠杆菌等革兰氏阴性菌感染。其他细菌也可能引起毛囊炎，需要实验室检查确认
处理要点	清理角栓，抗菌，抗炎，抑制皮脂分泌	抗菌治疗为主，多用四环素类治疗，但也有报道耐药性强的细菌感染，需要用更强效的抗生素	抑制毛囊虫和微生物，抗炎	修复皮肤屏障，抗炎，抑制真菌	抗菌治疗为主

此外，需要与痤疮鉴别处理的还有：

1. 真菌性毛囊炎：多发生于前胸后背，大小较为均一，颜色发红，镜检可见大量马拉色菌。处理方法主要是抗真菌（参考脂溢性皮炎的处理）。

2. 面颈部传染性软疣：丘疹较小，不太发红或化脓，孤立存在，形状圆，中间有脐窝。这是病毒感染引起的，需要医生治疗。

3. 过敏导致的丘疹：常在使用某些化妆品或接触了某些物质后出现，丘疹一般较小，挤不出粉刺角栓，其中可能是清亮的组织液，伴有红、痒，严重的有水疱。停用产品后数日可以缓解，抗过敏治疗有效。

4. 内分泌疾病引起的痤疮：常见的病因是多囊卵巢综合征（仅见于女性）、肾上腺增生综合征，这类疾病通常导致重度的、顽固性的痤疮。此类痤疮与雄激素水平高有关，可以通过内分泌检查筛选，另外患者通常还会有多毛、肌肉发达、骨骼粗壮等男性化特征。其治疗除了皮肤科之外，主要通过内分泌科或妇科治疗除去病因，由于涉及面过宽，本章不做详述。

未解决的问题

痤疮的现代研究始于 1893 年，100 多年来已经取得了长足的进步，但仍然有许多未解之谜，一些关键的问题仍存在争议和疑问，例如：

（1）痤疮是一种原发性的炎症性疾病，还是一种微生物相关（环境因素相关）的疾病[18]？

（2）痤疮的关键病理环节——炎症和过度角化是如何诱发的？

（3）为什么正常人身上的痤疮丙酸杆菌数量也很多，但他们不长痤疮[49]？

（4）痤疮只与痤疮丙酸杆菌有关，还是也与其他微生物有关[50-52]？

（5）痤疮与肠道、便秘之间有什么关系？

（6）70% 以上的女性月经周期前会有痤疮加重的现象[53]，这是为什么？

（7）痤疮与遗传的关系有多大？

这些问题涉及较为艰深的学术领域，不同的研究者从不同的角度，对上述问题有不同的解读，目前也不能说谁的观点就一定是对的，离达成统一的意见还有不少的距离。我相信这种局面还会持续相当长一段时间。但总体上，我们根据初步的研究，于 2016 年提出痤疮可能是与多种微生物相关的一系列毛囊炎，而不一定是单一疾病，因此未来可能需要精准化的诊断、治疗和护理[21]。当然，要证实这个观点，还需要做大量研究工作。我将继续努力研究，探索痤疮中的未知秘密。

小结

寻常痤疮是一种毛囊中出现粉刺角栓的毛囊皮脂疾病，它的发生是多因素的。其皮损表现从粉刺、炎症性丘疹、脓疱到结节囊肿均有，严重的可以产生瘢痕。

及早发现并重视、及时护理和治疗对防止痤疮发生发展十分重要。轻中度痤疮可以护理为主，中重度痤疮则应寻求医学治疗。

维 A 酸类和抗生素是痤疮治疗的两大基石。清理角栓打通毛孔，然后及时跟上后续护理措施的“两理”护理法行之有效。

饮食、生活习惯、化妆、压力等对痤疮的严重程度有影响，应当尽可能避免牛奶、高 GI 食物，减少精制碳水化合物摄入，以免加重痤疮。

寻常痤疮一定有粉刺角栓，依据这一点可以区分寻常痤疮和其他与痤疮相似的疾病。

痤疮的病因尚不明确，我们的初步研究提示它可能是与多种微生物相关的一系列毛囊炎，因此可能需要精确诊断和个体化护理，相关的研究仍在继续。

第六章

痘印、痘坑

√ 痘印、痘坑都是怎么来的？
√红色痘印和黑色痘印是怎么回事？
√ 怎样处理痘印？
√ 痘坑还有救吗？

痘印是如何产生的

痤疮（痘痘）的发生过程中，炎症是一个中心环节，而炎症的特征是红、肿、热、痛和功能障碍。早期的痤疮皮损，肉眼可见的炎症比较轻微，到炎症性丘疹、脓疱阶段后，炎症反应就十分强烈了。

炎症的本质是机体对外来有害物质的防御性反应，相当于身体与入侵微生物的“战斗”。在痤疮中，人体一方出战的“士兵”是白细胞，特别是嗜中性粒细胞。白细胞需要从血管中游出来到达战斗位，它在游动和战斗过程中会分泌大量的酶和其他物质，不仅用于杀死微生物，也可以分解自身组织。运送大量的“士兵”需要更多的血流，因此血管就会扩张、发红。白细胞吞噬了一定量的微生物后也会死亡，死亡的白细胞可以释放出大量的胞内物质，导致炎症加剧（脓疱），这是一个自杀式的防卫过程。战斗结束后，必然留下痕迹和损伤，而且不会在一夜之间完全消失，需要一个清理、修复的过程，这些痕迹就是痘印。

痘印的分类与处理

（一）红色痘印

这是新鲜痘印，战斗刚刚结束，扩张的血管还未恢复，此时皮损处会发红。红色痘印常常发生于炎症性丘疹和脓疱消失之后，以及挤取粉刺之后。其特征是表面比较平，可能会略微肿胀，颜色较鲜红。炎症逐渐消退后，红色会逐渐淡化，一般持续两周左右，不会一连几个月地保持不变化或者呈紫红色。

红色痘印的护理目标是让炎症尽快消失，并避免黑色素沉着，因为在炎症发展过程中，合成黑色素的有关程序（特别是酪氨酸酶、血管内皮生长因子的活跃作用）会启动。

红色痘印的护理要点是：

1. 防晒：日光会刺激血管扩张，加重炎症，同时会刺激黑色素合成，故防晒十分重要。

2. 抗炎：内服维生素 C、维生素 B、维生素 E 补充剂及绿茶提取物等，增强抗炎作用；外涂有保湿、抗炎作用的护肤品，这类护肤品通常有以下成分：仙人掌、马齿苋、维生素

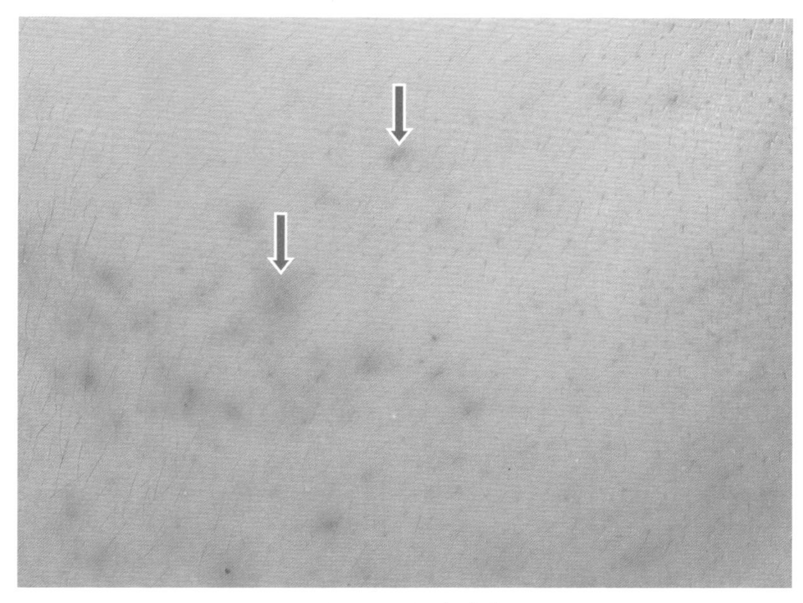

图 6-1　红色痘印

C/ 维生素 E、黄芩、甘草酸二钾 / 甘草提取物、姜黄、洋甘菊提取物、葡聚糖等。凝血酸也是不错的选择。

3. 避免刺激：特别是摩擦、手抠、化学刺激（酸、碱），还要避免去角质。

4. 防止黑色素沉着：使用抑制色素沉着的美白类成分。前述抗炎成分或多或少都有一些美白作用，除此之外，桑白皮提取物、光甘草定、苯乙基间苯二酚等美白能力较强的成分也有助于抑制色素沉着。

此处需要特别指出，并不是发红的都是红色痘印——持续性的红色区域，往往是炎症正在高潮期的表现。如图 6-2，皮肤在炎症发展高潮期和消退期都可能是红色的，但消退期的红色才是痘印。

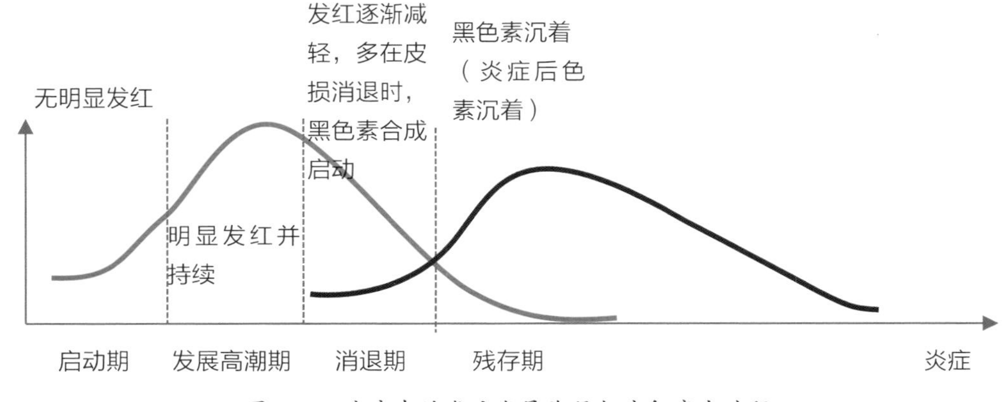

图 6-2　痤疮中的炎症发展阶段与痘印产生过程

如果炎症正在加重或者正在持续，就不是痘印，例如下图，脓疱仍在，说明炎症正在高潮中，而不是在消退中。

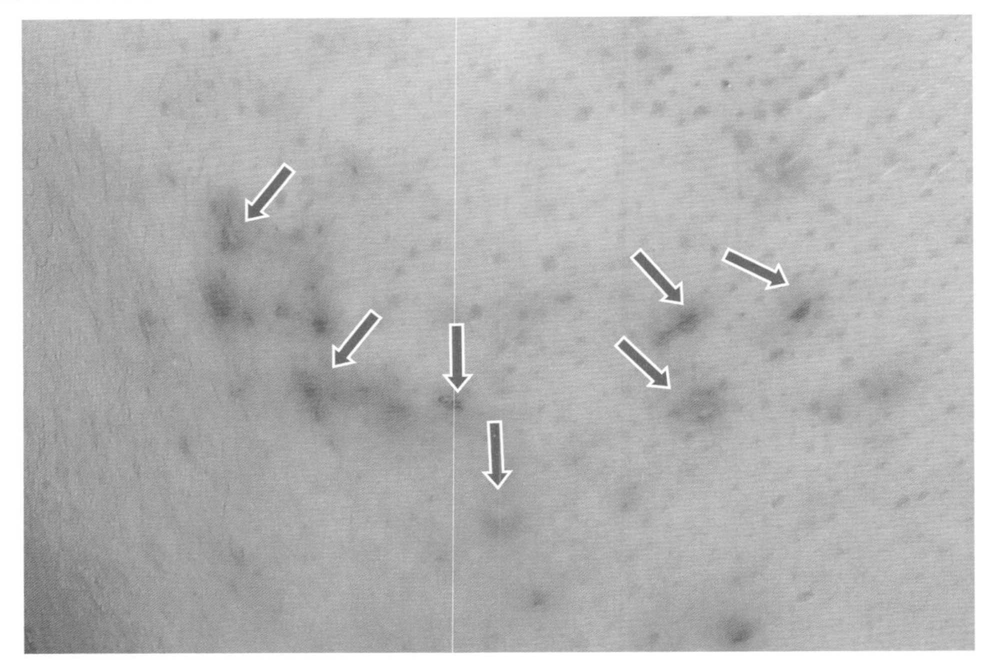

图 6-3 容易被误诊为痘印的痤疮皮损

注意看图 6-3 中箭头所指的部位，看起来是平的，但实际上毛囊内有皮脂 / 微生物混合物形成的粉刺，它周围保持着这样的红色，并没有消退的趋势，而且很可能会反复，“爆发”出新的痘痘或脓疱来。这种情况是不适合使用修复产品的，而应当抗菌、抗炎。

根据这个理论，可以开发出效果良好的去痘印配方。

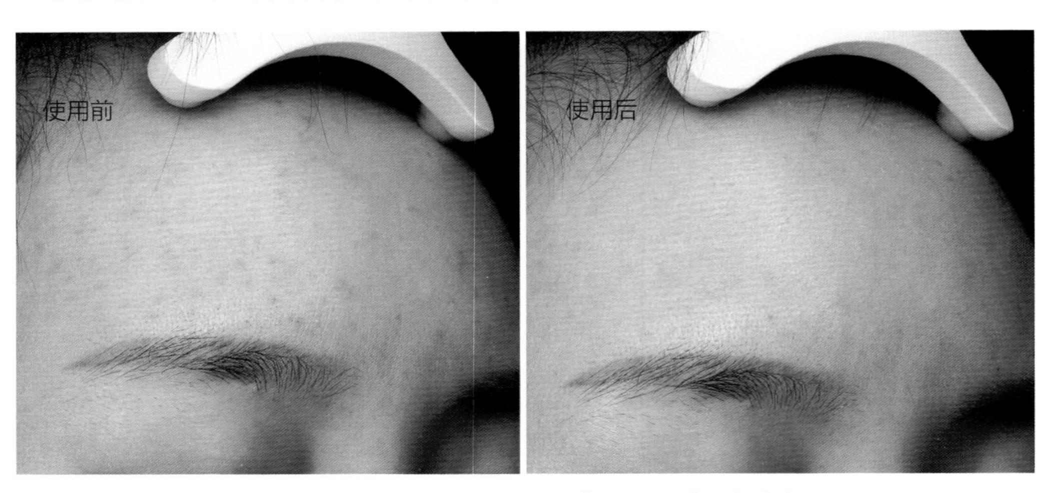

图 6-4 一种实验室配方可以良好改地善红色痘印

（二）黑色痘印

在炎症消退期，黑色素的合成程序启动，此时如果能够抑制这一过程，则痘印会恢复正常的颜色，不会变黑。如果未能阻止这一过程，合成的黑色素将使皮损处明显发黑，形成“炎症后色素沉着（PIH）”。PIH 将存在相当长的时间，短则一年半载，长则数年。可见，预防黑色痘印的关键在于及早正确处理红色痘印。

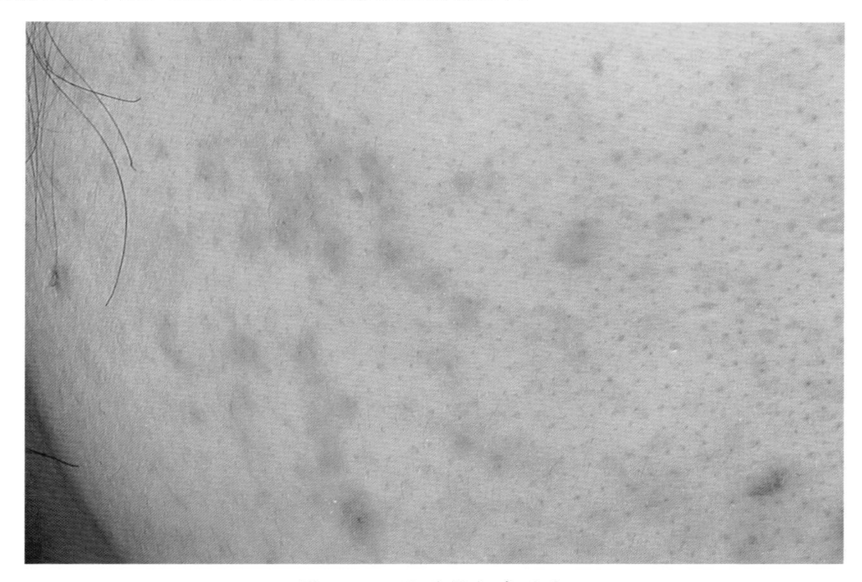

图 6-5　黑（褐）色痘印

如果黑色痘印已经形成了该如何解决呢？很遗憾，黑色痘印多数十分顽固，一般建议采用激光、果酸换肤等医美方法去除，然后参考第九章有关 PIH 的内容，及时使用美白类产品，以减少色沉。

如果不想做医美，也可以日常注意防晒和使用美白产品，促使其逐渐淡化，但需要的时间可能比较长。

有的人属于非色素沉着体质，而且比较年轻，修复能力较强，也可能恢复得更快一些，但只有少数人才能如此幸运。

痤疮瘢痕（痘坑）

还有一类痤疮发生后的痕迹，涉及皮肤表面形貌的凹陷或者凸起，属于瘢痕，而不是普通的痘印（痘印主要是色素的变化）。凹陷的瘢痕称为萎缩性瘢痕，据报道，中国约有 32% 的痤疮患者会发生萎缩性瘢痕[54]（图 6-6）。

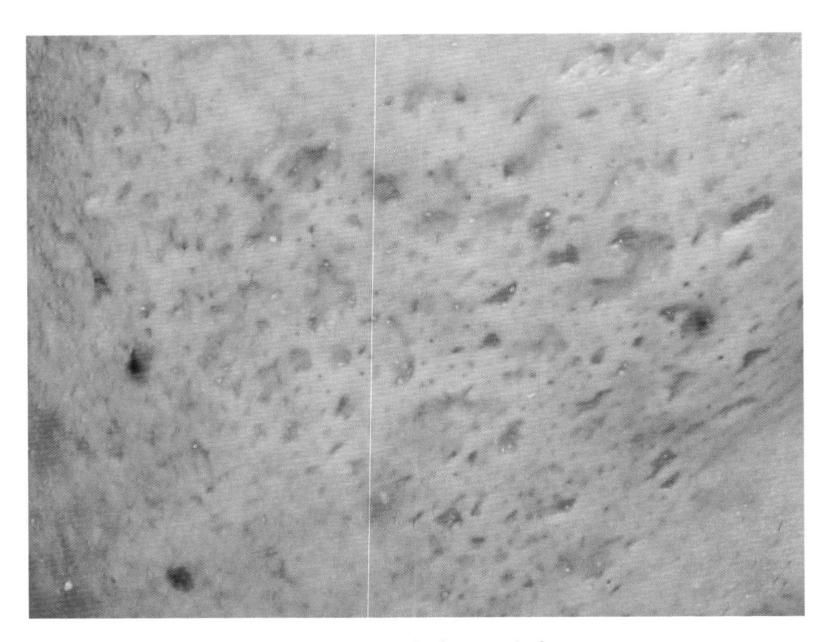

图 6-6 痤疮萎缩性瘢痕

这种瘢痕产生的原因目前尚不完全清楚，现已知与炎症有关，且有真皮损伤：构成真皮的胶原蛋白和透明质酸等细胞外基质被降解，皮肤从而凹陷。现在没有任何护肤品可以使凹陷处重新变平，只能采用点阵激光、注射透明质酸、胶原蛋白填充或者磨削等方法进行医学治疗，患者将经历较大的痛苦，需要多次反复治疗，而且费用高昂。即使如此，也不能保证治疗后皮肤能平整如初（图 6-7）。

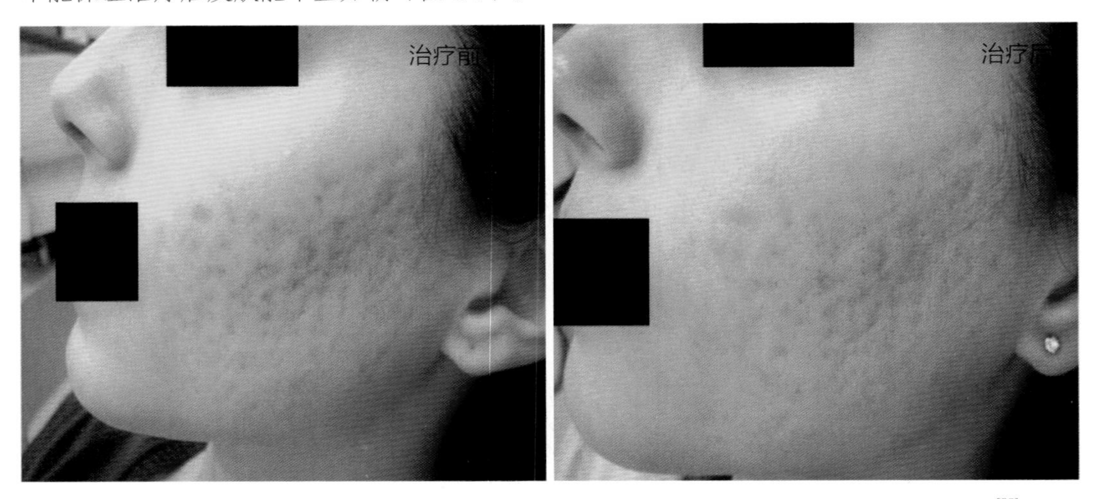

图 6-7 Clinics in Dermatology 报道的案例：1550nm 铒激光治疗萎缩性瘢痕患者的效果[55]，可见皮肤治疗后虽已明显改善，但也难以完全恢复平整（本图已获授权）

萎缩性瘢痕的严重程度常与痤疮的严重程度相关，因此，及早治疗痤疮，是防止萎缩性瘢痕的关键。

此外，在实践中我们也发现，某些瘢痕正在形成的过程中，仍然是有希望自行改善的——前提是及时清理毛囊中诱发炎症的物质（经显微观察，主要是降解的蛋白质、脂类和大量细菌共同形成的酪状物），并进行抗菌和抗炎护理。之所以会如此，推测是瘢痕在形成过程中并没完全固化为白色瘢痕，而是处于活跃的组织重塑阶段，即胶原蛋白仍在不断降解、再生，此时若能阻止炎症继续加重，再生过程将占据主导地位，从而使皮损得到一定程度的修复。这种现象再次说明及早治疗或护理的重要性。

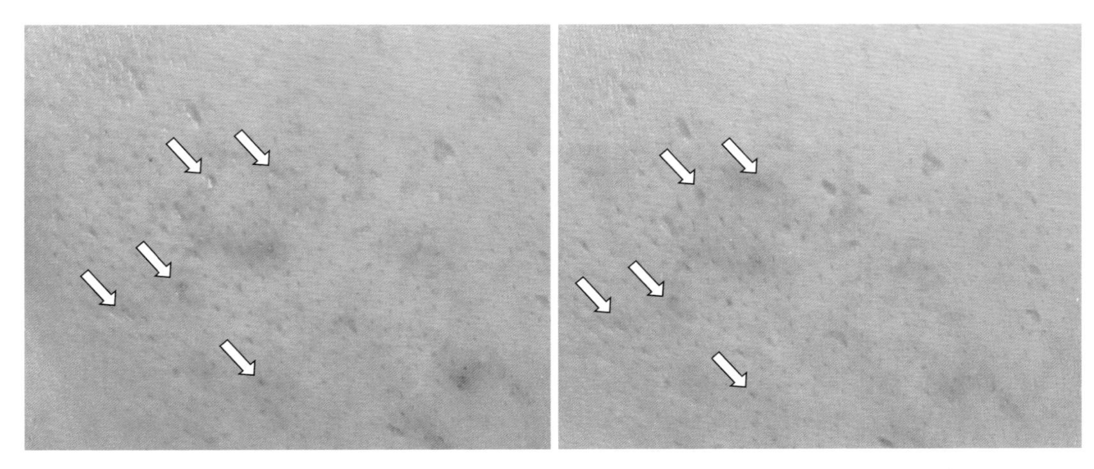

图 6-8　处于重塑阶段的萎缩性瘢痕不经医美术可以得到一定程度的改善

相对而言，增生性瘢痕发生的概率略低一些，主要见于瘢痕性体质者。其主要治疗方法包括激光、激素局部封闭治疗、硅胶贴（瘢痕贴）、冷冻、手术切除等[56]。

答疑区

Q1. 用手挤痘是否更容易有痘印？

A：挤痘讲究稳准狠，干脆利落，并且不能只用手，因为杀伤面太大，应当借助工具。挤前挤后要注意消毒。如果能够在早期清理粉刺，采用“两理”原则进行护理，则可以极大程度地减少痘印发生。

Q2. 痘印是否会变成痣？

A：不会。但炎症后色素沉着可以持续很长时间，即使如此，与痣也是不同的，前者只是黑素增多，后者是黑素细胞的增多和聚集。

Q3. 冻干粉对痘印有没有用？

A：某些冻干粉对红色痘印有用，可促进表皮修复再生，对其他类型的痘印没有用。但冻干粉是否有用，主要取决于其成分是什么，冻干粉本身只是一种制剂。

Q4. 壬二酸对痘印有用吗？

A：有一定作用，但还没有到非常理想的程度。

小结

痘印是炎症或者炎症消退后的产物，主要是色素的变化。

应当区分红色痘印和黑（褐）色痘印，并且采取相应的护理策略才能更好地消灭它们。

红色痘印主要通过抗炎、美白促进其消退，防止色沉；黑色痘印只能用医美术处理，或者加强美白，待其被动消失。当然，二者都需要防晒、避免摩擦、美白。

红色痘印需要与正在高潮或发展期的炎症相区别，后者用去痘印的方法处理收效甚微。

及早护理红色痘印，防止色素沉着，有助于避免经久不散的黑色痘印，即炎症后色素沉着。

皮肤表面由于痤疮而发生的形貌变化——萎缩性或增生性瘢痕，涉及真皮基质的萎缩或增生。这类问题无法用护肤品解决，需要用医美术治疗。

瘢痕常发生于较为严重的痤疮，早期就对痤疮进行治疗或护理，避免其发展到更严重的阶段，是预防痤疮瘢痕发生的重要措施。

第七章

脂溢性皮炎

√ 如何判断皮肤是否有脂溢性皮炎?
√ 为什么会得脂溢性皮炎?
√ 哪些药物可以治疗脂溢性皮炎?
√ 日常该如何护理脂溢性皮炎皮肤?

识别脂溢性皮炎

我经常接到一些咨询，抱怨自己皮肤粗糙，很油，又脱屑（“老废角质多”或“死皮多”），很容易发红，化妆又很容易“卡粉”。

有的人误认为是年龄关系，皮肤衰老所以“老废角质”多，于是拼命去角质；有的人认为是皮肤缺水，因此不断用喷雾、面膜等密集补水；还有的人认为是屏障受损，所以拼命用修复类产品。但这些做法都无助于问题的改善，因为这类情况很可能是脂溢性皮炎。

脂溢性皮炎有三个显著的特点：

1. 多发生于油性和混合性肤质（干性皮肤也有，但少一些）；

2. 主要发生在皮脂腺分布丰富的部位（如面部的 T 区）——特别是鼻两侧皮肤经常发红，有的会有丘疹，脱屑明显（脱屑是很重要的标准）；

3. 抗细菌类的药物（如夫西地酸）、去角质类的护肤品（如果酸、磨砂膏、撕拉式面膜）、祛痘护肤品（例如水杨酸、维 A 酸类产品），改善效果均有限。

在护理这类皮肤时，人们常常走向两个极端。

一类人认为皮肤“老废角质过多”，所以拼命去角质，希望借此调理角质，但常常造成皮肤更加敏感，炎症加重。另一类人了解到保护皮肤屏障的重要性，认为这是单纯的皮肤屏障受损，因此不敢洗脸，导致皮脂混合了大量的鳞屑黏着在皮肤上，形成垢着样变化（图 7-2）。

有的人脱屑看起来没有那么明显，原因在于他们有去角质的习惯，皮屑已经被清理掉了。要判断是否脱屑，可以这样测试一下：洗完脸后什么也不涂，半个小时后，看看皮肤上有没有浮出来的皮屑，一般来说，有脂溢性皮炎的皮肤皮屑是相当明显的。

冰寒友情提示

识别脂溢性皮炎十分重要。它虽然表现为皮肤屏障损伤、水分流失过快、易发红、易受刺激，但它并不是单纯的皮肤屏障受损，而是一种疾病，单纯修复、滋润皮肤屏障难以彻底改善。

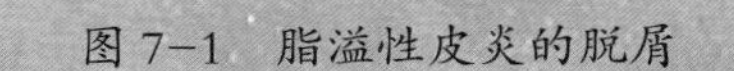

图 7-1 脂溢性皮炎的脱屑

图 7-2 皮脂混合鳞屑形成垢着样变化（左：可见光下，右：紫外光下，垢着的皮屑发出蓝白色的荧光）

脂溢性皮炎的病因与影响因素

说起来这真是个伤心的话题，正如绝大多数皮肤疾病一样，脂溢性皮炎的病因目前也未明确，或者说没有取得共识，相关的病因学研究也不多。

目前认为一种真菌——马拉色菌可能是主要致病因素，也有研究认为其与长期在空调环境下生活、肠道菌群失调、免疫力异常都有一定关系。脂溢性皮炎并没有受到足够重视，经常与玫瑰痤疮、痤疮等混为一谈（当然，其中也有部分是多种问题混合在一起的复合性问题）。

根据个人的观察和思考，我认为真菌以及皮肤微生态失衡是主要问题。据统计，使用抗真菌方法，90% 的人治疗效果良好，10% 的这部分也许并不是脂溢性皮炎，而是其他原因导致的、与脂溢性皮炎症状非常相似的问题，或者混合发生了其他问题，如痤疮、玫瑰痤疮、口周皮炎、毛囊炎等。系统评价认为抗真菌（特别是马拉色菌）是重点考虑方向[57]。我在实验室也每每从脂溢性皮炎的皮肤上观察到数量惊人的马拉色菌。将脂溢性皮炎皮肤的角质碎屑取下后做荧光染色，可以十分清楚地观察到马拉色菌（图 7-3）。

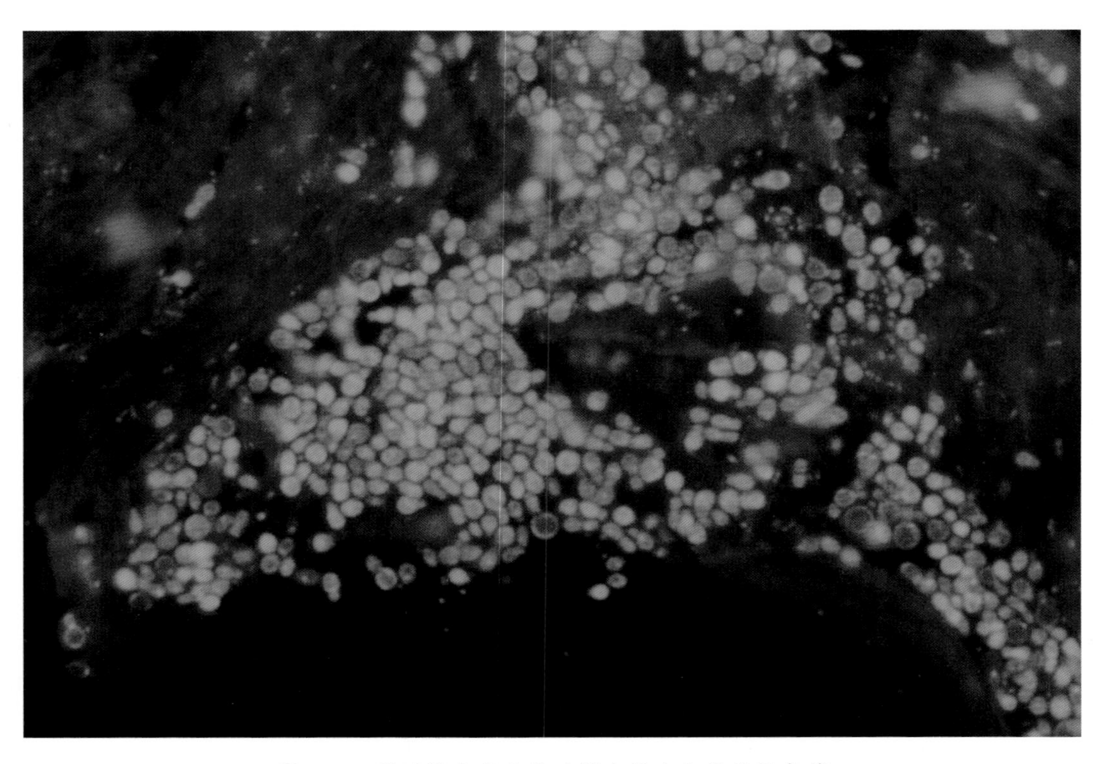

图 7-3 脂溢性皮炎角质碎屑中检出大量马拉色菌

那么，又是什么导致了真菌的过度繁殖呢？推测可能与以下因素相关：

（1）马拉色菌的传递。婴儿出生后一周左右，面部即可出现马拉色菌的定植，其来源是母亲的面部或乳房皮肤[58]。可想而知，如果母亲皮肤上有大量的马拉色菌，则更容易传递给孩子。

（2）皮肤益生菌减少。原因有多种，比如：滥用抗生素；化妆品中某些针对细菌的防腐剂抑制了有益细菌（如乳酸杆菌等）的生长，导致有害的真菌获得优势，也可能使某些细菌更容易繁殖、侵入，加重炎症。

（3）汗液分泌减少，抗菌肽分泌减少（初步了解发现许多患者的脸不爱出汗）。

（4）皮肤屏障受损，使得真菌更容易侵入皮肤深层而引发免疫反应（过度护肤、过度清洁、化妆、卸妆是皮肤屏障受损的重要原因，详情参见第十一章）。

（5）长期使用糖皮质激素类的药物或者含有这类成分的违禁化妆品，导致真菌侵袭机会增加。使用来路不明的、速效的、美容院院装产品的女士需要特别注意（参见第十二章）。

（6）饮食不节制，尤其是嗜吃甜食、精制碳水化合物（面包、蛋糕等等）、高脂肪食物，可以导致皮脂分泌更加旺盛，为嗜脂类的微生物提供更多养分——马拉色菌在无脂的情况下是不会生长的。

知道了这些可能的原因和影响因素，就可以在日常护理中注意防范。

脂溢性皮炎的护理

（一）药物调理

目前的大部分研究都倾向于认为脂溢性皮炎与真菌（尤其是马拉色菌属）有关，所以抗真菌的药物和方法为首选，常用的是酮康唑洗剂（即西安杨森制药出品的采乐洗剂，2%，粉红色包装）、二硫化硒洗剂[59]。可以用它代替洁面乳，早晚各洗一次或每日一次。使用时，加水打起泡沫后涂在脸上，停留一两分钟再洗去，以使药物成分渗入皮肤。非常严重的情况，可以考虑内服抗真菌药物（由医生决定）。

不过，由于采乐、二硫化硒或其他抗真菌类药物可能有刺激，有一部分人可能会过敏，在正式使用前，应当取少量在面部皮肤不显眼的地方试用，观察72小时，若无不良反应方可使用。其他抗真菌类药物也可以选用，例如酮康唑软膏、联苯苄唑软膏等。需要注意一点：不要选用“复方XX唑”类的药物，这类药物通常含有糖皮质激素，虽然可以迅速改善症状，但长期使用对皮肤屏障有损害。目前没有发现马拉色菌对上述抗真菌药物的耐药性，故使用周期长一点也无妨。

（二）日常护理

首先，停止去角质、深层清洁，避免刺激皮肤，防止炎症加重。

可以使用含有芦荟、丁香、黄柏、黄连、黄芩、肉桂提取物等抗炎、抑菌成分的护肤品。

不建议使用除荷荷巴油之外的植物油脂，角鲨烯、一些脂肪酸酯类（如棕榈酸异丙酯）也应避免。

良好的保湿、修复护理对于改善脂溢性皮炎十分重要。

可以补充维生素 B 族，注意避免高糖、高脂类饮食。

我也注意到一些女孩原本只是皮肤油而已，并没有什么发红、起疹的状况，但化了过于浓重的彩妆、过度清洁皮肤后问题加重，故应当避免这些做法。

防晒相当重要，但是，由于脂溢性皮炎皮肤屏障受损，因此不建议涂防晒霜，强烈建议采用硬防晒措施（比如打伞、戴遮阳帽）。

目前尚缺乏针对脂溢性皮炎皮肤设计的辅助护理用护肤品。在这方面，我们实验室做了一些尝试，初步的配方有良好的修护效果（图 7-4），相关产品尚未量产，但这为用护肤品辅助护理脂溢性皮炎带来了一线曙光，我们将继续进行此方面的研究和开发。

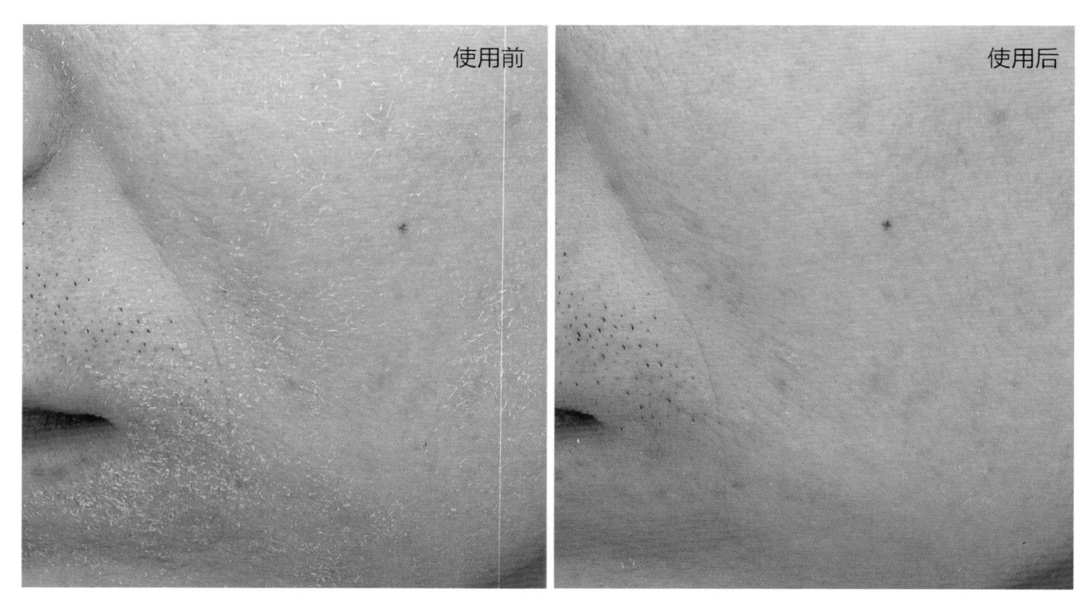

图 7-4　实验室配方明显改善脂溢性皮炎的脱屑、红斑

脂溢性皮炎也可能混合其他皮肤问题发生，如玫瑰痤疮（参见图 8-5）、痤疮等。此时最好有实验室检查辅助判断，以进行多方面针对性治疗或护理，否则可能要走很长的弯路。

脂溢性皮炎的护理误区

误区一：过度清洁

不少人将脂溢性皮炎的原因归结为“油脂分泌过旺”导致“毛孔堵塞”，或者“角质层老化”，所以不断做深层清洁或去角质。实际上，脂溢性皮炎是一种炎症性的问题，上述方法只能给皮肤带来刺激和损伤，使炎症加重、皮肤屏障难以修复。

误区二：乱用药

如果将脂溢性皮炎当作痤疮处理，通常会使用维A酸类（如维A酸、阿达帕林、他扎罗汀）、过氧化苯甲酰（斑赛）等，这类产品比较刺激，也不是针对真菌的，对脂溢性皮炎不会有效果，甚至会加重原有情况。某些免疫抑制剂，例如他克莫司、吡美莫司等，可以缓解脂溢性皮炎的症状，但对于根除病因没有帮助。

误区三：依赖彩妆遮盖

很多女士在使用上述方法无果后，常常借助彩妆来遮盖，而后又用高清洁力的卸妆产品卸妆，造成二次伤害，皮肤屏障会进一步受损，症状会加重。

这三个护理误区一定要避开。

答疑区

Q1. 采乐洗剂含有激素吗？

A： 不含。采乐中含有表面活性剂月桂基硫酸钠，对部分脆弱的皮肤可能产生刺激，但这不是激素。使用清洗类产品时皮肤有刺激感，原因主要在于皮肤屏障功能受损，而不是产品本身有多么刺激。

Q2. 是否可以用复方酮康唑制剂或者采乐洗发水治疗脂溢性皮炎？

A： 含有激素的复方制剂不可常用，长期使用激素，会导致皮肤屏障脆弱，更容易受真菌感染（参见激素依赖性皮炎一章）。采乐洗发水并不是采乐洗剂，并不含酮康唑成分。

Q3. 用完采乐洗剂后还需要用洗面奶吗?

A: 不需要。它本身就含有清洁成分，打起泡沫后用手涂于面部打圈，停留一两分钟再冲去即可，不必用洗面奶洗第二遍。

Q4. 采乐洗剂不是去头皮屑的吗?

A: 采乐洗剂的真实身份是一款广谱抗真菌 OTC 药物。头皮屑增多与马拉色菌异常增多有关，可以用采乐处理头皮屑，但不是说采乐只能用在头皮上，事实上一般头皮屑也就是头皮的脂溢性皮炎。

Q5. 采乐洗剂多久用一次? 要使用多久?

A: 建议每晚一次，每次使用量只要两粒黄豆大即可；坚持使用两三个月或者再久一点直至症状完全改善。若有问题，建议咨询医生或药师。

Q6. 使用采乐对使用其他化妆品有什么影响吗?

A: 没有。但是不建议使用彩妆类产品，也不建议使用橄榄油等植物油类产品（荷荷巴油除外）。

Q7. 除了过敏和刺激之外，采乐洗剂还有其他不良反应吗?

A: 可能会有。采乐洗剂导致马拉色菌死亡后，其菌体崩解，可能导致免疫反应更剧烈，白细胞（尤其是中性粒细胞和巨噬细胞）会被动员起来清除这些真菌的尸体，症状可能暂时性加重（赫氏反应）。但若问题不是持续加重，而是有长有消，就不必担心。北大三院李东明教授在谈及真菌的治疗时特别强调过此现象。

Q8. 如何检查真菌？

A： 检查真菌不是靠肉眼，而是需要做涂片染色，然后用显微镜观察。这是一项专业检查，需要去专门的实验室由专业技术人员操作，比如医院的真菌科。一般三甲医院都设有真菌科，一些皮肤专科医院也有真菌科。马拉色菌的名称有过变迁，各种叫法不一，有的医生叫它“糠秕孢子菌”，所以报告上会写“孢子阳性”，有的医生会称其为“糠孢菌”。

Q9. 为什么脱屑好了，皮肤还是发红？

A： 这种情况要考虑除了马拉色菌外，可能混合了其他细菌或寄生虫的问题。脂溢性皮炎也可能不仅仅与马拉色菌有关，例如有研究认为患者表皮葡萄球菌也显著增多[60]。这种情况是不鲜见的，需要依据实验室检查结果做针对性处理。

Q10. 为什么也有人说脂溢性皮炎与马拉色菌无关？

A： 有人认为正常人皮肤上也有马拉色菌，所以它是一种正常的皮肤微生物，并不会有致病作用。的确，正常人皮肤上也可能有马拉色菌，但脂溢性皮炎皮肤上马拉色菌的数量非常多，并且针对马拉色菌的治疗常常是有效的，相关研究已经强烈提示马拉色菌与脂溢性皮炎相关。另一方面，脂溢性皮炎与多种皮肤问题表现相似，也可能有其他皮肤问题被当成脂溢性皮炎，因此在这些皮肤中检测不到马拉色菌。

小结

脂溢性皮炎是一种发生在皮脂腺丰富部位的、以红斑和鳞屑为主要特征和表现的皮肤疾病。它的发生与一种真菌——马拉色菌紧密相关，因此抗真菌护理或治疗常常是有效的，情况严重的话，需要真菌专家的帮助。

脂溢性皮炎的脱屑不是“老废角质”，而是炎症状况下不正常脱落的角质细胞。去角质对脂溢性皮炎并没有帮助，反而会加重皮肤屏障的损伤及红斑表现。皮屑也不是缺水造成的，只是一味地补水也不能解决问题。准确地判断脂溢性皮炎并及早治疗、护理至关重要。

目前尚没有针对脂溢性皮炎的量产护肤品，其护理主要依靠外用抗真菌药品，严重的需要由医生进行系统的抗真菌治疗，不宜单纯使用抗炎药物。日常护理主要是避免损伤和刺激，注意保湿和皮肤屏障的修护，避免使用可能引起脂溢性皮炎加重的护肤品。

脂溢性皮炎也可能混合其他皮肤问题，例如玫瑰痤疮、痤疮、毛囊炎等。对于这类复杂的问题，单纯抗真菌治疗的效果有限，可能需要做实验室检查，进行检测和分析，并予以针对性处理。

微信扫码关注“冰寒护肤”，
发送“听 2 导图”，可索取
各章详细思维导图

第八章

玫瑰痤疮

√ 什么是玫瑰痤疮？
√ 玫瑰痤疮是痤疮吗？
√ 玫瑰痤疮的病因是什么？
√ 如何护理和治疗玫瑰痤疮？

玫瑰痤疮的表现和类型

玫瑰痤疮又称“酒渣鼻”，是一种较为常见的皮肤病。这个名字来源于英文“rosacea”，核心表现是面部中部皮肤对称性发红，除此之外还可以有丘疹、脓疱、毛发糠疹。

根据不同标准，玫瑰痤疮有红斑毛细血管扩张型、丘疹脓疱型、鼻赘型、眼型之分[61]，从严重程度上有轻、中、重度之分。对于分型和分级，不同的学者可能有自己的观点。总的来说，红斑毛细血管扩张型占据了主要地位，和美容的关系也最为密切，其次是丘疹脓疱型。

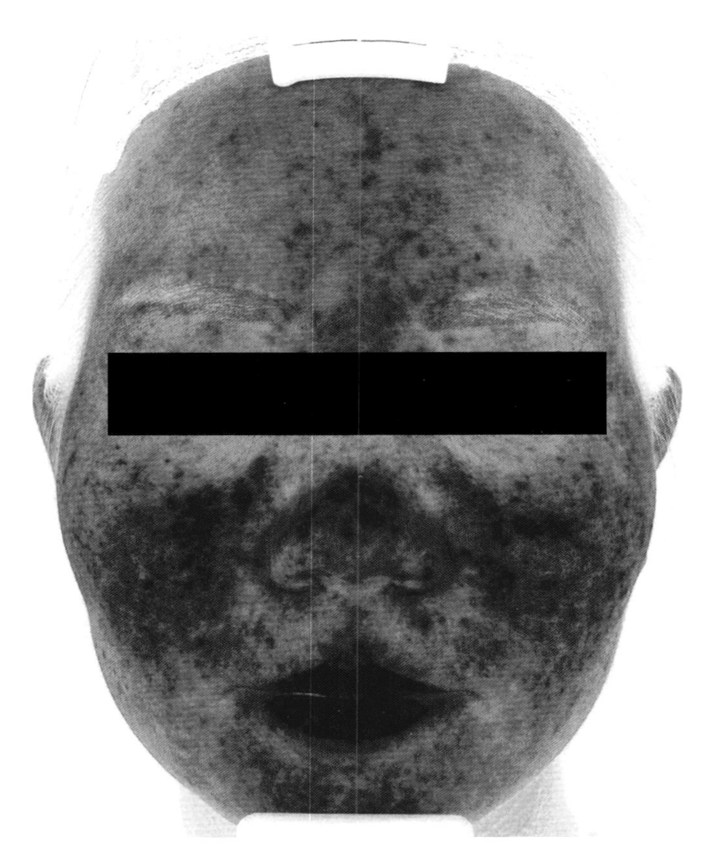

图 8-1 玫瑰痤疮的典型红斑：面中部隆起部位对称性分布

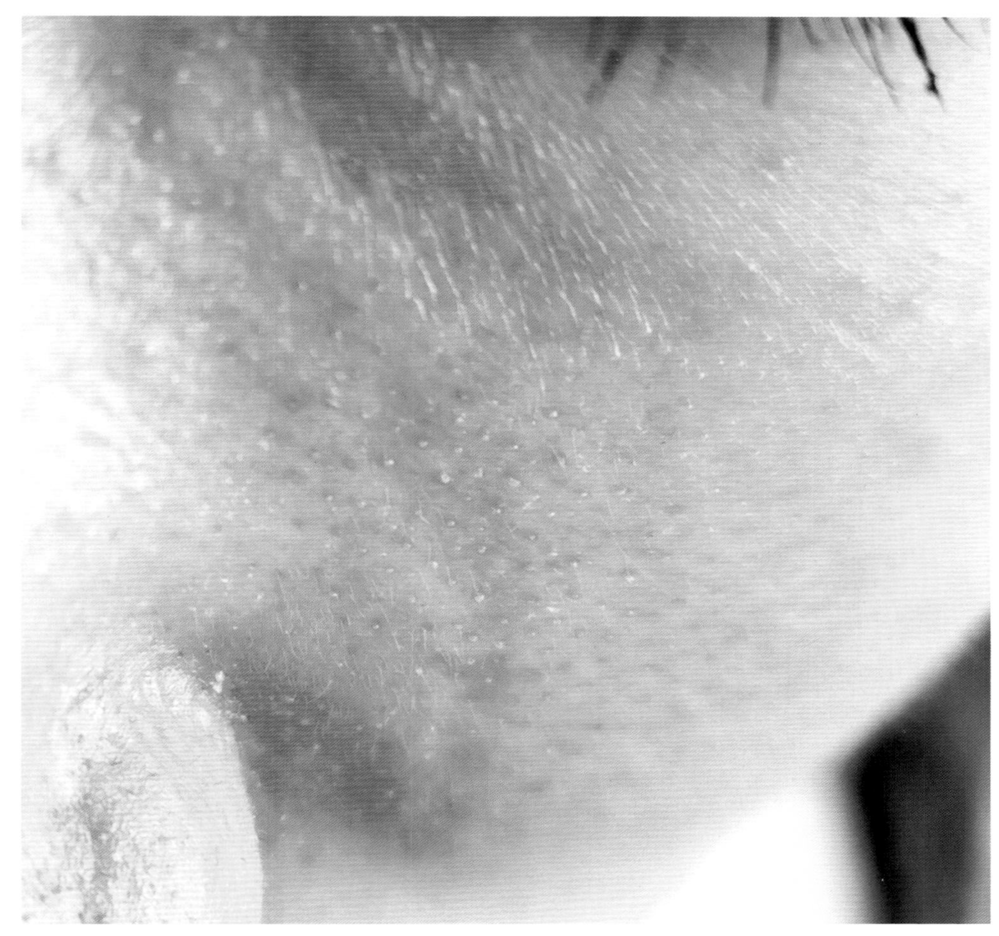

图 8-2　玫瑰痤疮的其他皮损表现：毛囊中的角栓突出于皮肤表面，形成毛囊糠疹

玫瑰痤疮不是寻常痤疮

由于和寻常痤疮表现相似，或者有时会混合发生寻常痤疮，名字中又带有“痤疮”二字，很多人会把玫瑰痤疮误认为是寻常痤疮。但仔细观察，两者有很大不同：

（1）寻常痤疮的特征性病理表现是粉刺，发生粉刺的毛囊内，有过度增殖的角质细胞（实际上是外毛根鞘细胞）与皮脂等形成的角栓颗粒；但玫瑰痤疮没有粉刺，只有细小的毛囊糠疹或毛囊管型。

（2）玫瑰痤疮常常累及鼻部，呈对称分布，皮肤色红；而寻常痤疮累及鼻部较少，不一定对称，在额头、两颊、下颌多见，发红没有玫瑰痤疮明显，也不容易连成片。

（3）玫瑰痤疮的脓疱初期一般只有针尖大小，多为透明的，分布均匀且密集；而寻常痤疮的脓疱较大，多为黄色，一般是散布的。

表 8-1 寻常痤疮与玫瑰痤疮的区别

特征	寻常痤疮	玫瑰痤疮
粉刺	有	无
红斑分布	面部各部位，不规律	面中部隆起部位，对称
对刺激的反应	不一定敏感	十分敏感，容易潮红
毛囊糠疹	无	可有
脓疱	较大，黄色	针尖大小，初期透明
毛囊虫	无关	明显多于正常人
萎缩性瘢痕	约 1/3 会发生	无

正确区分玫瑰痤疮和寻常痤疮十分重要，因为表现的背后是病理机制的区别，护理和治疗的原则也不一样，比如：没有过度角化，就不适宜去角质；皮脂较少，就不一定需要控油；与雄激素关系不密切，所以不考虑调节雄激素等。

易与玫瑰痤疮混淆的情况

脂溢性皮炎、毛囊炎、激素依赖性皮炎，特别是激素诱导的玫瑰痤疮样表现、敏感性皮肤等都可能与玫瑰痤疮混淆。

由于缺乏严格的诊断标准和实验室检查，有许多人觉得脸容易发红就是玫瑰痤疮，以至于玫瑰痤疮成了一个篮子，什么脸红的症状都往里装。特别是敏感性皮肤、某些毛囊炎和面部皮炎，很容易被当成玫瑰痤疮。我认为这是今后的研究、护理和治疗中应当注意的问题，看起来都有“脸红”表现的问题，需要深入细致的观察和分型，以便采用不同的措施，达到更好的护理效果。更合适的做法是不断从篮子里把不一样的东西拣出去，而不是把看起来差不多的东西一股脑儿地装在一起。

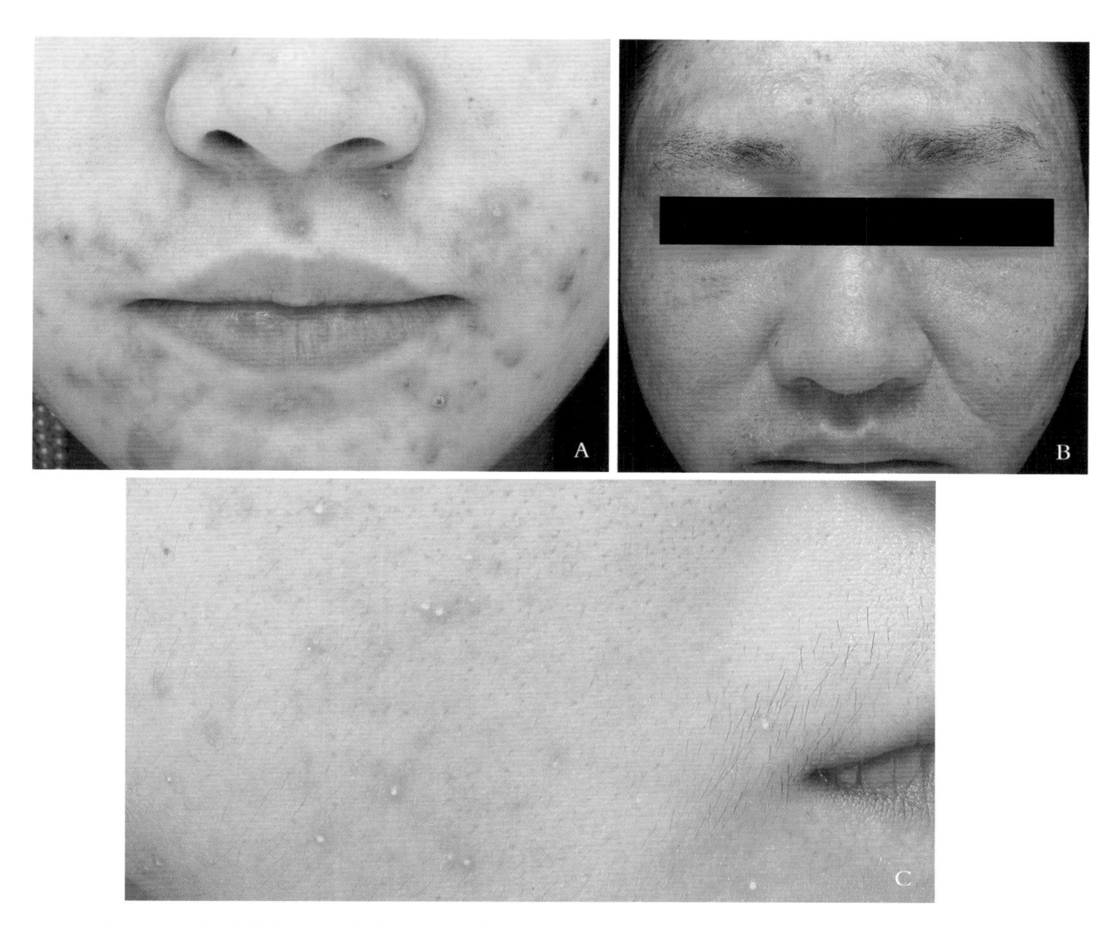

图 8-3　各种易与玫瑰痤疮混合的情况：A. 口周皮炎 B. 激素诱导的玫瑰痤疮样改变 C. 细菌性毛囊炎

玫瑰痤疮的病因和机制

目前，玫瑰痤疮的病因还不明确，有学者认为免疫反应是主导，有的认为血管反应很重要。研究者们很早就注意到了毛囊虫的作用，现代研究使用无创技术也发现，玫瑰痤疮患者毛囊中的毛囊虫数量显著高于正常人[62]，但这个观点也存在争议。

我个人认为毛囊虫可能是非常重要的因素。仔细观察玫瑰痤疮患者微小脓疱中的细胞构成，也是单个核细胞为主，而非多核分叶的中性粒细胞为主，这和免疫学的经典理论一致：寄生虫主要引起嗜酸性粒细胞聚集的炎症。此外，针对毛囊虫进行治疗，也常常可以获得很好的效果。美国 FDA 就批准了治疗毛囊虫的 1% 伊维菌素外用软膏用于治疗玫瑰痤疮[63]。

毛囊虫，正式名称是“蠕形螨”（demodex），在人类毛囊中寄生的有两种，分别是毛囊蠕形螨和皮脂蠕形螨。正常人毛囊中也可能有毛囊虫，但数量要少得多，整个面部也难得找出一两条。毛囊虫可能以皮脂及角质碎屑为食，其对人体的好处暂无报道。毛囊虫与我们常说的尘螨的形态与生活环境都有很大不同，但都属于蛛形纲、蜱螨目。

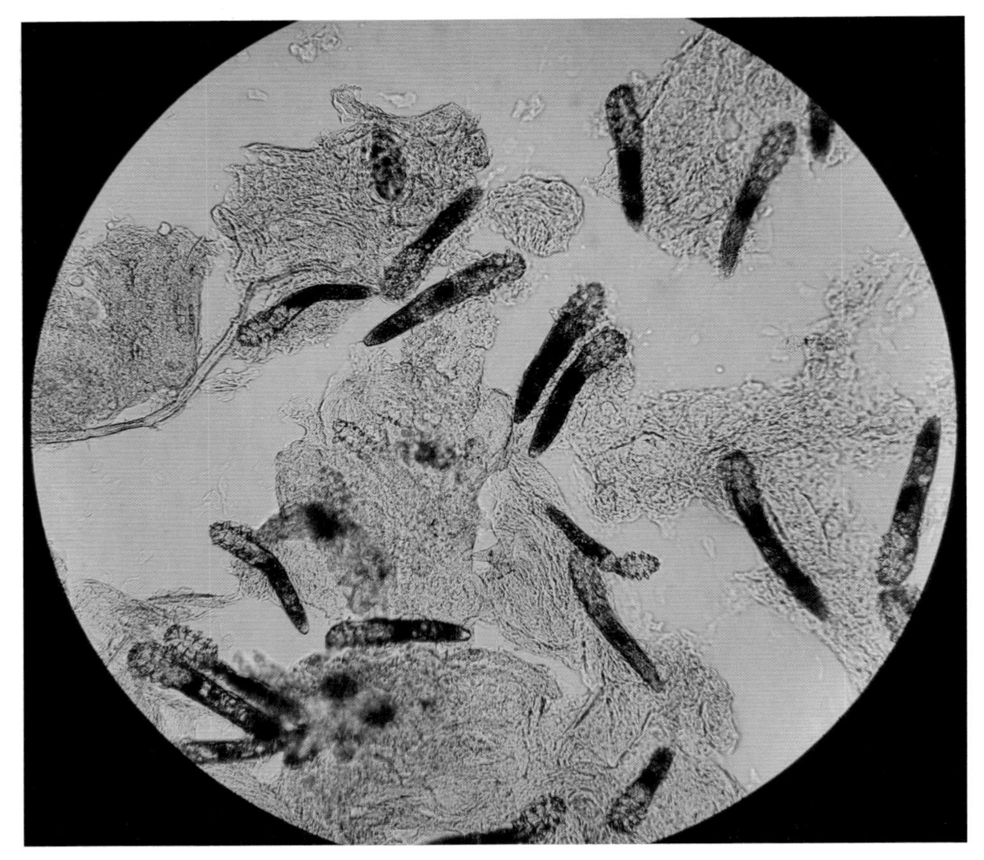

图 8-4 玫瑰痤疮皮肤一个毛囊内有数条甚至数十条毛囊虫

新的研究发现，毛囊虫不仅本身会引起问题，可能还充当了微生物“库”，即有些微生物会寄生在虫体内生长繁殖，不断释放，引起炎症反应。有研究认为蔬菜芽孢杆菌可能是玫瑰痤疮发病的一个重要因素[64]。而我们在实验室发现患者毛囊中还有多种其他微生物，因此，不排除其他微生物也参与了玫瑰痤疮的发病。近年国外也有其他微生物（如短小芽孢杆菌[65]）与玫瑰痤疮有关的报道。这也许可以解释为何广谱抗生素（如多西环素或米诺环素）对于部分玫瑰痤疮患者有效（当然，另一类观点认为其治疗效果可能来自抗炎作用）。

抗虫治疗有效，可以证明玫瑰痤疮与毛囊虫有剪不断理还乱的关系。但有时单纯抗虫治疗效果不佳，我们追踪了一些案例发现，部分原因是掺杂了其他问题，如马拉色菌感染所致的脂溢性皮炎。在本章后面的部分，将分享实际的案例（图 8-5）。

亦有研究发现，在玫瑰痤疮患者皮肤中，由皮肤细胞分泌的一种名为 cathelicidin（LL37）的抗菌肽浓度是正常皮肤中的 1000 倍，cathelicidin 可以诱导血管扩张，因此研究者认为 cathelicidin 是玫瑰痤疮发病的一个关键因素[66]。那又是什么诱导了 cathelicidin 过度分泌呢？这个问题有待进一步研究。

知识链接

尘螨（dust mite）

日常生活中常常会听到“螨虫”这个词，很多人误认为世上“只有一种螨，所以毛囊虫就是螨虫，螨虫就是毛囊虫”。其实螨是一大类虫，毛囊虫只是其中的一类。而日常生活中常说的“晒被子杀螨”，这个“螨”指的是尘螨。尘螨是一类生活在床品、床垫、地毯和家具套等地方的螨虫，可能在空气中与尘土一起飘浮，其主要危害是引起呼吸道过敏和哮喘。尘螨与毛囊虫的形态有很大不同，生活场所也不同。有一些人误将二者混为一谈，希望通过空气过滤、勤换被套枕巾、使用除螨机（其本质是吸尘器）、晒太阳来摆脱毛囊虫，这是不可能的——因为这些方法对付的是尘螨，而毛囊虫生活在皮肤的毛囊内。

如何护理和治疗玫瑰痤疮？

（一）日常护理

玫瑰痤疮皮肤非常敏感，日常应当参考敏感皮肤的护理原则护理：

（1）尽量避免各种刺激，包括日光、化学性刺激（酸、碱、强的表面活性剂等）、物理性刺激（冷、热、风、剧烈的温度变化、摩擦、去角质等）、不当的护肤行为（过度清洁、过度敷面膜）等。

（2）选择比较温和的护肤品。不建议使用植物油（荷荷巴油除外），不建议盲目使用酸，特别是高浓度的酸，此问题比较普遍是因为许多人把玫瑰痤疮误认为是痤疮，而采取痤疮的护理方法。

（3）采用除螨、抑螨的护肤产品。此处需要说明的是，相关法规不允许化妆品宣称抑螨除螨作用，但实际上很多药物经研究证实可以抑制螨虫，例如蛇床子、百部、蒲公英、苦楝油、硫黄、花椒等。

（二）治疗方法

本部分内容仅供读者科普了解，具体如何治疗，需要由临床医生根据实际情况制订方案。

1. 外用药物

玫瑰痤疮的外用药物，常用的有克罗米通、林旦、扑灭司林等。2015 年美国 FDA 批准外用 1% 伊维菌素治疗玫瑰痤疮，这是一大突破。伊维菌素是一种广谱杀虫药物，安全性很好，治疗的效果也很好。

2. 内服药物

非特异性抗炎药物，如甘草酸苷等，也可能是治疗的选择。该药物没有抑虫作用，但可以改善症状。

常用的抗细菌药物有多西环素和米诺环素。

甲硝唑也是治疗玫瑰痤疮的选择，但它通过何种机制起作用尚不明确。体外实验显示甲硝唑并没有强抑虫能力。目前也有研究探索用羟氯喹治疗。羟氯喹是抗疟原虫药奎宁的衍生物，其治疗玫瑰痤疮的机理尚不明确。

3. 其他疗法

光学治疗，如强脉冲光，可处理红血丝等问题，一定能量的光也可以杀死毛囊虫。有研究提出光动力疗法对玫瑰痤疮也有较好改善作用[67]，但目前这一方向仍在探索阶段。

我们针对玫瑰痤疮也做了一定的研究，特别是针对玫瑰痤疮的临床诊断十分混乱的问题，对玫瑰痤疮与其他相似问题的影像和生物特征进行了提取，能够十分高效地鉴别玫瑰痤疮和其他问题，临床应用效果十分令人满意。我们还研究了一些试验性护肤配方，从抗炎、抑虫和修复三方面考虑，综合护理玫瑰痤疮，也取得了一定的成效，但也有一些尚待解决的问题，特别是如何作用于毛囊深部的病原微生物，今后还需要进一步优化，提升效果、降低刺激性，以造福受玫瑰痤疮困扰的人群。

知识链接

玫瑰痤疮患者需要注意情绪管理

玫瑰痤疮患者常会出现情绪上的不稳定，主要表现为抑郁、焦虑、紧张[68]，这既是疾病造成的结果，同时也是加重疾病的因素。玫瑰痤疮患者的血管反应性强，所以皮肤在受到轻微刺激、情绪紧张的时候会潮红，经常性的焦虑、紧张容易加重皮肤潮红和血管扩张。为了避免陷入这样的恶性循环，玫瑰痤疮患者应当注意情绪管理，避免紧张和焦虑。

复杂玫瑰痤疮

玫瑰痤疮并不一定单独发生，有时候会伴发脂溢性皮炎、痤疮，或者其他问题。这里展示的是一个玫瑰痤疮伴发脂溢性皮炎的案例（图 8-5）。由于一直缺乏实验室检查证据，患者曾被诊断为脂溢性皮炎、玫瑰痤疮、面部皮炎等，也未得到有效的治疗和护理，问题最后变得十分严重，处理起来非常棘手。

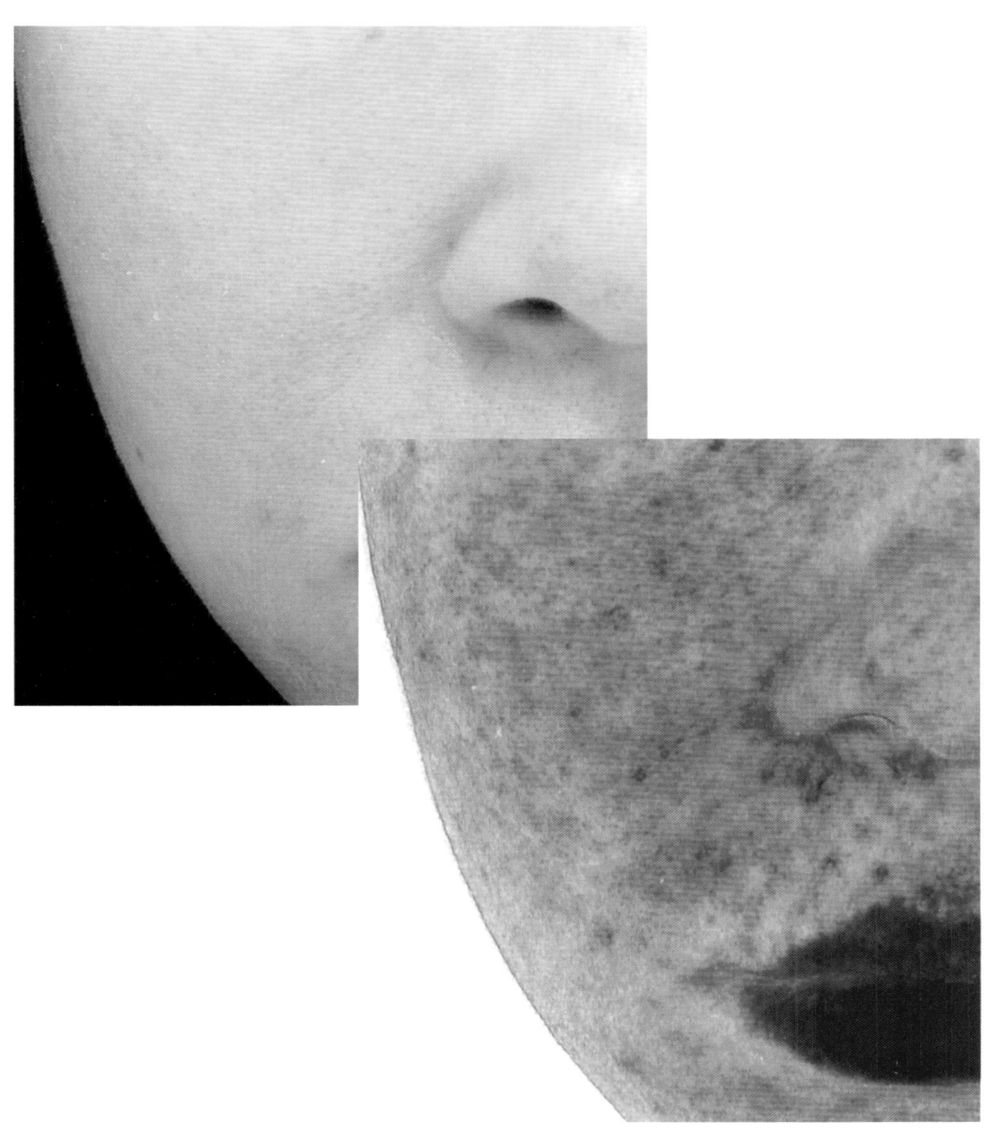

图 8–5　混合发生了脂溢性皮炎的玫瑰痤疮

由图可见，患者面部对称性红斑在 VISIA 皮肤检测仪下十分明显，毛囊口有小的角栓，同时皮肤上有大量鳞屑（红斑和鳞屑是脂溢性皮炎的两个重要特征）。把小角栓取下进行显微检查，可发现其内有高密度的毛囊虫；取皮屑做显微检查，可见大量马拉色菌。这种情况单纯保湿、抗敏、抗炎的效果十分有限，且因患者长期使用非甾体抗炎药物，免疫受到抑制，皮肤屏障损伤也十分严重，需要通过抗虫、抗真菌治疗才有可能好转。

玫瑰痤疮也可以与痤疮混合发生，此种情况可以根据皮损的不同来辨别，护理和治疗也应当综合考虑两种疾病的情况。

小结

玫瑰痤疮的特点是面中部对称性发红，毛囊口多有糠疹。

玫瑰痤疮应与脂溢性皮炎、痤疮、口周皮炎、敏感性皮肤、激素依赖性皮炎（类固醇激素诱导的玫瑰痤疮样表现）等情况相鉴别。

玫瑰痤疮的病因尚不明确，毛囊虫数量过多可能是一个重要原因，与毛囊虫共同起作用的可能还有其他微生物。

对于毛囊虫阳性者，抗虫治疗或护理常可取得较好效果，同时日常要注意避免刺激，保护皮肤免受日光等物理、化学因素的伤害。

玫瑰痤疮不是一个容易处理的问题，平时需要非常注意护理，并且要紧密配合医生治疗。

玫瑰痤疮也可能会混合其他疾病发生，如痤疮、脂溢性皮炎，此时需要仔细观察，甚至进行实验室检查，为更准确的临床治疗和日常护理提供证据支持，以获得更好的效果。

第九章

色斑

√色斑是怎么来的?
√ 色斑都有哪些类型?
√不同色斑该怎么护理?
√ 激光除斑有哪些注意事项?
√ 祛斑护肤品有效吗?

总的来说，色斑是黑色素（也可能混有其他色素，如血红素）在皮肤上不均匀分布形成的局部色素增多、颜色加深现象（本章不涉及色素脱失性问题，故所指色斑为色素增加性问题）。

很多人对色斑有一种误解，认为世界上只有一种斑。但真相恰恰相反，我们平时挂在嘴边的色斑，实际上有很多种类型，处理的方法也不尽相同。

色斑有遗传性的，如雀斑，有非遗传性的，如黄褐斑；有真皮中色素增多的，如褐青色痣（获得性真皮黑色素增多）、太田痣等，也有表皮性的，如日光性黑子，还有真皮、表皮都可能涉及的。

各种色斑都有一些共同的特点：

（1）日光照射（特别是紫外线）会使所有的色斑加重。

（2）黑色素合成增加。

（3）黑色素的合成均受酪氨酸酶的影响。

（4）色素代谢受皮肤生理过程所限，难以用护肤品快速消除。

黑色素的形成和代谢

黑色素由黑素细胞合成，该细胞分布在表皮的基底层，有光感受器[69]。黑素细胞像章鱼一样伸出枝状的微管，连接到与之毗邻的角质形成细胞（图 9-2）。受到日光（特别是紫外线）刺激后，黑素细胞会先加速把已合成的黑素小体通过微管输送到角质形成细胞中（图 9-3），并且加速分泌更多黑色素。黑色素本是人体的天然防晒剂，因为它们可以强烈地吸收紫外线，以防紫外线直接到达细胞核，损伤胞核中的 DNA 并诱导一系列损伤和炎症过程。这也是为什么黑色素总是分布在角质形成细胞的上方，就像在为细胞核打伞，这种结构叫作“核上帽”。

之后，黑色素在角质形成细胞内部停留，直到角质形成细胞转化为角质细胞，最后从皮肤表面脱落，这一周期大约需要 4 周。由此可知：

（1）除非把含黑色素的角质细胞清除、剥离、破坏，否则不可能使已形成的黑色素快速消失；

（2）除非能够停止对黑素细胞的刺激，或者阻断它们继续产生黑色素，否则黑色素就会源源不断地产生。

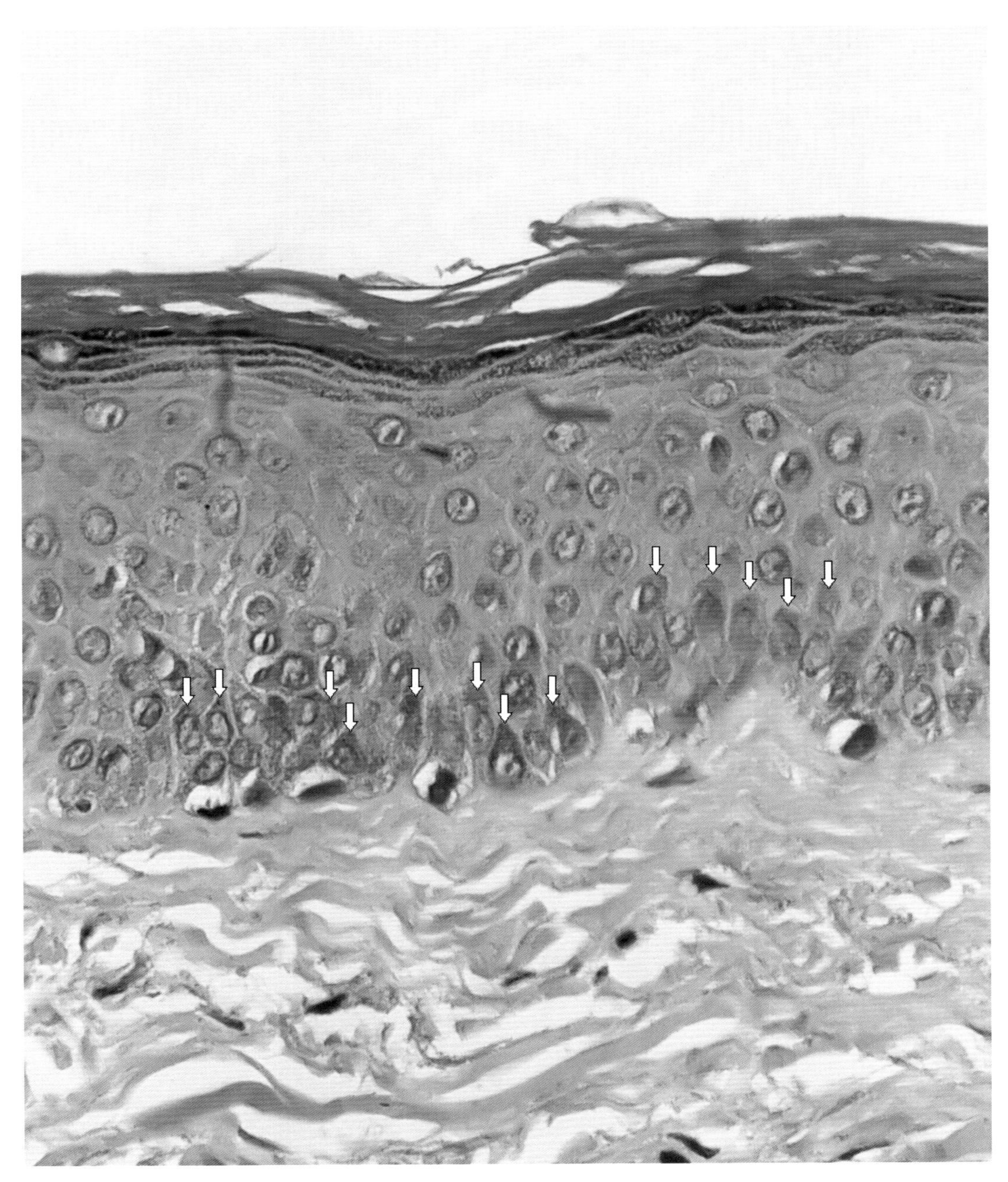

图 9-1　核上帽：黑色素总是分布在细胞核上方以保护细胞核

（上海市皮肤病医院严建娜医生惠赠切片）

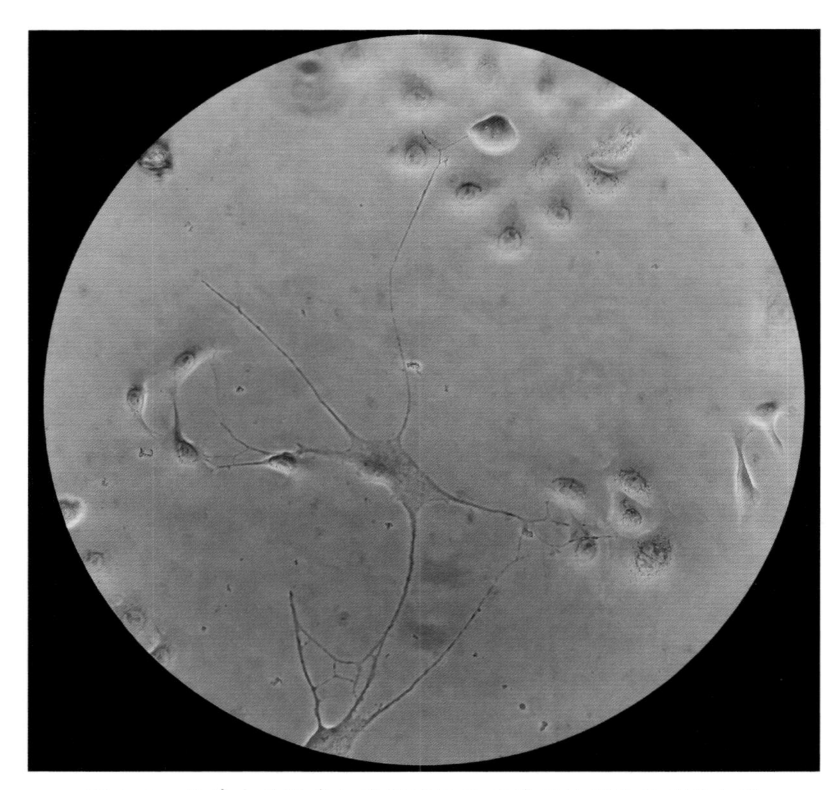

图 9-2 培养中的黑素细胞通过枝状微管连接到角质形成细胞

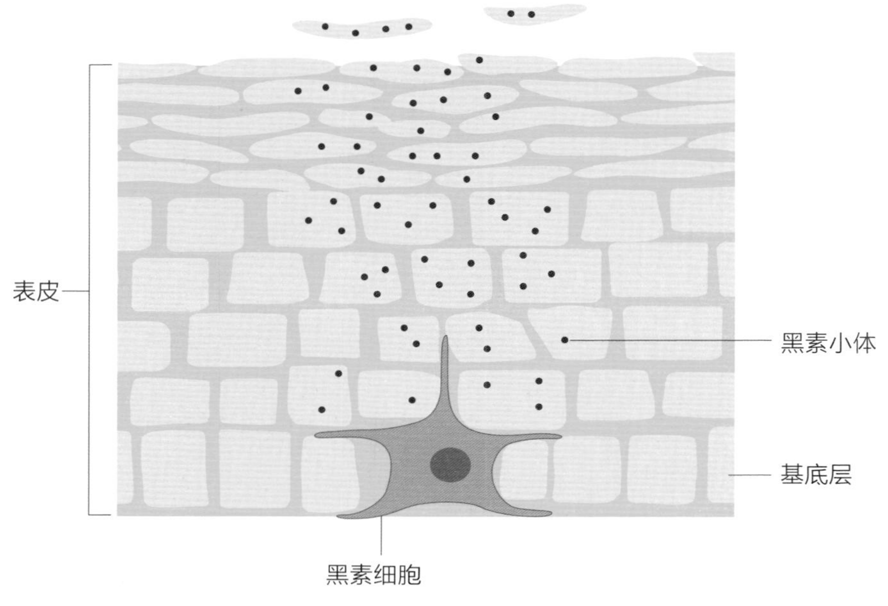

图 9-3 黑素细胞和黑色素的输送、脱落模式图

因为目前尚不了解的机制，黑色素在局部分布增多，使得皮肤上的色素分布呈现明显的不均一，即形成色斑。如果是黑素细胞本身异常增多，大量聚集（成巢），则形成成痣，这是另一个话题。

所有色斑都可以采用的护理方法

（一）防晒

如前所述，各种色斑都会因日晒而加重，因此都需要防晒。防晒的原则可以概括为ABC三条：

A：Avoid（避免），避免晒到。

B：Block（遮挡），防止被晒到。最有效的防晒非硬防晒莫属。所谓硬防晒，是指以伞、帽子、墨镜、衣物等硬件来遮挡紫外线、可见光甚至红外线的防晒方法。

C：Cream（防晒霜）。在A、B不能满足防晒需求的时候，采用C补足。

更多的防晒技巧请查阅《素颜女神：听肌肤的话》第二篇中的防晒部分。

（二）使用可抑制黑色素合成或促进黑色素脱落的产品

这类产品有内服的，也有外用的。常用的成分有：

√熊果苷：可抑制黑色素合成。

√苯乙基间苯二酚：可抑制黑色素合成。

√曲酸：可抑制黑色素合成，促进角质细胞脱落，抗糖化。

√甘草提取物、光甘草定：可抗炎，抑制黑色素合成。

√凝血酸：即氨甲环酸，可抑制黑色素合成，还可抑制血管扩张。

√烟酰胺：即维生素 B_3，可抑制黑色素合成及向角质形成细胞的输送，抗糖化，抑制皮脂分泌，修复皮肤屏障。

√构树、桑白皮提取物：抗氧化，抑制黑色素合成。

√视黄醇及其衍生物：包括维生素A（视黄醇）、视黄醇棕榈酸酯、视黄醇丙酸酯、视黄醇乙酸酯，可抑制黑色素合成前的转录环节，促进角质细胞脱落。

√大豆提取物、绿茶提取物：抑制黑色素合成，抗氧化。

√维生素C及其衍生物：包括抗坏血酸（维生素C）、抗坏血酸-o-乙基醚、抗坏血酸磷酸酯镁、抗坏血酸葡糖苷，有抗氧化作用，可内服。

√维生素E及其衍生物：包括α-生育酚（维生素E）和生育酚乙酸酯，有抗氧化作用，可与维生素 C 协同增效，也可以内服。

√羟基乙酸：α-羟基酸的一种，可加速角质细胞脱落。

√褪黑素（内服）：是松果体分泌的一种激素，有抗氧化作用。

以上是比较常见的美白成分，还有许多其他美白成分，化妆品工业界也在不断研发更新的美白原料。

常见的色斑及处理建议

（一）雀斑

目前认为雀斑是一种遗传性疾病，一般从幼年开始出现，随着年龄增长和紫外线暴露增加而加重。这类斑点呈黄褐色，较小，边界清楚，多位于面部正中，以鼻子为轴左右对称分布，呈散点状。

雀斑可用护肤品淡化，但最好的治疗方法是激光、强脉冲光（IPL）或优化的脉冲光（OPT）。光学治疗后 2 ～ 3 年，雀斑可能复发，但是注意护理有可能延长复发时间。激光术后的护理事项将在后文统一讲述。

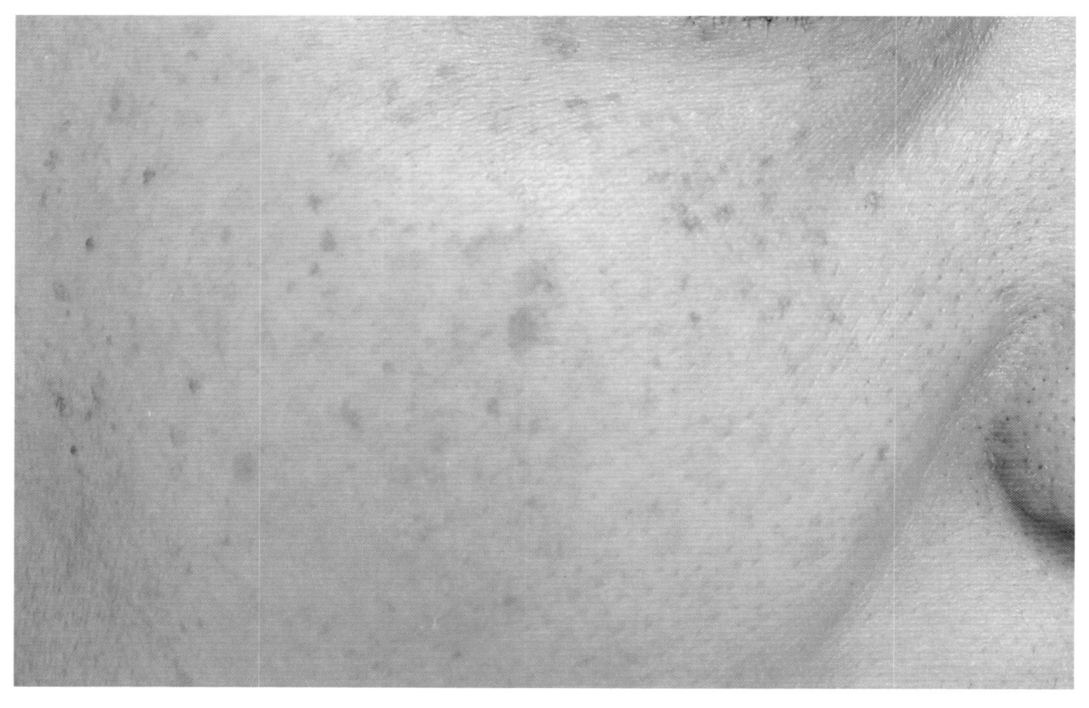

图 9-4 雀斑

（二）黄褐斑

黄褐斑又称“肝斑”，常发于女性，在脸颊上大片成对出现，成因还不明确，处理起来也比较棘手。目前认为紫外线是最重要的诱发因素（再次提示防晒的重要性），其他相关的因素包括：皮肤屏障受损、炎症反应、色素代谢障碍（黑色素分泌增多）、血管功能异常（这也可能是屏障受损和炎症反应所致）等。

大约 70% 的中国女性产后会发生黄褐斑，干性皮肤更易发生，发生部位多是颧骨附近皮肤薄的区域，这提示我们：黄褐斑可能与女性的激素、整体健康和营养状况有关；干性皮肤薄，缺乏皮脂，易受损伤。所以预防和治疗黄褐斑，特别需要小心呵护皮肤，避免损伤。

根据何黎教授的研究[70, 71]，黄褐斑的形成既有血管因素（V 型），也有黑色素因素（M 型），有些患者是 V 型，有些是 M 型，有些是 V+M 型，不同的类型需要采取不同的处理策略：

V 型和 V+M 型需要先缓解炎症，通过保湿等手段修复屏障，改善血管扩张和潮红问题，之后再转入针对黑色素的治疗。通常对这一类的患者，不会立即开展激光治疗，而是要进行相当长一段时间（6 个月到两年）的保守治疗，使炎症缓解，血管得以舒缓。常用的方法有注射或外用氨甲环酸（凝血酸）、谷胱甘肽、甘草酸苷、维生素 C、肝素等。

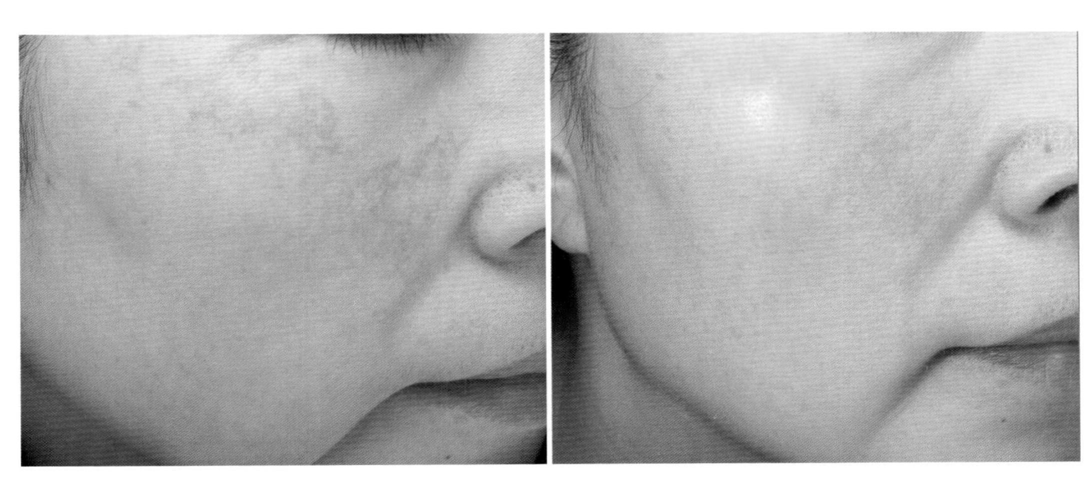

图 9–5　黄褐斑的改善（重庆长良医美诊所皮肤科友情提供）

M 型则可以用激光、果酸换肤等多种方法处理，之后再转入术后修护。由于本书并不是一本临床医学专著，不适宜过于深入地讨论用药、治疗方案等，专业的医生会根据具体情况、相关研究、临床经验、治疗指南等制订治疗方案。

如果想要预防黄褐斑的产生或加重，可以从以下几方面着手：

√严格防晒。

√保护皮肤屏障，避免伤害皮肤的行为，例如过度清洁、过度去角质、频繁卸妆或卸妆手法过重等。葛西健一郎注意到经常化妆和摩擦皮肤的女性更容易有黄褐斑[72]。

√注意补充维生素 C、维生素 E 等既能抑制黑色素，又可增强血管弹性的成分。

√不要使用劣质的、对皮肤有伤害的化妆品。

√正确而谨慎地使用糖皮质激素类药物，避免使用速效的、可能含激素的美白化妆品。

作为患者需要特别了解的是：黄褐斑号称“斑中之王”，其成因复杂，难以用单一方法在短时间内改善，既需要医生以精湛的医术予以治疗，也需要患者有足够的耐心并积极配合，日常护理也要非常注意。

（三）获得性真皮黑色素增多

获得性真皮黑色素增多（aquired dermal melanocytosis，ADM）又名“褐青色痣”，是一种原因不明的色斑，其发生与日光无关。与大部分色斑不同的是：其黑色素沉积于真皮部位（正常人的黑色素和黑素细胞只存在于表皮中），常常在 15 岁到 20 岁后发生，所以被认为是后天性的。此斑颜色发灰（这点很重要！青灰色的色斑一般位于真皮部，棕褐色的则在表皮），常常在面部沿神经分布，呈点团状，严重的也呈片状，多数对称。好发部位是鼻根、颧骨、鬓角、眼内侧。在发际部位，它既可以生长在无毛部位，也可以横跨有毛部位。

ADM 用护肤品很难改善，首选处理方法是激光，一旦处理很少复发。葛西健一郎先生优先推荐 Q 开关红宝石激光治疗[72]。

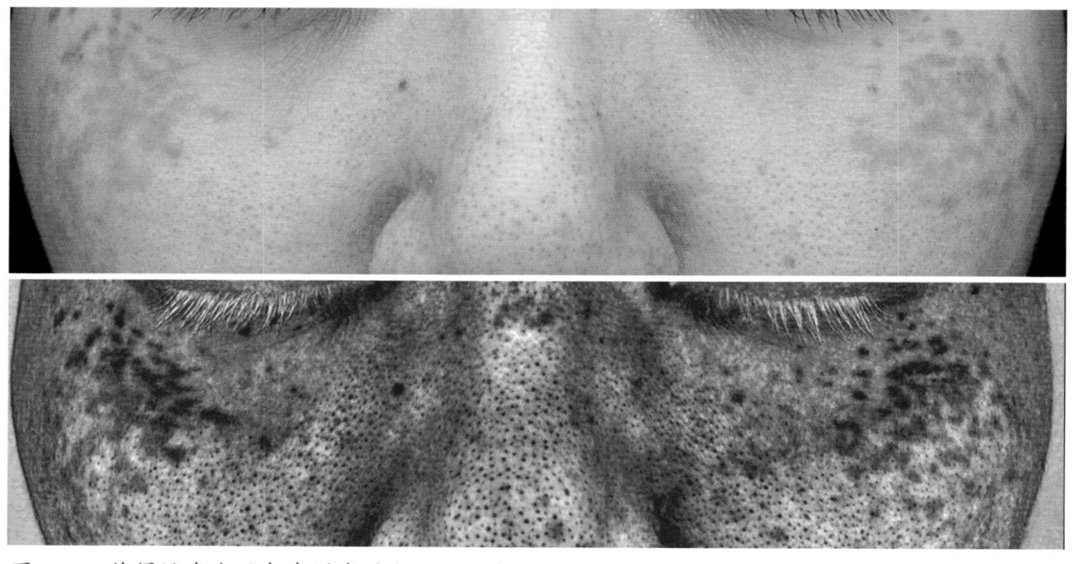

图 9-6 获得性真皮黑色素增多（上：可见光；下：VISIA 皮肤记录和分析系统的棕色模式图）

（四）炎症后色素沉着

炎症后色素沉着（post inflammatory hyperpigmentation，PIH）发生在皮肤损伤之后，如感染、晒伤、过敏、人为损伤、医美手术、接触大量刺激物等。损伤使皮肤充血发炎，各种炎症因子增多，导致黑素细胞活跃，黑色素产生增多，黑色素混合死亡的红细胞形成的血色素沉着共同组成了炎症后色素沉着。新鲜的炎症区呈红色，以炎症所致的血红素为主，时间久了之后就变为褐色，以黑色素为主。PIH 持续时间越久越难以消除，最典型的 PIH 是黑（褐）色痘印。

1.PIH 的预防

（1）迅速阻止炎症过程（消炎、舒缓、镇静）可以很大程度上减少 PIH 发生。可以通过服用维生素 C、维生素 B 补充剂，饮用绿茶，用甘草、马齿苋类成分的面膜等方法缓解炎症，在必要时要寻求医生帮助。若有感染，一定要在第一时间处理感染（请寻求医生帮助）。

（2）炎症发生后要注意避免摩擦，严格防晒。

（3）新鲜的红色痘印可以用含氨甲环酸、甘草、绿茶、绿豆、烟酰胺、维生素 C 等成分的护肤品进行护理，以舒缓炎症、抑制黑色素合成。

2.PIH 的处理

PIH 一旦形成褐色色沉，就需要 2 年或者更久的时间才能自然消退，前提是在此期间严格注意防晒，否则无法改善。

褐色 PIH 可使用果酸换肤、激光等医学美容手术快速处理，处理后应当按前述方法预防 PIH 再次发生。也可以使用美白类产品，并严格防晒，这样有一定效果，但速度会比较慢。

冰寒友情提示

皮肤处于炎症期，发红比较严重的，应当避免做激光、磨削等医学美容手术，否则出现 PIH 的可能性很大。应当先做好预防，待皮肤恢复正常再进行。

（五）老年斑（寿斑）

我们日常所说的老年斑，既可能是脂溢性角化（seborrheic keratosis，SK），也可能是日光性黑子。无论哪一种，都与衰老和日晒关系密切。老年斑多发生于面部侧面、鬓角，手背这种暴露部位也很常见。中年人不注意保养的话，40 岁前后即可能显示出淡的痕迹，

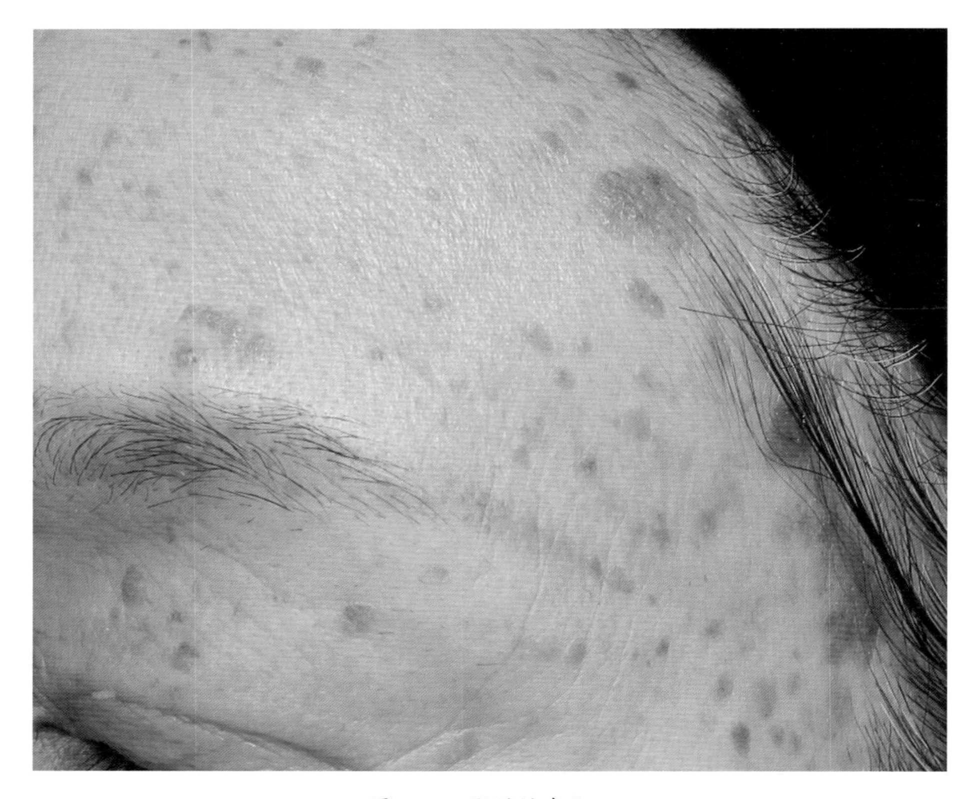

图 9-7 脂溢性角化

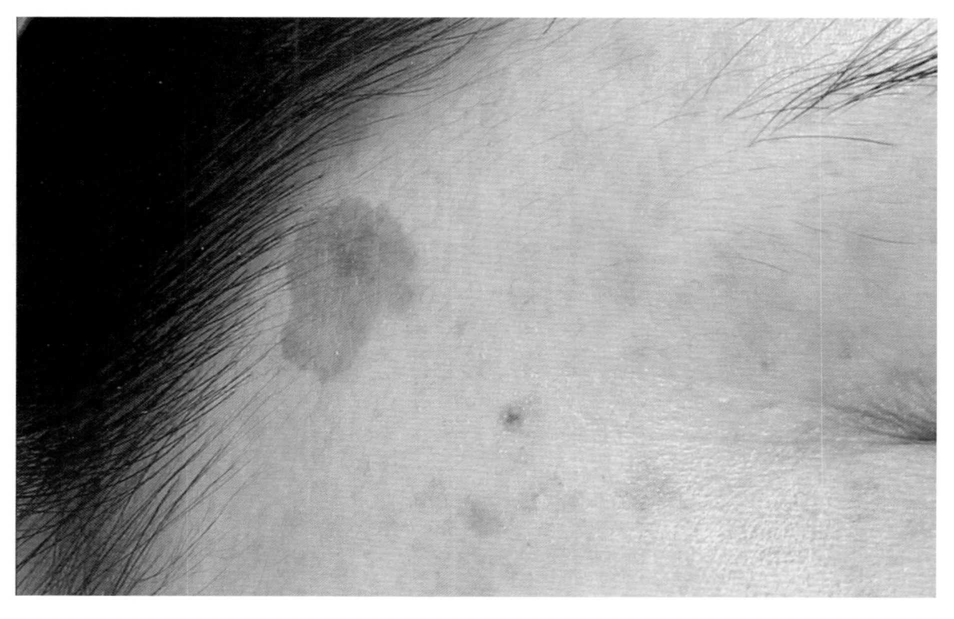

图 9-8 日光性黑子

开始呈淡褐色，表面平滑；随着年龄增长，斑的颜色会加深，并变得越来越厚，突出于皮肤表面。

脂溢性角化最先出现的部位通常是太阳穴处，之后分布于腮、手背和手臂背侧等处。斑点直径通常在 1cm 左右，一般不连成片。这是一种角质层的病变，表现为角质层严重增厚，黑素细胞高度活跃。新的观点认为这是一种癌前病变，但真正转化为癌症的概率并不高，因此不需要恐慌。脂溢性角化最大的诱因可能是日晒。

早期斑点很淡的时候，注意防晒和使用美白产品后，可以延缓发展进程；也可以采用果酸换肤等使其加速脱落。在斑点突出于皮肤表面、颜色变深后，则需要借助医学美容手段治疗，例如：激光、微晶磨皮、果酸换肤。斑点一旦处理掉，只要注意防护，很少复发。

激光术前、术中和术后的护理

激光是处理色斑问题最重要的手段，几乎所有的色斑都可能使用到激光治疗，因此特别在本章强调激光术后护理的注意事项。需要说明的是，这些原则和方法不仅适用于激光，也适用于其他医美术，如光子嫩肤、果酸换肤、射频治疗、微针治疗等。

（一）激光术前

（1）作为受术者，首先应知晓激光术的整个流程、术后所能达到的效果及可能出现的不良反应和处理措施，做到心中有数，不要盲目治疗。激光治疗也需要过程，不是一蹴而就的，有的治疗过程中会有临时的反复，例如，治疗色素性疾病时，由于治疗层次较深或者肤色较深等，治疗后可能出现炎症后色素沉着。对此要有所了解，否则容易焦虑或有非理性情绪与行为，影响治疗效果。

（2）术前应该彻底卸妆，使用清洁力较强的洗面奶以确保清洁干净，否则遗留的化妆品将可能成为激光的靶基引起爆破，造成意外损伤。治疗区的毛发应剃除。在治疗前 15 分钟，治疗区要保持干燥。

（3）清洁完毕后，不耐受疼痛者，可以要求浅表性麻醉。

（4）配合医生，保证室内空气洁净，因为脉冲激光能量极高，激光器上的任何尘埃均有可能在照射下爆炸从而损毁镜片。

（5）注意禁忌证：光敏性疾病、瘢痕体质、严重心肺疾病、糖尿病及其他不能耐受者不能使用激光治疗。

（二）激光术中

（1）注意保护眼睛。戴好激光防护眼镜或眼罩，没有眼镜和眼罩的情况下可使用多重纱布。激光对眼睛的损害较其他部位重，原理为：高强度的可见光或近红外光可透过人眼的屈光介质（具有聚集光的能力）聚集，落于视网膜上，眼睛相应的感光细胞受热，蛋白质凝固变性会导致细胞坏死而失去感光作用，可造成永久失明。此外，不同波长的光对眼球的作用也不同：远红外激光主要损伤角膜，可引起眼睛痛、怕光、流泪或眼球充血等不适；而紫外激光主要损伤角膜和晶状体，以晶状体为主，可引起晶状体和角膜混浊。

（2）治疗过程中，碳化的创面可使用 75% 的酒精擦拭，以擦掉皮屑或者血迹。

（三）激光术后

1. 术后即刻处理

这一部分主要由医生掌握，受术者仅作了解即可。

术后皮肤会有轻中度的局部红肿及疼痛等不适，可用冰袋、冰盐水纱布等局部冷敷 20 ～ 30 分钟，最大限度减少热损伤引起的皮肤坏死。冰袋应该加上双层无菌纱布与创面隔开，以免冰袋外面的空气液化成水打湿创面引起感染。一般来说，若治疗后皮肤颜色泛白，冷敷时间为 30 分钟；若只是充血红肿，冷敷时间为 15 分钟；若有红斑肿胀、渗血，可使用硼酸溶液湿敷。冷敷过程中要避免摩擦皮肤。

研究已证实，在使用冰袋冷敷前（治疗后即刻），涂抹自体富血小板血浆（PRP）可以加速皮肤创面愈合，使面部皮肤有更加明显的改善。因为 PRP 经内部的血小板激活后，可释放多种生长因子，包括血小板源性生长因子（PDGF）、转化生长因子（TGF-b）、血管内皮生长因子（VEGF）、表皮生长因子（EGF）、成纤维细胞生长因子（FGF）等，这些生长因子可以有效促进创面的愈合和组织的修复。

冷敷完毕，可外喷碱性成纤维细胞生长因子（bFGF）溶液；然后面部创面可涂抹一薄层表皮生长因子凝胶、抗感染药膏等，躯干四肢宜使用湿润烧伤膏。持续使用 5 ～ 7 天，每天两次，薄涂即可。

有人研究证实，使用多磺酸黏多糖（MPS）可有效减少术后瘢痕形成。多磺酸黏多糖主要成分是组织性肝磷脂，具有抗凝、消肿、抗炎作用，可促进局部血液循环，增强结缔组织糖氨聚糖的合成从而促进组织再生，促进透明质酸合成（促进皮肤水合作用），最终使创面恢复良好，减少瘢痕生成。创面较大者可考虑口服抗生素以预防感染。

2. 一般恢复过程

术后 24 小时内，治疗处皮肤轻度潮红，干燥瘙痒；术后 3 ～ 4 天，有轻微的疼痛及不适；术后 5 ～ 7 天，细小黑痂掉落。

创面一般一周不能接触水，同时要保持局部清洁；痂皮 7 ～ 10 天后脱落，炎症后色素沉着 3 ～ 6 个月后消退。

结痂处禁止搔抓，要静待痂皮自动脱落，切忌人工撕脱，以防感染和瘢痕形成。痂皮保持的时间宜长不宜短。

3. 日常生活禁忌

激光术后忌吸烟、饮酒。

饮食对皮肤的修复作用是不可忽略的，应多食维生素 C 含量高的瓜果、蔬菜，多饮水，少吃辣椒等刺激性食物。

不要服用抗凝药（比如阿司匹林）及活血药。

避免剧烈运动及大量出汗。

以上因素处理不当都会影响伤口的愈合。

4. 炎症后色素沉着

脱痂后局部皮肤呈淡红色，以后会逐渐恢复到正常肤色。在此期间，应做好防晒工作，若有必要，应使用安全性高且防晒效果佳的防晒产品。

此外，还可以在医生指导下涂抹一些美白抗炎产品，将伤口予以敷包，恢复效果会更好。

5. 相关症状

激光术后，皮肤可能出现红斑、刺痛、瘙痒、紧绷感等症状。使用有舒缓作用的喷雾、面膜、修护敷料等可有效缓解疼痛、烧灼感等自觉症状，明显缩短恢复期。选择护肤品总的原则是：低致敏性，低刺激，无香精和色素，具有一定生理修复活性为佳。

陆军总医院副院长杨蓉娅教授说过一句话：激光后的美丽，一半来自激光的治疗作用，一半来自激光术前后的正确护理。这句话正体现了术后护理的极端重要性。（致谢：本部分与我的师妹揭丽云医生共同完成。）

知识链接

激光基本知识

激光是“受激辐射放大光”的简称，这种光的特点是：能量高，波长统一，方向性强。用激光治疗皮肤疾病，主要是利用了它的靶向和光热效应。不同的物质对特定波长的光有高吸收能力，比如黑色素可吸收 600 ～ 800nm 波长的光，而此波段的光对血红素、水却没有明显作用，所以用这个波段的光可以“瞄准”黑色素。目标物质（靶物质）吸收光能之后，将光能转换成热能（此外还有光压作用、电磁作用），就可以破坏靶物质，比如黑色素。

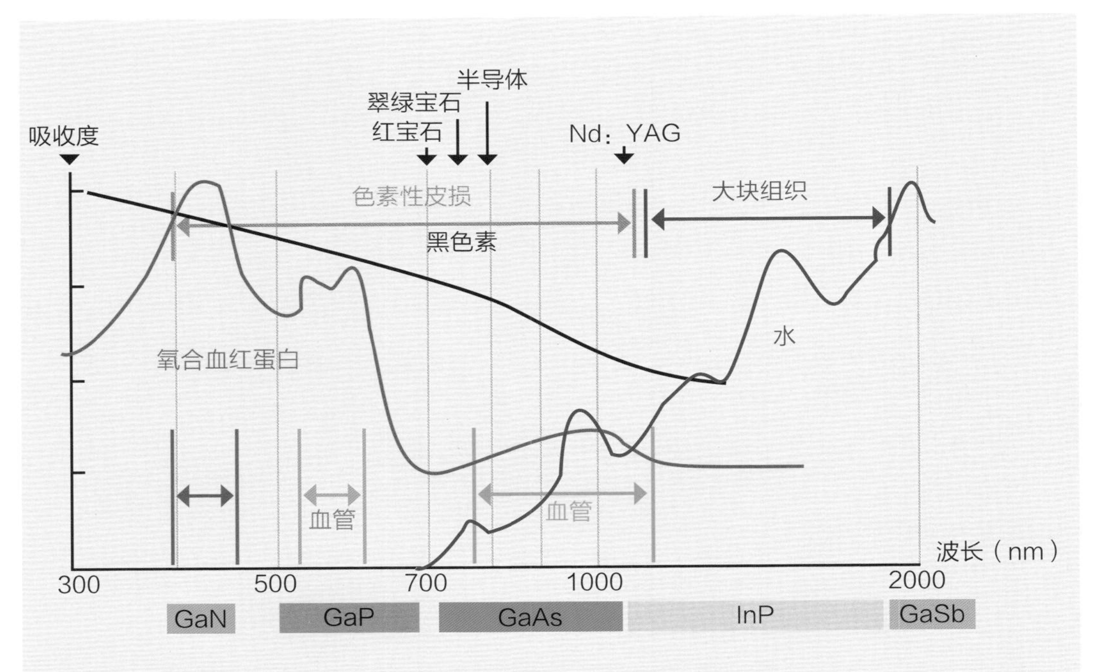

图 9-9 皮肤中的不同物质可选择性吸收不同波段的光

皮秒激光

皮秒并不是一种激光，而是一个时间单位，1 皮秒等于 10^{-12} 秒（万亿分之一秒）。所谓皮秒激光是指激光的脉冲时间（集中释放能量的时间）达到皮秒级。更短的脉冲时间可以让组织有更长的时间冷却，从而减少激光对组织的非特异性损伤，毫秒、纳秒级脉冲的激光也有类似作用。激光对皮肤的作用与效果主要取决于波长对不同物质的选择性，使用皮秒激光并不一定能确保效果更好，医生的技术、综合处理具有绝对重要的地位。

祛斑的那些坑

1. 盲目要求激光祛斑

如前所述，色斑分为不同类型，有的可能混杂有潮红、血管扩张等问题，需要综合抗炎、舒缓、屏障修复等措施来护理，不能简单地认为激光是治疗色斑最有效的方法。不管三七二十一就打激光的做法并不正确。特别是黄褐斑，可能需要 1 ～ 2 年的激光术前保守治疗期，需要耐住性子；还有一些人，不仅有色斑，还有其他血管或炎症问题，就需要先处理其他问题，最后再治疗色斑。当然，平时注意美白、抗氧化、防晒、避免刺激和伤害皮肤，对几乎所有皮肤问题（包括色斑）都有重要意义。

2. 盲目追求速效祛斑

有一些不安全的祛斑产品可能含有激素、汞、氢醌等违法添加的成分，为了吸引消费者购买，商家会在广告中打出“七天祛斑”等口号。如果我们了解了色斑的产生和代谢原理，就知道这是不可能的，也就可以免受诱惑，远离不安全的产品。

3. 希望护肤品可以消除色斑

目前色斑难以用护肤品完全消除，所以需要考虑医学治疗的时候不必犹豫。当然，医学治疗前后，需要做良好的护理并使用适合的护肤品，防止色斑复发。这就好像吃药和吃饭：救命的时候要吃药，养命的时候得吃饭。

4. 一边补漏一边捅漏

诱发、加重色斑的因素很多，最重要的是紫外线损伤。一边做医学治疗或者一边用美白淡斑产品，一边却不注意防晒，皮肤问题只能原地踏步甚至加重，不可能真正好转。

专题：色素痣

色素痣（mole）又称痣细胞痣(melanocytic nevi)，可见于任何部位。其表面光滑，发展缓慢，有交界痣、混合痣、皮内痣等各种类型，少有恶变，一般均无须处理。若发展较为迅速或者形态变化较大就应及时就医，推荐先做病理检查，首选手术切除，激光处理不干净的话有可能激惹黑素细胞，反而导致其过度增殖。色素痣暂无有效护肤方法可以清除，日常应注意防晒以防加重。

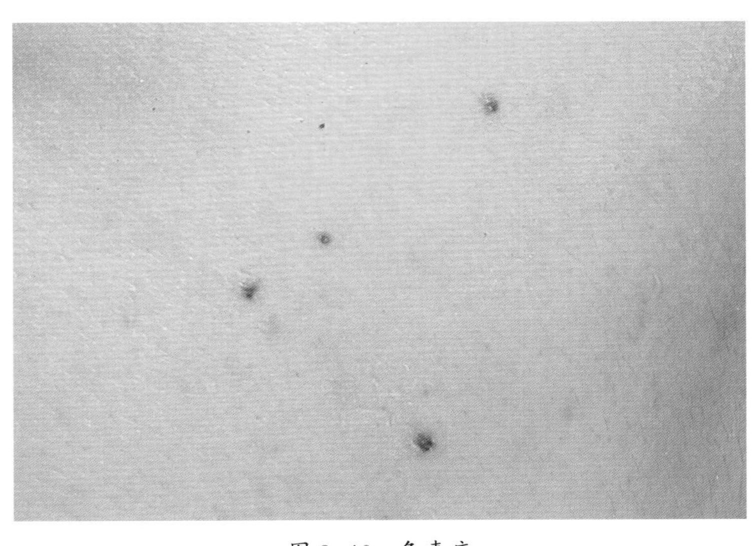

图 9-10　色素痣

强烈不建议随意用化学药物“点痣”，因为很难控制药物的作用深度，其作用也没有靶向性，很容易伤及正常的皮肤组织，形成难以修复的坑（图 9-11）。

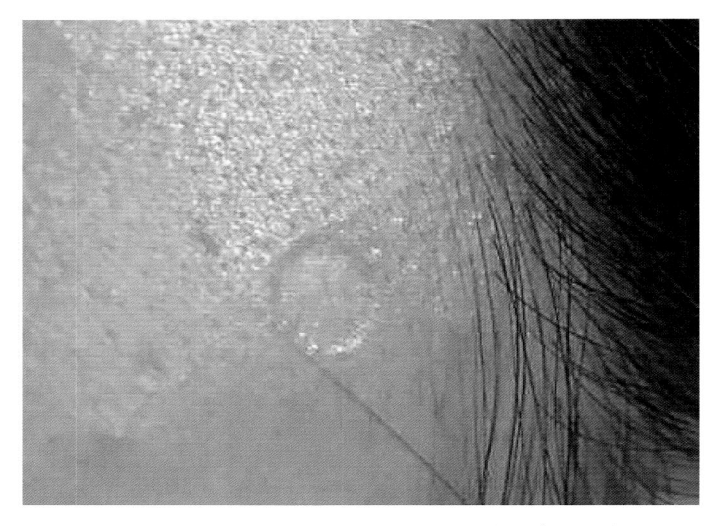

图 9-11　不明药水点痣后留下的坑（已有 8 年）

小结

色斑是一类问题而不是单一问题，需要根据类型进行处理。

所有的色斑都会因日晒而加重，从这个意义上说并不存在一种色斑叫“晒斑”。

并没有什么护肤品能够确保 100% 消除色斑，激光等医美术是治疗和消除色斑的首选方法，但含有合理美白成分的护肤品也可以通过抑制黑色素合成、传输，加速黑色素脱落等多种机制减轻色斑或防止色斑复发，内服抗氧化剂等也可能有帮助。

色斑的处理较为棘手，过程较慢，需要耐心，还需与专业医师、美容师密切配合。

第十章

黑眼圈和眼袋

√黑眼圈有几种类型？

√不同类型的黑眼圈该怎样护理？

√眼袋是怎么来的？

√眼袋该怎样处理？

黑眼圈的类型和护理

根据成因及外在表现划分，黑眼圈主要可以分为青眼圈、棕眼圈和眼窝凹陷型黑眼圈三类，这三种类型也可能同时存在。

（一）青眼圈

“青眼圈”是年轻人最常遇到的，由微循环不良引起。眼周有非常丰富的毛细血管和静脉血管（图 10-1），淤积于这些血管中的红细胞血红蛋白含氧量降低时，血管颜色会发青，这就是黑眼圈的颜色。红细胞在真皮层血管中的淤积，放大了发青现象。眼周皮肤厚度对于血管的可见度有影响——此处皮肤厚度只有脸部其他部位皮肤厚度的 1/4，因此血管颜色发青就非常容易使肤色看起来很暗。通常我们所说的黑眼圈多指这一种。

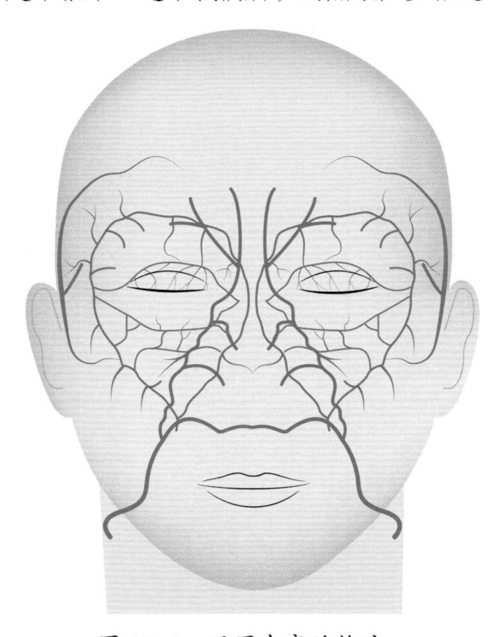

图 10-1 眼周丰富的静脉

熬夜、整体血液循环功能欠佳、缺乏运动、疲劳，均可以引起青眼圈。想要避免此问题，可采用如下措施：

√早睡，充分休息。

√可对眼周和面部进行按摩（图 10-2），促进血液循环。

√适度运动，促进全身血液循环。

√可以饮用一些能促进血液循环的茶、汤，如玫瑰茶、当归茶等。

√热敷眼部，如使用温热眼罩、温热茶叶袋等，后者虽属民间偏方，但在原理上是说得过去的。

√某些疾病，如鼻炎，也可能加重青眼圈，需要先治疗相应的疾病方可改善。

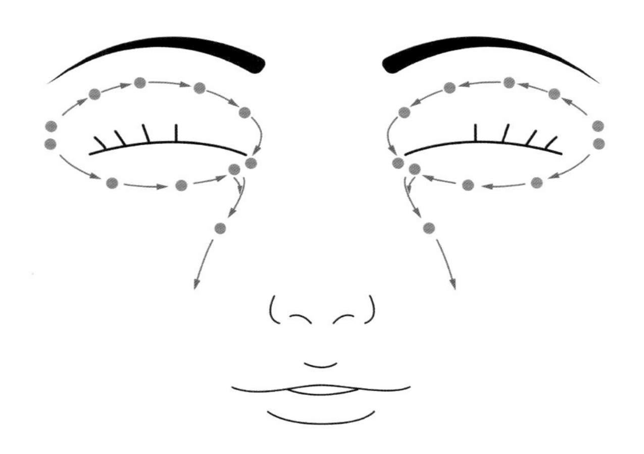

图 10-2　眼周按摩手法：点弹、按压和按箭头方向平推

（二）棕眼圈

棕眼圈表现为眼周皮肤黑色素增多，这可能是炎症后色素沉着的结果（常见于过敏性肤质或遗传性过敏人群），也有一些是遗传造成的（特别常见于有色人种、地中海人群及其后代），这种情况在巴西被称为“Oherus”，暂时没有什么非常好的处理方法。棕眼圈也可以是黑色素沉淀的结果，诱因可能有多种，如日晒、某些药物。

我建议有这种问题的朋友注意防晒，不要经常摩擦眼周皮肤。例如：化眼妆及卸妆经常要摩擦眼周皮肤，可能导致黑色素进一步增多。葛西健一郎先生建议也许可以做激光去除[72]（请注意佩戴角膜保护罩，眼部是非常危险的区域，没有足够的保护和足够专业的医生，请不要轻举妄动）。

近期的研究发现，使用碳酸疗法治疗眼周色素沉着取得了较好效果[73]（碳酸疗法的原理参见第十四章）。这个老大难问题，似乎有了一线曙光。

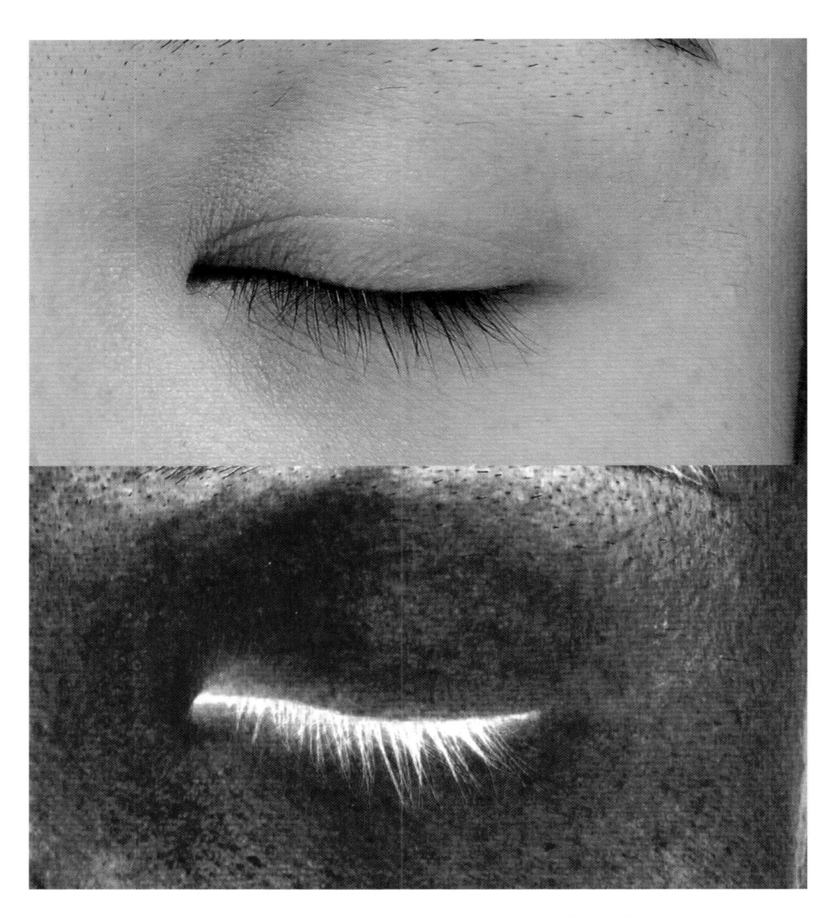

图 10-3 棕眼圈：眼周皮肤黑色素增多

（三）眼窝凹陷

眼窝凹陷与老化相关：肌肉向脸下部移动，脂肪组织削弱，皮肤整体变薄，这些变化加上皮肤脆弱和弹性降低，导致眼窝下陷，形成视觉上的黑眼圈。这种黑眼圈基本上也是没有什么好办法可以处理，或许可以通过一些抗衰老的方法略微改善，或者用彩妆类产品遮盖。好在这种情况在中国人中不是那么常见，欧美人多一些，这与不同人种的眼周骨架结构有关。

眼袋的类型和护理

眼袋主要有两类：水肿型的和松弛型的。

（一）水肿型眼袋

这种眼袋主要是循环问题引起的：血液循环太慢、组织间水分潴留过多。可用按摩、热敷、运动、吃利尿食物、改善睡眠等方法解决。这类眼袋常出现于熬夜、过于疲劳之后，睡前喝了太多水、吃了太多含水量高的食物（如西瓜）时也会出现这种问题。水肿型眼袋常伴有青眼圈（同样是血液循环问题导致的）。相对来说，这种类型的眼袋很好处理。

（二）松弛型眼袋

这种眼袋的成因主要是皮下脂肪过多，且皮肤弹性下降，导致脂肪移位下垂。松弛型眼袋只能通过医美或整形手术改善，如抽脂、局部消（熔）脂、微点阵射频微针、非剥脱性射频、微聚焦超声等[74]。

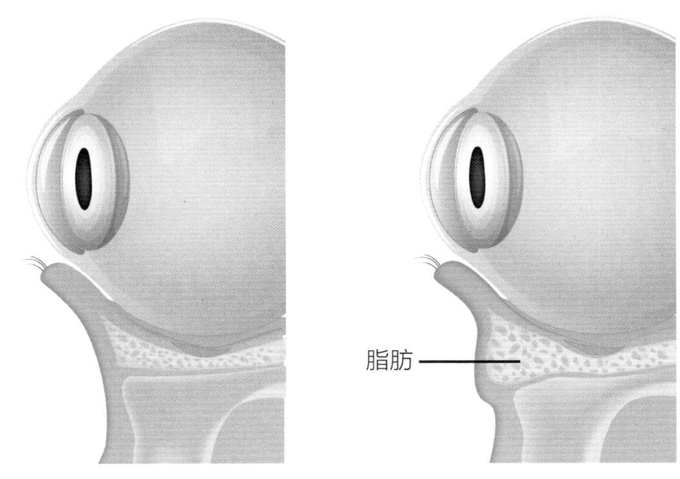

图 10-4　正常的眼下脂肪（左）和脂肪移位造成的眼袋（右）

生活习惯很重要，熬夜、过于疲劳会使问题更加严重。这种类型的眼袋在中老年人中多见，尤其是生活不节制、烟酒不断和熬夜无度的人士。

目前没有可靠的外用护肤品可以确保改善眼袋，但某些方法可能有助于减轻或防止眼袋加重，比如使用抗氧化的产品（维生素 C、维生素 E、黄酮类等）以增强皮肤弹性，利用含咖啡因的产品帮助水分排解，等等。但是，根本之道还在于年轻的时候注意预防，方法包括：严格做好眼周防晒；日常饮食注意摄取有利于提升皮肤弹性（胶原蛋白）的营养物质，包括但不限于抗氧化剂、胶原蛋白水解产物等。

近视的人更容易有眼袋和细纹，尤其是不戴眼镜或者眼镜度数不够的，因为他们经常要眯眼，会导致肌肉紧张收缩，形成皱纹和眼袋。

最后，需要把眼袋和卧蚕区分开来。千万不要用手术、药物之类的把卧蚕去掉或者用化妆品遮盖住。卧蚕是很美的，没有的人想求都求不来呢！

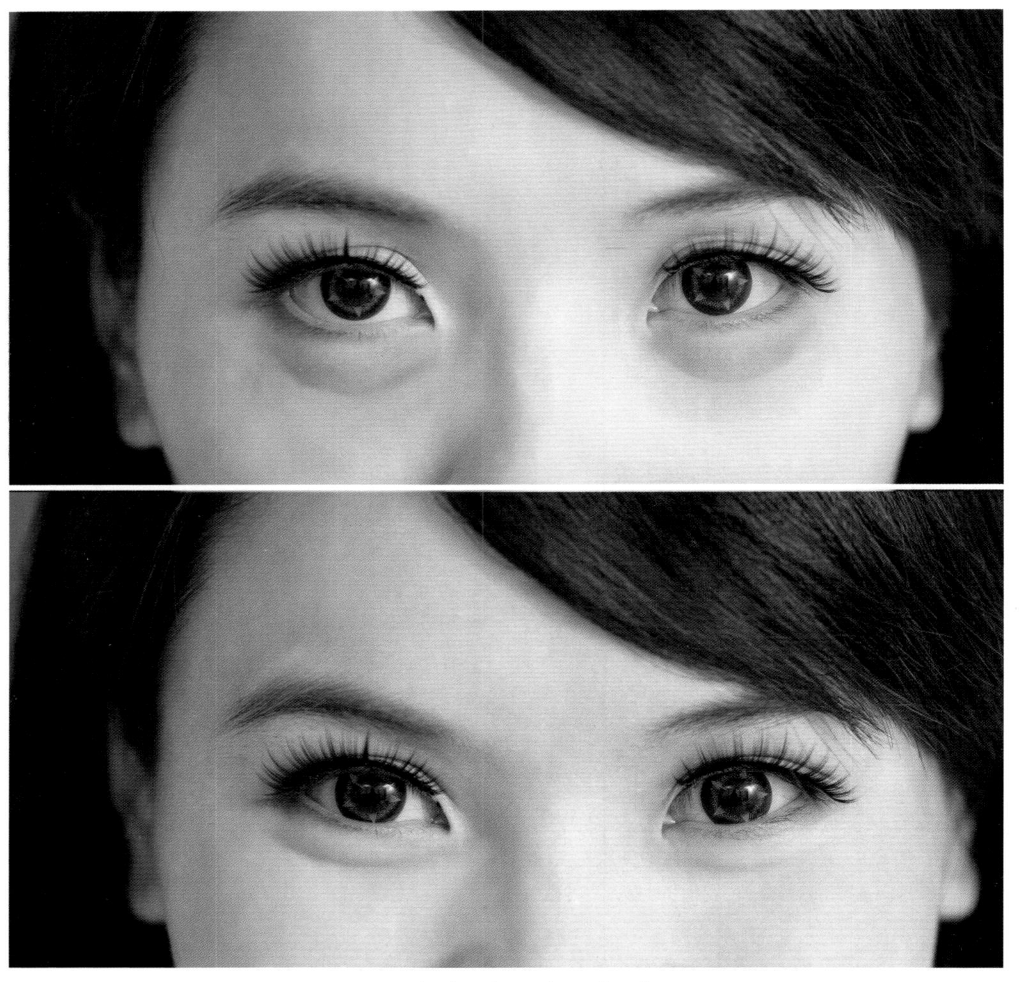

图 10-5 眼袋（上）和卧蚕（下）的区别

小结

黑眼圈有三种类型：青眼圈、棕眼圈和眼窝凹陷。

青眼圈的护理主要在于促进血液循环，棕眼圈也许可以用激光治疗，眼窝凹陷缺乏护肤解决方案。

眼袋分为水肿型和松弛型两类。水肿型眼袋很好处理。松弛型眼袋产生的原因是皮肤松弛和脂肪移位，需要通过医美或整形手术解决。

11

第十一章

皮肤敏感和红血丝

√什么是敏感性皮肤？

√敏感性皮肤是怎么来的？

√怎样修复敏感性皮肤？

√怎样辨别敏感性皮肤和与其相似的皮肤问题？

√怎样辨别敏感和过敏？

敏感性皮肤的表现

敏感性皮肤俗称“敏感肌”。客观上，可以观察到敏感性皮肤容易发红，容易对外界环境因素和刺激产生反应；主观上，敏感性皮肤经常会有刺痒感、灼热感、刺痛感、干燥紧绷感。可诱发这类反应的有温度变化、护肤品、光照、酸碱等化学物质、摩擦和压力等物理因素。

敏感性皮肤在平静、无刺激反应的时候常常会被误认为“皮肤很好”，因为皮肤看起来薄而透明，往往白里透红、面若桃花，但其中的苦楚只有敏感者自己知道。

敏感性皮肤的成因

有少部分人的敏感肌是先天性的，但绝大部分人的敏感是后天的，是外源性因素造成了皮肤屏障的损伤、屏障功能的弱化，因而敏感性皮肤很容易对外界刺激发生过度反应，在环境条件剧烈变化的时候，如换季时，会表现得特别明显。如第一章中所述，皮肤屏障担负着防止外界因素刺激皮肤或进入皮肤的职责，同时也能防止水分等成分丢失。当皮肤屏障功能——特别是角质层的完整性受到破坏时，外源性物质（如护肤品中的酸、碱、表面活性剂、酒精等）就很容易快速穿透角质层进入皮肤内部，刺激神经末梢。极端情况下，有的人出汗皮肤都会产生刺痛感；同时皮肤水分也很容易丢失，从而产生干燥感。

许多导致皮肤屏障损伤的行为，都是在日常护肤过程中不经意发生的。我在微博上一直密切关注，从很多读者的护肤行为以及给我的反馈看，下面这些因素是最常见的：

1. 过度护肤

例如追求繁复的护肤步骤、手法，以及使用繁多的护肤品。有一个非常有意思的调查结果：在全球化妆品工业最发达的法国，女性的敏感性皮肤发生率是最高的。在亚洲，日本女性护肤的程序和手法非常追求复杂精巧，巧合的是，日本女性的敏感性皮肤发生率在亚洲国家中也是最高的。Zoe Diana Draelos（翟若英）教授在《药妆品》一书中也特别提到了这一现象[75]。正如我在《素颜女神：听肌肤的话》中所主张的：贵的、复杂的不一定是最好的，合适的、适度的才是好的。

2. 过度清洁

日常护肤中常用的清洁原理，不外乎表面活性剂（比如泡沫洁面产品、酯类）、溶剂（水、醇）、机械摩擦（如使用磨砂乳、磨砂膏、洗脸刷、洁面海绵、化妆棉等）这几种。表面活性剂和醇类可以洗脱油脂或类脂，包括皮脂和生理性脂质，机械摩擦则可以清除掉皮肤表面的角质细胞。因此过度使用清洁力很强的表面活性剂（如皂类）或过度摩擦皮肤，就可能削弱皮肤屏障。其他常见的过度清洁行为还有：经常用化妆棉和化妆水做皮肤表面的二次清洁，过度使用过于强力的卸妆工具（化妆棉、洁面刷）和卸妆产品，以及不必要的卸妆行为（比如不化妆也非要卸妆）。

3. 过度使用面膜

过度使用高含水量的面贴膜，使皮肤长期处于高水合状态，会导致角质细胞之间的连接变得松散、角质形成细胞合成细胞间生理性脂质活动受到抑制，削弱皮肤屏障功能，严重的还会诱导发生水合性皮炎。个人建议每周至多使用面膜 3 次，每次敷 10 ～ 15 分钟。

4. 过度去角质

过于频繁地使用撕拉式面膜、去角质按摩膏、果酸或水杨酸类产品去角质，会导致角质层变薄，皮肤敏感。有些美容院热衷于使用过度去角质的方法，让顾客的皮肤在很短时间内发生比较大的变化，但经常这样做常常会导致皮肤敏感。

5. 乱用刺激性产品

某些护肤产品和药品有一定的刺激性，例如较高浓度的果酸和水杨酸、维 A 酸类，它们可以用于去角质、抗衰老或护理油性皮肤，但均可能引起一些刺激，维 A 酸类可能导致皮肤脱屑、发红、瘙痒。如果皮肤本身耐受性比较差，不能承受这些产品所带来的不良反应，就应当停用，或者辅助使用其他可以减轻这些反应的产品，不能“霸王硬上弓”。

6. 日晒风吹等

日晒可以导致皮肤屏障损伤、血管扩张、晒伤、自由基增多，进而可使抗氧化剂耗竭，以及炎症反应加重等。比较强烈的风吹会导致皮肤水分流失过多，冬天的冷风会刺激皮肤的血管扩张，这些都有可能诱发或者加重敏感。

7. 医源性因素

果酸换肤、光子嫩肤、激光治疗等，都会对皮肤屏障造成一定的损伤（注意：造成损伤本身就是治疗机理之一，并不需要恐惧）。如果术后不注意修护，皮肤屏障未能恢复正常的结构和功能，也会遭受敏感性皮肤的困扰。

有时候这些因素会协同起作用，共同加重敏感性皮肤，比如本身就有过度去角质的行为，又使用了一些刺激性的产品，就会导致恶性循环。

了解这些知识特别重要，很多人非常爱美，很喜欢“折腾”皮肤，经常有人本来皮肤好好的，结果“作”到烂脸。此外要注意，从皮肤的生理结构来看，女性的皮肤比男性的更薄、更脆弱、更敏感，因此，女性更要注意好好保护、避免伤害。儿童就更不用说了。

敏感性皮肤与其他皮肤问题的联系

敏感性皮肤有时候并不单独存在，而是和其他的皮肤问题互相关联。一方面，由于皮肤屏障功能弱化，敏感性皮肤更容易受微生物侵袭，也更容易受到其他有害因素的损伤，从而继发炎症性皮肤问题，例如毛囊炎等。

另一方面，很多疾病本身也会对皮肤屏障造成损伤，使皮肤处于敏感状态，例如玫瑰痤疮、脂溢性皮炎、痤疮等。我个人把这一类情况称为“继发性皮肤敏感状态”，玫瑰痤疮、脂溢性皮炎、痤疮等是原发性原因。而因机械摩擦、表面活性剂等因素损伤、弱化皮肤屏障功能所致的敏感性皮肤可称为“原发性敏感皮肤”。

这两者在护理和修复的策略上有很大的不同。原发性敏感皮肤，只要注意避免刺激和伤害行为，修护屏障就可以了。而对于继发性皮肤敏感，除了避免刺激、修护屏障之外，还要治疗或处理原发性病因——例如脂溢性皮炎需要抑制马拉色菌，单纯修复屏障是不够的（可查阅对应章节的详细介绍）。

知识链接

敏感与过敏的区别及应对

敏感和过敏是两个非常容易混淆的概念。

敏感是一种直接的神经感受反应，即在刺激因素下，立即感到刺痛、灼热等。这个过程是即时的、一过性的，也就是说，消除掉刺激因素，这种不良感觉也会立即消失。造成这种刺激的原因可能是皮肤屏障受损或者接触的物质刺激性过高或浓度过高。比如皮肤受损状态下，涂点酒精，会立即感到刺痛；正常皮肤涂抹高浓度的丁香或肉桂精油，也会灼热刺痛，但降低浓度，就不产生反应了。如果使用某种护肤品后有刺激感，一般要考虑自身的皮肤屏障功能是不是损伤了，或者皮肤是不是处于敏感状态。我们把这一类刺激反应叫作接触性刺激性反应或者单纯性刺激反应，这种情况不会出现全身反应。

过敏反应则属于免疫反应。简单地说，是因为免疫细胞把接触的物质当作“敌人”，从而引发一系列免疫细胞参与的反应，有速发型和迟发型等多种类型。其过程可能包括释放一些神经介质（组胺、P物质、神经肽）、淋巴细胞增殖、针对接触物质产生特定的抗体等。迟发型过敏反应，从初次接触致敏物质到反应发生，通常需要48小时或更久；速发型过敏反应则会在较短时间内出现风团和瘙痒（单纯性刺激反应不会有这些表现），可能出现全身反应。我们把这一类反应叫作“接触性过敏性”或“接触性变应性”反应。

过敏反应是针对特定物质的，与一个人的遗传特质有关，因此它的反应是具有个体特异性的。它与接触物质的浓度没有关系，与皮肤屏障的状态也没有因果关系。

表11-1 敏感与过敏的对比

	反应类型	反应时间	原因	全身反应	引发反应的物质
敏感	神经感受反应	即时的，一过性的	接触刺激物或皮肤屏障受损	无	各种刺激物
过敏	免疫反应	一系列反应，不会即时消退	与遗传有关	可能出现	特定物质

要搞明白敏感和过敏的区别有一点难，举个例子可能更容易理解些。比如花生是一种常见的安全食物，但有极少数人吃了花生会过敏，哪怕只吃一粒都出事儿。这不是花生的问题，而是食用者本身的遗传特质导致的。而高度白酒（比如70度以上的），不管是谁喝了，胃和食道都会产生烧灼刺激感，不喝或者喝低度酒（比如3度的）就不会有烧灼感。

使用护肤品或外用药品后，如果发生刺激反应，应当先停用相应产品，除非事先已经知道会有刺激反应并且在接受的范围内（如赫氏反应），或者已知是一过性的刺激（例如外用过氧化苯甲酰、阿达帕林就会产生刺激感）。用了正常护肤品都有刺激感的，要考虑皮肤屏障是不是受损了，如果是，应当进行修复护理。

如果发生过敏反应，最有效的方法是停止和避免接触致敏物质，并且今后不再接触。有条件的，建议做斑贴试验，以确认是哪一种成分造成了过敏。在今后挑选护肤品时，注意查看成分表，如果成分中含有自己会过敏的成分，应当避免使用。

敏感性皮肤的修复步骤

原发性敏感皮肤应当首先考虑有没有损伤皮肤的行为，而后尽量减少对皮肤的损伤和刺激，并促进皮肤屏障的修复。

（一）少折腾，避免刺激

精减护肤步骤和护肤品的种类，停止化妆和卸妆，停止去角质，停止去美容院按摩，停止使用强力清洁产品和工具，停止过度敷面膜。

避免接触过酸、过碱的产品，避免风吹日晒，尽量采用硬防晒措施（以伞、帽子、墨镜、衣物等硬件进行遮挡）。

这些原则也适合处于敏感状态的炎症性肌肤。

（二）养成健康的生活习惯

放松心情，避免过于激动、焦虑。

注意饮食，避免摄入过于辛辣的食物，多食用有抗氧化作用的水果蔬菜，特别注意补充维生素 A（或类胡萝卜素）、维生素 B 和维生素 C，摄入胶原蛋白丰富的食物也会有帮助。

注意休息，尤其是不要熬夜。

注意改善环境，保持舒适的环境湿度和温度。湿度控制在 50% ～ 60%、温度在 25℃左右最为舒适。

（三）使用舒适的产品

选择弱酸性的产品为佳，用时要无刺痛感或过敏反应。若非不得已，不要自行使用糖皮质激素类药物或产品。可关注以下成分：

√洋甘菊提取物：洋甘菊是知名的抗敏、舒缓功效性植物，其主要有效成分是红没药醇。

√仙人掌提取物：富含黏多糖，有舒缓作用。

√绿豆提取物：含有多酚类物质，具有强抗炎能力。

√绿茶提取物：强大的抗炎剂，还有很强的抗氧化作用。

√神经酰胺：促进皮肤屏障修复的材料。

√尿囊素：提取自紫草根，也可由尿酸合成，具有促进皮肤水润的能力。

√胆固醇或甾醇类：促进屏障修复的材料。

√鞘脂类：神经酰胺的前体物质。

√甘草提取物：具有很强的抗炎作用。

√烟酰胺（低浓度）：促进皮肤屏障修复，抑制黑色素输送。

√燕麦葡聚糖：植物来源的抗敏感成分。

√红没药醇：洋甘菊的有效成分，有可靠的抗炎和抗过敏作用。

√维生素 B_5：即泛醇，具保湿、促进修复作用。

√芦荟：温和的植物成分，具有抗炎作用，还可以促进修复，常用于烫伤。

√葡萄糖酸锌：含锌的物质，具有抗炎作用。

√叔丁基环己醇：能够阻止辣椒素受体（TRPV-1）的激活，从而起到减少刺激感、舒缓皮肤的效果。

研究发现一定浓度的钙离子和镁离子配合也有促进屏障修复的作用[76]。

不主张敏感性皮肤使用皂基类洁面产品，如果皮肤不是过于油腻，可只用清水洗脸。

使用任何护肤品之前一定要先在小区域试用，以确保不会刺激或致敏，合适的测试位置是鼻和唇角之间（即鼻唇沟部位）。一旦有化妆品对皮肤形成不良刺激，应立即停用。

正常皮肤的 pH 偏酸性[77]，敏感性皮肤、患特应性皮炎等问题的皮肤 pH 略偏高[78]。pH 升高会影响皮肤屏障功能[79]，过度清洁也会使皮肤 pH 升高。故碱性较强的驻留型产品宜避免使用，弱酸性产品对敏感性皮肤更友好[80]。

（四）辨别继发性皮肤敏感状态

皮肤自身的修复能力其实很强大，原发性敏感性肌肤（或单纯性敏感）做到上述三步，皮肤状态很快就会有所改善。如果没有什么变化，就应考虑求医，确认是否为其他问题，例如：在皮脂腺分布丰富的区域，皮肤脱屑且有红斑，则脂溢性皮炎的可能性较大；有丘疹脓疱的要考虑细菌感染；面中部对称性发红且有丘疹的要考虑玫瑰痤疮的可能。请参考本书的相应章节处理。面颈部红斑黑变病、皮肌炎、红斑狼疮亦有可能。只有消除这些原发性疾病，皮肤屏障功能和外观才有可能得到良好改善和修复。

特别值得关注的是激素依赖性皮炎。其护理原则与敏感肌肤相同，但是较严重的要采用激素替代方法治疗，有的还需要用 IPL（强脉冲光）等处理红血丝。这些医疗过程需要在有经验的医生干预下完成。是否为激素依赖性皮炎，需要调查使用的产品是否有添加激素的嫌疑。一般使用含有糖皮质激素的产品后，皮肤会快速变好，停用后皮肤又快速变差（反跳），再用又变好（依赖）。遇此种情况，应尽早求医。

（五）医美治疗

屏障损伤导致的毛细血管扩张（蛛网状红血丝）等，可以采用医学手段治疗，例如 IPL（图 11-1）。但在采取医学手段治疗之前，应该先做好前面四步的工作，以确保皮肤处于较为稳定的状态，否则有可能使皮肤发红的情况加重。

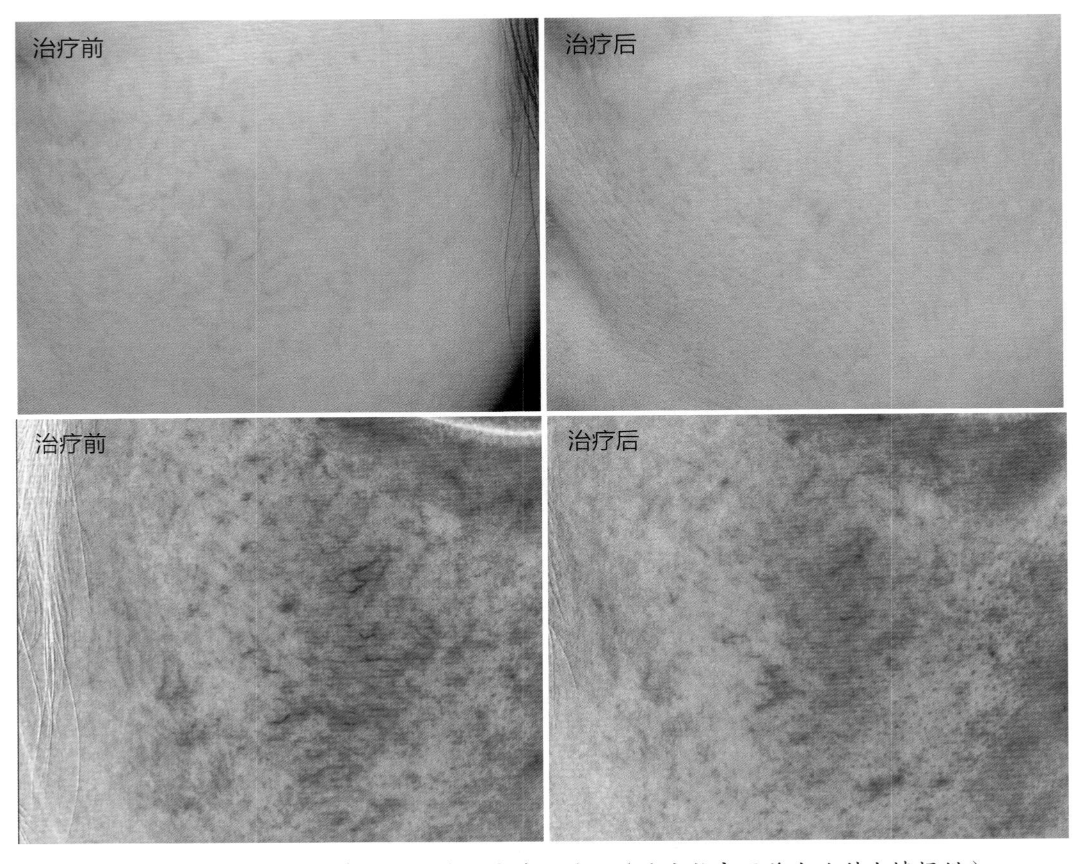

图 11-1　两例毛细血管扩张医美治疗前后对比（重庆长良医美皮肤科友情提供）

答疑区

Q1. 敏感性皮肤什么护肤品都不能用吗?

A: 可以用护肤品，简单、温和、不刺激是基本要求，保湿、修复是护肤品需要具备的功能。

Q2. 日常还要注意些什么?

A: 远离一切对皮肤可能造成刺激和损伤的因素，包括日晒、摩擦、冷风、热蒸、过酸或过碱、过度补水等。

Q3. 使用产品时皮肤刺痛，是敏感吗?

A: 一般来说，敏感的可能性很高，尤其是在正常皮肤上不产生反应，或者别人用了没有反应，而你用了会刺痛的情况下。这并不是皮肤缺水造成的，多数是因为皮肤损伤。当然，产品中含有某些特别刺激的成分的另当别论，例如高浓度的乙醇、某些刺激性较强的精油、水杨酸和果酸等。

Q4. 敏感肌多久才能养好?

A: 短则半年，多则数年。有的人并不是敏感肌，而是其他炎症性皮肤问题，可以根据本章的内容判断一下。如果有其他问题而不做相应处理，按单纯敏感肌护理收效甚微。

Q5. 一热或一紧张就脸红是敏感肌吗?

A: 不一定，因为这是正常人也可以有的反应，玫瑰痤疮患者明显会有这种反应。也有少数人的脸红是因为交感神经过度兴奋，这本质上不是皮肤问题。看过《实习医生格蕾》的观众可能记得其中有一位小女孩就是这样，最后是通过做交感神经阻断术解决了问题。

Q6. 敏感性皮肤能用防晒霜吗?

A: 应当首选硬防晒方法，也就是用伞、帽子、墨镜、衣物等硬件遮挡，尽量避免使用防晒霜。如果一定要用，可以选择易于清洗的、物理性防晒剂（如二氧化钛、氧化锌）为主要防晒成分的防晒霜。

Q7. 敏感性皮肤吃花青素等营养品是否有好处?

A: 可以吃，但其他方面不可忽略，单纯靠吃营养品改善效果不佳。

Q8. 敏感性皮肤可以使用喷雾吗?

A: 喷雾有补水和舒缓效果，可以使用，但不能单纯依赖喷雾。修复皮肤屏障是一个综合工程，舒缓补水只是其中一项。减少各种刺激和损伤因素、使用具有屏障修复功能的保湿护肤品是最根本的工作。

小结

敏感性皮肤大部分是后天的，与不当护肤损伤皮肤屏障直接相关，所以敏感性皮肤护理的第一步就是停止一切伤害皮肤的做法，远离伤害皮肤的因素。

敏感和过敏是不同的：前者以皮肤屏障损伤为主，修复皮肤屏障损伤才能解决问题；后者是免疫反应，停止接触过敏原是唯一有效防止问题再次发生的方法。

有些护肤品成分有助于修复皮肤屏障、抑制敏感反应，选择含这些成分的产品有助于修护敏感性皮肤。

敏感性皮肤需要和一些疾病继发的皮肤敏感状态区别开来，后者包括脂溢性皮炎、玫瑰痤疮、激素依赖性皮炎等，这些疾病需要由医生诊断和治疗。

第十二章

激素依赖性皮炎

√什么是激素依赖性皮炎？
√激素类药物有哪些？该如何使用？
√为什么化妆品中不允许添加激素？
√如何免受激素之害？

近年来，“激素依赖性皮炎”或“激素脸”等名字常常见诸媒体和杂志，美容皮肤科学与化妆品界、皮肤科医生也多有讨论，有些美容院也常常使用一些光学仪器做“检测”，推广“皮肤激素排毒”之类的项目，激素及激素依赖性皮炎已经引起了大众的广泛关注。

激素依赖性皮炎是什么？近些年来，药监部门不时发布化妆品质量监测报告，多次在一些化妆品中检出禁用的激素类物质。这些激素到底是什么东西？为什么会违法添加到化妆品中？长期使用有什么危害？消费者又该如何避免受害呢？

什么是激素依赖性皮炎？

长期不当地外用含激素的产品，可导致皮肤屏障损坏，还会因屏障损伤继发多种皮肤炎症症状，例如发红、干燥、起疹，有的还会继发感染形成丘疹、脓疱等，只有继续使用激素抗炎才能缓解，停用就会反弹，这就是所谓的“激素依赖”[81]。

国外并没有激素依赖性皮炎这一病种，但国内讨论广泛（也许是因为国内激素滥用的情况更普遍）。关于其认定标准，不同的专家有不同的看法，但也有一些共识，即干燥、屏障受损、皮肤发红等这些症状，都由激素滥用引起。但这种问题与激素引起的过敏反应不同——过敏只要停用相关产品一般就可以恢复，虽然也会表现为皮肤发红、水肿等。

激素依赖性皮炎可有如下表现：

1. 表皮与真皮变薄

局部皮肤长期外用激素，激素通过干扰表皮的分化，会使皮肤结构和功能发生变化：角质形成细胞分化受抑制，导致透明角质层颗粒形成减少，最终使角质层变薄，屏障损坏。屏障功能受损致经皮水分流失增加，皮肤对外界刺激的敏感性增加，常会感到紧绷、干燥。在屏障功能损伤这一点上，激素依赖性皮炎与敏感性皮肤的表现相似，只是原因和发生机理并不相同。

真皮变薄是由于糖蛋白和蛋白聚糖的黏弹性变化，使得胶原的原纤维间黏附力减弱，胶原合成减少。

2. 发红：血管显露，严重者出现蛛网状毛细血管扩张（蛛网状红血丝）

真皮中血管壁的胶原纤维间黏附力减弱可导致血管变宽，真皮胶原减少，加之表皮变薄，会导致浅表的血管显露。严重者会发生蛛网状红血丝（图 12-1）。

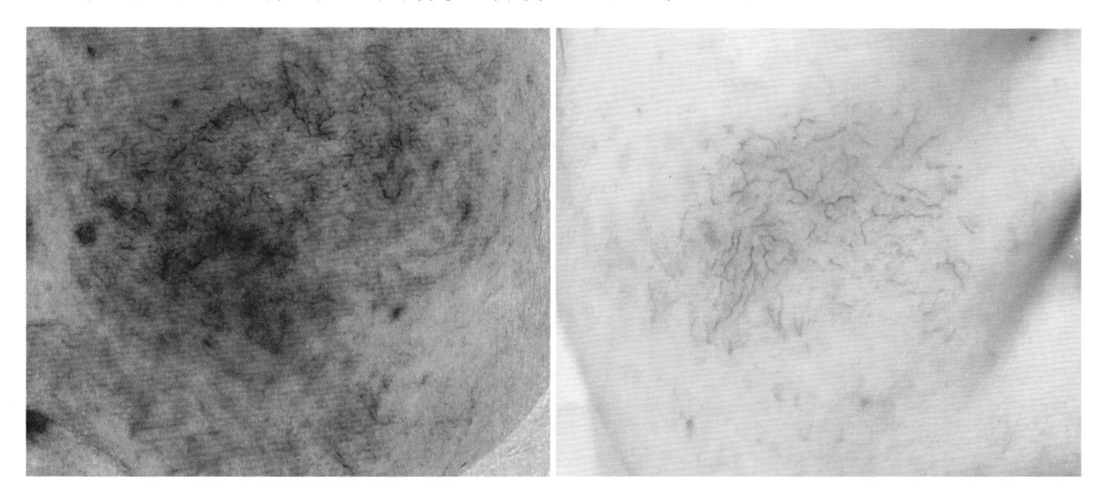

图 12-1　蛛网状红血丝在 VISIA 下的表现（左），另一位蛛网状红血丝的肉眼表现（右）

3. 毛囊炎 / 感染

激素的免疫抑制作用可使局部皮肤免疫力削弱，细菌、真菌、毛囊虫等微生物更容易侵入和繁殖，毛囊更容易发生感染，之前已有毛囊炎的话症状可能会加重。

4. 激素依赖

激素具有强大的抗炎特性，可抑制很多皮肤病的症状，如抑制丘疹发展和减轻瘙痒、收缩血管、消除红斑，然而激素不能消除疾病的病因，停用后皮肤原有疾病常会加重，出现炎性水肿、发红、烧灼感、不适感和急性脓疱疹等反跳现象。该现象常常发生在停用激素后 2 ～ 10 天，并持续几天或 3 周左右。反跳现象常导致患者继续外用激素，从而造成激素依赖。

什么是激素？

本章所指的激素，是肾上腺糖皮质激素。顾名思义，肾上腺糖皮质激素是指由肾上腺皮质（就是肾上腺外面那层）分泌的、有调节糖代谢作用的一大类微量内分泌物质（事实上它们对糖、脂类、蛋白质、矿物质的代谢有广泛影响），经常与可的松（cortisol，皮质醇）、糖皮质激素（glucocorticoids）、甾体抗炎药物、类固醇激素等词语交替称呼，也常简称为“激素”。为了简便起见，本章谈到的“激素”，除非特别指出，否则即代指“肾上腺糖皮质激素”，包括天然的和人工合成的，它们的化学结构都有一个固醇结构。

激素的应用是皮肤科用药的一个重大突破，许多与炎症或免疫相关的皮肤病（以及系统性疾病）都常用其治疗，有的甚至可能需要终生使用这类药物（例如红斑狼疮）。而过敏、急性刺激导致的接触性皮炎等，使用激素可以使症状迅速消退。激素是皮肤科常用的药物，其强大的抗炎作用和免疫抑制作用可以迅速改善红、肿等炎症表现，正是因此，激素也容易滥用。

激素类药物有很多种，常见的有地塞米松、泼尼松、醋酸可的松、倍他米松、氟轻松、强的龙松、氯倍他索丙酸酯等（这些药物大部分都带了个“松”字，这是从英文词尾 sone 音译过来的，而“索”是从 sol 音译过来的，ol 表示醇的意思）。很多皮肤科药物里都可以发现它们的身影，例如皮炎平（复方醋酸地塞米松乳膏）、皮康王（复方酮康唑，含酮康唑和氯倍他索丙酸酯）、尤卓尔（丁酸氢化可的松）等。

我们知道，炎症反应是机体正常的防御机制，但过度的炎症反应却有害，所以有时候需要控制炎症反应或抑制免疫反应，这时激素可发挥强大的作用，例如红斑狼疮、哮喘、许多原因不明而无特异性疗法的炎症性疾病等。但是，如果机体不能有正常的炎症和免疫反应，就意味着更容易受外界微生物和其他致病因素侵害。

激素有非常强大的抗炎能力，但“成也萧何、败也萧何”，长期使用激素也会导致不良后果，包括：

√蛋白质合成减少，皮肤萎缩；

√皮肤屏障（也是固有免疫屏障）受损，皮肤变得敏感脆弱；

√免疫细胞减少或活性被抑制，不能正常识别和清除有害微生物；

√系统性使用过久，会导致骨质疏松（最突出的例子是 2003 年 SARS 肆虐，为了抑制细胞因子风暴，医生大量使用激素，最后很多患者出现骨质疏松、股骨头坏死），“满月脸”“水牛背”等向心性肥胖表现，以及系统性的免疫抑制。

因此，激素必须在医生指导下使用，根据情况选择合适的种类、剂量和使用周期。激素的使用范围和方法是有严格限制的，外用于皮肤上，一般均应在症状缓解后及时停用，在化妆品中则严格禁止添加。

激素之害从何而来？

一部分人是因为不当使用了含有激素的药物。有时候为了迅速缓解过敏、皮炎的症状，医生会给开激素，由于效果非常好，有人觉得很神奇，就不听从医嘱，把这类药物当作常用药持续使用。还有人自己会去买一些含有激素类的药物，但并不注意阅读使用说明，未及时停用而中招。

另一类人是在不知情的情况下使用了含有非法添加激素的护肤品。日常大家皮肤发痒、发红、发炎的时候，如果不是特别严重，不太会想起来看医生，而是寄希望于化妆品，希望化妆品能快速起效。消费者有这样的需求，有些厂家就铤而走险，往护肤品里面加激素，使用这种产品短期内就可以取得很好的效果，这些不法产品也因此有了市场。根据历年来国家化妆品监管部门公布的检测报告来看，祛痘、抗敏感类的护肤品是非法添加激素的高发品类。

激素不是允许使用在皮肤上的吗？为什么化妆品又禁止添加呢？这是因为添加入化妆品的激素，使用的剂量、时长都没有医生指导和控制，极易导致不良后果。

近些年来，国家化妆品监管部门不断抽检化妆品，经常会查到某些护肤品添加激素。由于抽查到的只是市场上少量的产品，因此几乎可以肯定地说，非法添加激素的产品肯定比检查出来的多得多。然而大部分消费者并不了解皮肤的生理知识，受不了皮肤改善的漫长等待，寄希望于使用护肤品快速改善许多皮肤问题，也就不断有商家铤而走险、违法添加激素。有的厂家为躲避监管，将化妆品改头换面，变成“消字号”产品，这类产品也要警惕。

表 12-1　激素依赖性皮炎、脂溢性皮炎、玫瑰痤疮、寻常痤疮的区别

项目	激素依赖性皮炎	脂溢性皮炎	玫瑰痤疮	寻常痤疮
主要表现	皮肤干、红，停用激素会反跳	红斑、鳞屑	面中部隆起部位对称性发红	粉刺、炎性丘疹、脓疱、结节或囊肿、瘢痕
常见部位	颧骨部位及上下区域，皮脂较少的部位，鼻部较轻	面部 T 区多见，颧骨部位少见	额头、鼻两侧、鼻头、下颌	全脸均可发，但较少累及鼻部和颧骨部位
实验室检查参考	无特异标志物	鳞屑中马拉色菌数量多	毛囊内毛囊虫数量较多	毛囊内角栓含多种细菌和真菌
皮损	起疹，成片潮红，有扩张的红血丝，皮肤紧绷透亮	鳞屑，也可能伴有毛囊炎，“外油内干”	皮肤对称性发红、水肿，毛囊口可能有糠疹、针尖大小透明脓疱	粉刺为特征性皮损，粉刺内的角栓是特征性病理结构
其他	有长期使用激素的历史，皮损区域边界清楚，严重者有蛛网状红血丝	常伴有头皮屑，皮屑多	皮肤看起来油亮，但实际上干燥	是毛囊皮脂腺的独立疾病，较少出现成片潮红、血管扩张

如何免受激素之害？

第一，理性消费，拒绝速效诱惑。不购买和使用来路不明的化妆品，选择可信赖的品牌和渠道（对于莫名其妙火起来的、城乡接合部批发市场的、一些美容院自称有神秘配方的产品，要留个心眼）。祛痘、美白、去红血丝、淡斑的产品，如果宣称速效，则需谨慎对待。根据皮肤的生理学特点，除了保湿、清洁、防晒产品外，很少有护肤品能够在使用后极短的时间内带来明显效果，因此宣称速效的护肤品值得警惕，不要贪图眼前效果而损害皮肤长久的健康。

第二，问题性皮肤，比如炎症皮肤，如果使用某一护肤品数天便效果特别明显，停止使用该产品后会觉得不舒服，再次使用皮肤才会觉得舒服的，就要怀疑产品是否添加了激素，建议停止使用。

第三，若发现有激素依赖性皮炎的表现，应及时请医师诊治，并注意日常护肤的各种事项，避免光、热、风、冷、摩擦等各种刺激，使用温和不刺激的修复型护肤品，使皮肤屏障功能逐渐恢复正常。具体做法可参见第十一章有关敏感肌肤护理的内容。

答疑区

Q1. 有什么简便方法可以测出激素吗？

A：没有。激素的种类非常复杂，每一种都有不同的测试方法，国家目前的标准规定了41种激素的测试方法，但并不能涵盖全部的及正在产生的更多激素。市面上测试激素的简易试剂盒是否有用，还需要验证。

Q2. 医生会怎样治疗激素依赖性皮炎？

A：医生可能会指导患者逐步减量使用激素，使用非甾体激素抗炎药物替代，内服抗炎药物等[82]；平时，个人要注意按照敏感性皮肤的护理原则，尽可能保护皮肤，不再破坏，使之逐步恢复。某些激素依赖留下的症状，如明显的红血丝、多毛等，需要选择对应的医美方法治疗，如强脉冲光治疗、激光脱毛等。

Q3. 激素依赖性皮炎有什么判断标准?

A: 一是必须有较长时间使用激素的历史；二是形成了依赖。如果缺乏这两个要素，则不能认为是激素依赖性皮炎。很多人日常护肤不注意，因为过度去角质等过度清洁行为导致皮肤损伤、敏感，也误以为是激素造成的，其实不然。

Q4. 美容院里用仪器拍照检测激素的项目靠谱吗?

A: 不靠谱，影像学仪器目前无法检测出激素。

Q5. 激素排毒疗法真的能排掉脸上的激素吗?

A: 这是一种杜撰的疗法。激素会被身体代谢掉，并不会累积在皮肤里。所谓“激素脸”并不是脸上积累了太多激素，而是激素使用不当在脸上造成了损伤，激素其实已经没有了，只是损伤的后果还在。

Q6. 激素这么麻烦，不使用这类药物不就没事了吗?

A: 激素是一把双刃剑，具有重要的治疗价值，使用的度应由医生把握，不要过度恐慌，有时候该用也必须得用。

Q7. 网上的某些视频课中，讲师说一些知名品牌的护肤品都含有激素，是真的吗?

A: 激素需要检测确认，产品是否添加激素要拿证据说话。单凭主观推测认为知名品牌的产品添加了激素，很可能是把化妆品的不良反应（过敏、刺激）与激素依赖混淆了。

Q8. 脸总是发红就是“激素脸”吗?

A: 脸红是血管扩张的炎症表现，只要有炎症，都有可能脸红，因此脸红不一定是“激素脸”，也可能是脂溢性皮炎、玫瑰痤疮等。

小结

激素依赖性皮炎是长期不当使用肾上腺糖皮质激素引起的皮肤损伤，会导致皮肤红、干燥、脆弱、变薄，继续使用激素才能缓解，这与激素引起的过敏性反应有所不同。

激素依赖性皮炎可能由错误地使用激素类药物引起，也可能是患者在不知情的情况下使用非法添加了激素类成分的化妆品引起的。

激素具有强大的抗炎作用，能十分快速地改善炎症，在皮肤病治疗中应用广泛。一些不法商家将其添加到化妆品中，以满足消费者追求速效的心理。要防止中招，需要了解正确的皮肤知识，忍住诱惑。

发生激素依赖性皮炎后应及时停用含有激素的产品，请医生诊治。医生可能采用逐步减量使用激素，使用非甾体激素抗炎药物替代治疗等方法进行治疗，同时也需要患者高度配合，注重保护，防止刺激，做好滋润修复工作，这些都是必需做的功课，具体做法与敏感性皮肤的护理相同。

第十三章

皱纹

√皱纹是怎么来的？
√皱纹有哪些类型？
√怎样预防皱纹产生？
√不同的皱纹应该怎样护理？
√怎样抗糖化？

在一般人眼中，皮肤表面呈线状的褶皱都是皱纹，虽然在专业上它们可以分为细纹和皱纹。作为活的生物，人类有皱纹再正常不过了。肌肉的牵拉、光线的损伤、皮肤水分含量的多少、身体的状态，乃至一天中不同的时段，都会影响皱纹的表现。但总的来说，皱纹（特别是与衰老相关的皱纹）的两个核心因素是肌肉牵拉和光损伤（特别是紫外线）。有一些皱纹——如果一定要这么称呼的话——是正常运动所必需的，与老化无关，也无须紧张；有一些则与老化有关，是需要并且可以预防、避免和减轻的。由于与老化相关的皱纹主要因光损伤加重、固化，因此这类皱纹也称为“光老化皱纹”。

老化皱纹的形成与真皮的结构变化有直接关系，但表皮的状态也对其有影响。皱纹的形态、形成原因各不相同，因此，不同的皱纹需要不同的护理，或者在护理、治疗上有所侧重，这样可以避免很多徒劳的工作。

下面，先来认识一下皱纹的分类。

皱纹的分类

（一） 细纹

细纹（fine lines）是皮肤上出现的暂时性的小纹路，通常与表皮的含水量有关。大家可能有这样的体验：敷完面膜后，觉得皮肤光滑饱满，一些细小的皱纹都消失了。这是因为敷了面膜后，表皮的含水量变得很高。在劳累、熬夜、身体虚弱时，都可以出现细纹。细纹不算是很严重的问题，是可逆的，但也是一个重要的信号，除了提示皮肤缺水之外，一定程度上也表示皮

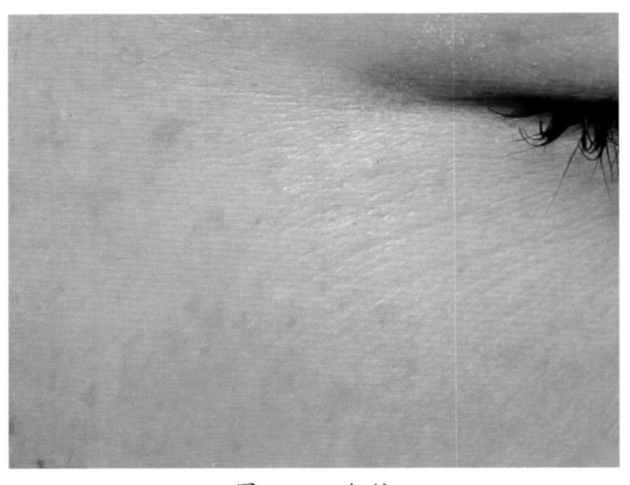

图 13-1　细纹

肤不够有活力。

（二）正常皮纹或皮肤褶皱

观察一下手指关节背侧和腹侧，你可以看到深而清晰的皱纹。在所有关节处或者皮肤需要频繁收缩、舒张的地方，都可以看到这样的情况。假如手指关节处的皮肤是完全光滑的，想象一下会是怎样的情况？手指就不可能灵活运动了。这些褶皱为人体的运动预留了空间。

注意，这里我们提到了牵拉皮肤的运动会使皮肤出现皱纹。这是非常容易理解的，一张白纸，如果你总在某个地方折压，也会出现痕迹，只不过就人体而言，这个过程比较长而且是一个主动的过程，并不只是机械作用那么简单直接。

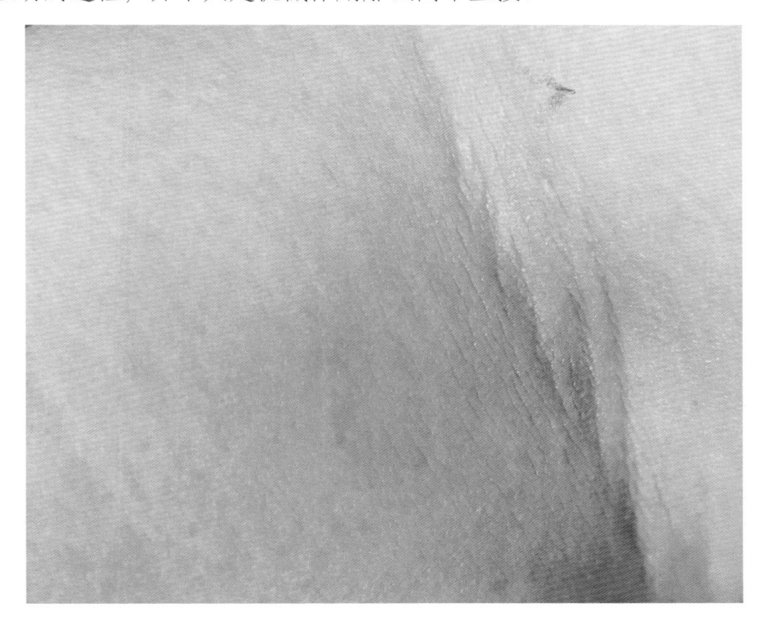

图 13–2　关节处皮肤的褶皱

（三）表情纹（动力性皱纹）

肌肉运动导致皱纹，其机理是肌肉反复牵拉，导致真皮结构发生变化。表情是面部肌肉运动的结果，因此也会带来一类皱纹——“表情纹”或“动力性皱纹”，包括抬头纹、川字纹（眉间纹）、鱼尾纹（眼角纹）和部分泪沟纹。

表情纹产生的基本过程与关节处的皱纹是相同的：神经信号传导到肌肉，肌肉发生收缩，带动皮肤产生褶皱。重复这个过程很多很多次之后，真皮的结构发生了变化，真皮中胶原蛋白和弹性纤维会降解、重排，形成新的排列形式。

真皮主要由成纤维细胞（见下图）和细胞外基质构成。成纤维细胞的主要职责是分泌细胞外基质，而细胞外基质则主要由弹力纤维、胶原蛋白、透明质酸等构成。如果把皮肤比作一个沙发，弹力纤维有点像沙发中的弹簧，贡献韧性和弹性；胶原蛋白则像是海绵，形成网状结构，支撑起皮肤，让皮肤显得饱满，有一定的坚实度；透明质酸则结合大量的水分，填充在弹力纤维和胶原蛋白纤维之间的空隙里，类似于海绵和弹簧间隙的空气。

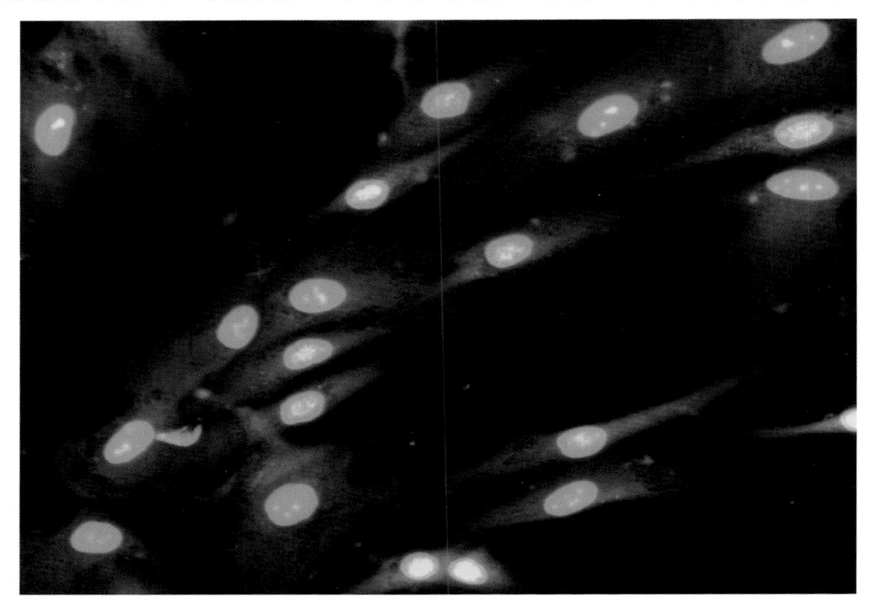

图 13-3　生长中的成纤维细胞

如果弹簧、海绵、空气分布均匀、力度一致，那么沙发的外观和触感都会很好。假如哪个地方缺少了弹簧、海绵，或者弹簧老化了，或者弹簧太多太硬了，那么沙发表面看起来就会不平整。这个道理和皮肤类似。

在正常情况下，成纤维细胞合成的细胞外基质是均匀分布的，所以小婴儿没有皱纹。但是成纤维细胞是有生命的，能够感知机械力并做出反应[83]：在某一个方向上经常受到机械力的作用，其分泌的细胞外基质——主要是胶原蛋白纤维——就会顺着机械力的方向形成更强壮的纤维束，用于对抗这个机械力。更强壮的纤维束意味着收缩力更强，于是力的不均匀性就体现出来了，皱纹随之产生。

经常紧张、心思重的人，眉间的川字纹会很明显；经常大笑的人，鱼尾纹会很明显；经常耸眉的人，抬头纹会更明显，道理便在于此。表情纹的轻重与表情的程度相关，在初期，表情消失时，表情纹也随之而消失，这是它的重要特点。

（四）衰老性皱纹

老年人面部常有粗大而深重的皱纹，且常伴有面部的下垂。这种皱纹属于皱纹发展的高级阶段，内源性衰老和光损伤是其主要成因，当然，肌肉的牵拉也是不可忽视的因素。衰老性皱纹有两种类型：绉纱样纹（主要与内源性衰老有关）和光老化皱纹（主要与光损伤有关）。

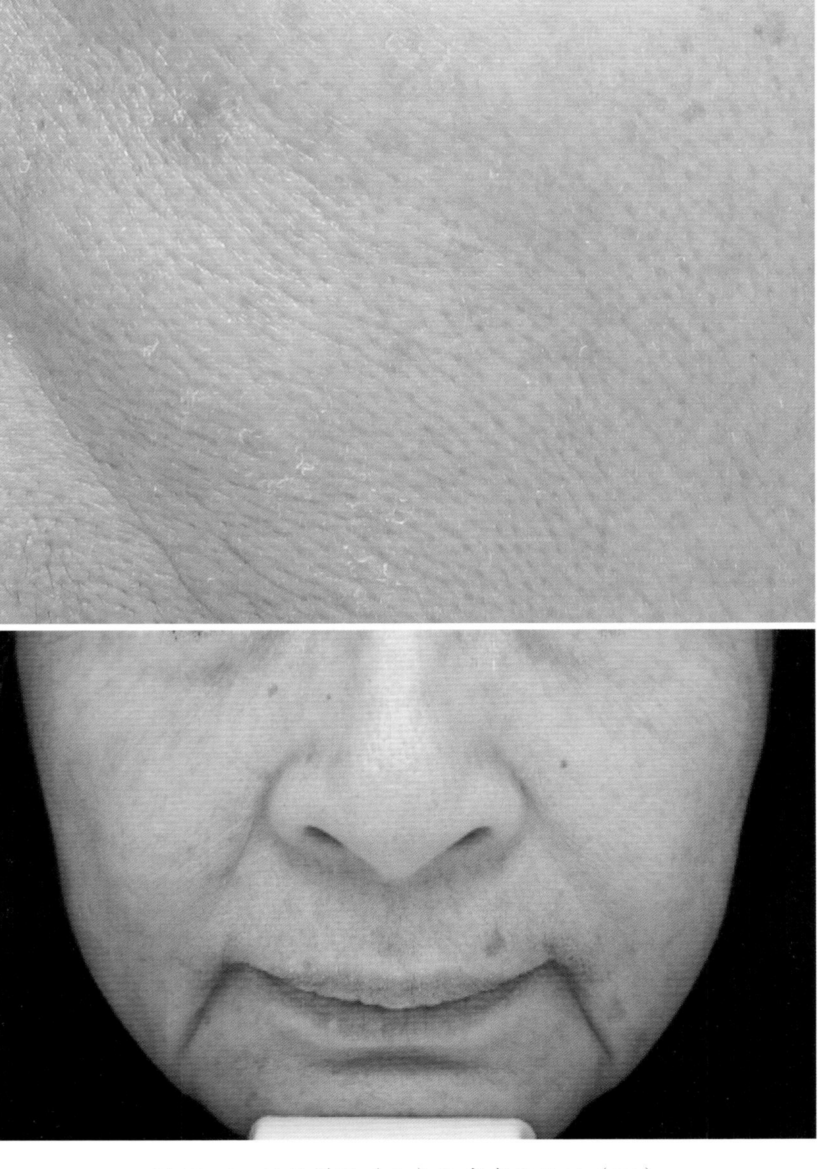

图 13-4　绉纱样纹（上）和光老化皱纹（下）

我们已经了解了真皮的细胞外基质。良好的细胞外基质，在数量上应当充足、质量上应当均匀强健，它们的生产者——成纤维细胞应当活力四射，同时，它们的破坏者，例如基质金属蛋白酶、自由基、糖化作用等，不应太活跃。

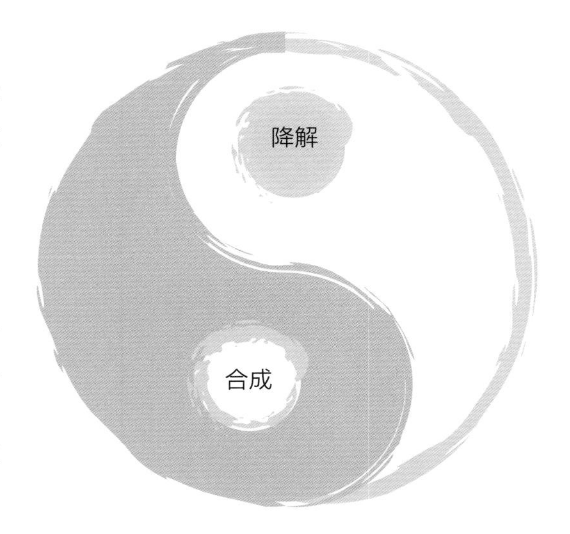

真皮的成分不是一成不变的，而是一边在合成，一边被降解，这个过程叫作“重塑（remodeling）”。如果降解不足而合成过多，会导致硬皮病等皮肤疾病，不过这不在美容的范畴内，也与皱纹无关，故在此不做讨论。如果降解多而合成少，就意味着损失，皮肤会塌陷。促进降解的因素有基质金属蛋白酶、透明质酸酶、弹性蛋白酶等，紫外线和自由基基本都能增强这些酶的活性。因此，要保护真皮细胞外基质，防晒、清除自由基（抗氧化）是必不可少的。

光损伤在促进弹性纤维降解的同时，还会促进弹性纤维在光照部位异常沉积（日光性弹性纤维变性）。由于弹性纤维非常强韧，它们在局部异常沉积过多，就会造成皱纹固化，这是光老化皱纹的特征性变化。当表情平静、肌肉没有牵拉时，这类皱纹也不会消失。

光损伤导致的皮肤变化与慢性损伤过程相似。它的产生是日积月累的结果，必须认识到预防的重要性。年轻时注意防晒，能有效地预防光老化皱纹。

各种皱纹都可用的护理方法

第一，无论何种皱纹，都可以被日光加重，因此不管是哪种类型的皱纹，都应该防晒。

第二，动作表情可以诱发表情纹，因此应当减少不必要的表情动作。生活中总是眉头紧锁或者说话时面部表情习惯性紧张的人并不少见。一定要多提醒自己不要去做这些动作。笑的时候也收着点，不要总是夸张地大笑。

第三，注意保护真皮中的成分——无论是“弹簧”还是“海绵”，都应当避免损伤，防晒当然是首要的，还可以使用抗氧化、清除自由基的护肤品。能够实现此类功能的常用活性成分包括：

维生素 C、维生素 E、绿茶提取物、白茶提取物、石榴提取物（多酚类）、花青素、虾青素（雨生红球藻提取物）、富勒烯、泛醌（辅酶 Q10）、艾地苯（属于泛醌衍生物）、硒、谷胱甘肽、肌肽、大豆提取物（大豆异黄酮）、α-硫辛酸（因气味及稳定性问题实际应用较少），以及含有大量多酚类物质的植物提取物等。

有关此类成分的作用机理等更多信息，可以查阅《药妆品》第3版。

第四，对于衰老性皮肤，可以使用一些成分来促进胶原蛋白及透明质酸的合成，比较温和的成分有：成纤维细胞生长因子、胶原蛋白肽（水解胶原蛋白）、维生素 B_3（烟酰胺）、维生素C、大豆提取物、人参提取物，以及最新的干细胞分泌物等。初现衰老迹象的皮肤，使用这类产品也是有帮助的。

还有一些成分虽然不能真正改善皱纹，但可以起到"急救"作用，例如硅材质的微球、透明质酸微球、钻石粉末等。这些成分涂抹在皮肤上后会填充入皱纹中，使皱纹看起来变淡，洗去后效果即消失。

除了上述的护理措施之外，也可以根据皱纹的分类、特点与发生机理做针对性处理。

非光老化皱纹的护理

（一）细纹

提升皮肤水分含量，使用给力的保湿产品。

注意休息，避免全身疲劳影响皮肤状态。

注意营养。

关于保湿和营养的部分，参见《素颜女神：听肌肤的话》第二篇《保湿》一节和第五篇。

（二）正常皮纹

不需要特别处理。

（三）表情纹

1. 功能性护肤品

可以使用含有阻断肌肉收缩功能的护肤品，有效的成分包括：乙酰基六肽、二甲氨基乙醇、千日菊提取物。此类成分可以调节神经、肌肉接头的活性，使牵动皮肤的肌肉活性减弱，从而改善表情纹。

实验室测试结果显示，将2%浓度的千日菊提取物加入简单的甘油和泛醇基质中，持续使用3周，就可以明显改善表情纹。

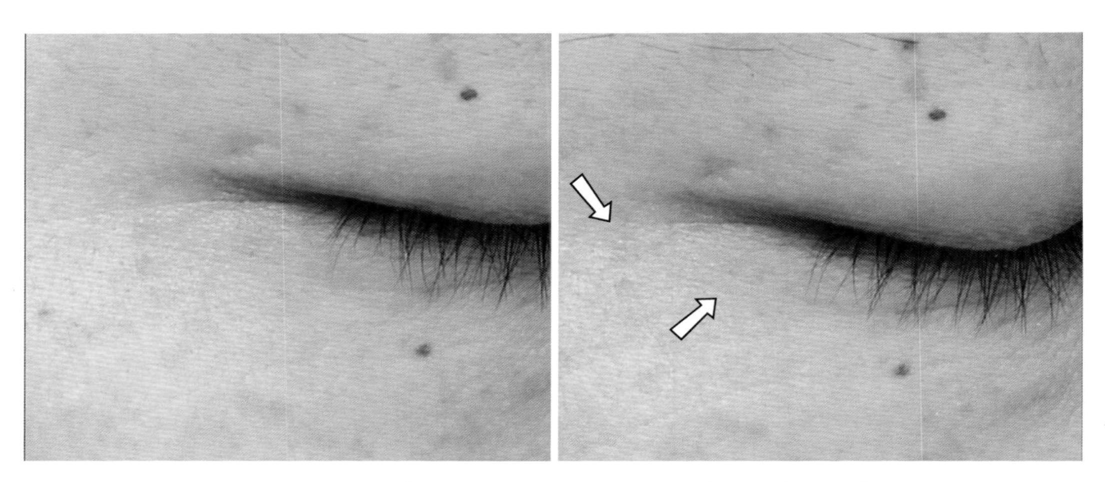

图 13-5 千日菊提取物使用 3 周后，眼角表情纹有所改善

2. 医美术

如果表情纹较重且顽固，又希望能够在极短时间内（比如当天）改善，则应采取治疗措施，应用最广泛且公认有效的是肉毒素。这是一种提取自肉毒杆菌的成分，微量注射于肌肉后，可以使肌肉麻痹，从而立即产生松弛效果，皱纹在注射后可以得到立竿见影的改善，改善效果可以持续 6 ～ 12 个月。

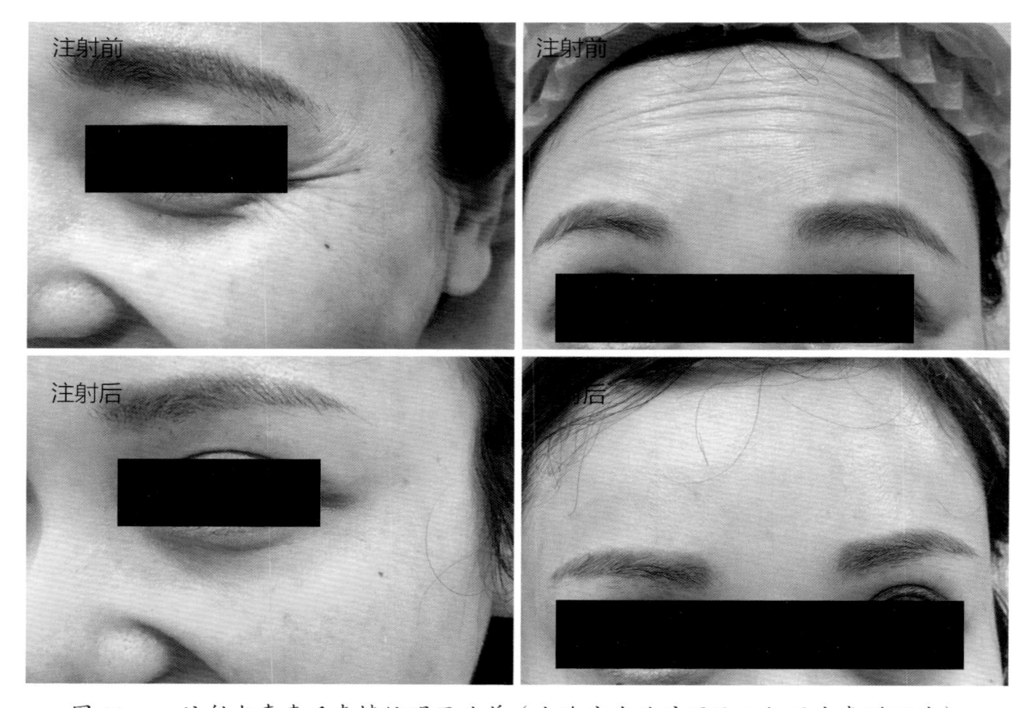

图 13-6 注射肉毒素后表情纹明显改善（上海市皮肤病医院石钰医生惠赠照片）

关于肉毒素，您需要了解的知识：

（1）肉毒素是一种有危险性的药物，必须由经过训练、有资质的医生注射。

（2）肉毒素在正规情况下应用是安全的。

（3）除了改善表情纹，肉毒素也被临床用于瘦脸、瘦腿、改善多汗症等（说明书中未载明但仍被使用），其基本作用原理也是麻痹肌肉。

（4）必须使用正规产品，目前中国批准的共有两种，一种是兰州衡力，一种是美国保妥适（Botox）。市场上一些非正规渠道流通着一些假冒产品，一定要警惕。

（5）肉毒素注射入体内后会逐步被代谢，因而不会“注射一次，管用终生”，而是需要定期注射。

光老化皱纹的护理

（一）外用产品

轻度光老化皱纹一定程度上是可以逆转的，除了使用前文所述的抗氧化、清除自由基的成分之外，还有比较“猛”的成分，主要是类视黄醇和 α-羟基酸类。

1. 类视黄醇

类视黄醇是一类视黄醇（维生素 A）衍生物。化妆品中可使用的类视黄醇有：视黄醇、视黄醛、视黄醇棕榈酸酯、视黄醇丙酸酯、视黄醇视黄酸酯、视黄醇亚油酸酯、视黄醇乙酸酯等。其中，视黄醇棕榈酸酯更为温和，视黄醇丙酸酯生物效用较高。药用成分包括视黄酸（维 A 酸或维甲酸）、异维 A 酸、阿达帕林和他扎罗汀等。但一般不建议将药物类视黄醇用于日常抗衰老。

类视黄醇对真皮和表皮均有影响，如前面几章所述，也可以抑制皮脂分泌和过度角化。需要注意的是：使用较高浓度的类视黄醇对角质层有一定影响，可能引起皮肤干燥、脱屑、瘙痒、刺激等不良反应，皮肤可能会变得较为敏感，故需要十分注意防晒和避免各种刺激。

2. α－羟基酸类

α-羟基酸类（alpha-hydroxy acids, AHAs）即俗称的“果酸”，最常用的是羟基乙酸，此外还有乳酸、苹果酸、柠檬酸、扁桃仁酸、酒石酸等。AHAs 除了促进角质细胞脱落外，还可以使真皮变厚，从而达到年轻化的效果，对于光老化皱纹、粉刺均有一定改善作用，还可用于美白。乳酸还是一种优异的保湿剂，其主要副作用也是刺激性（较高浓度下）。因此，这两类物质的高浓度配方均不建议敏感性皮肤以及玫瑰痤疮、脂溢性皮炎等处于敏感状态的皮肤使用。

3. 维生素 B_3

维生素 B_3（烟酰胺）对光老化有改善作用，也可以抑制糖化、促进屏障修复，安全记录很好，成本适中，因而受到欢迎，在美白、抗衰老产品中得到了广泛应用。也有个别研究声称烟酰胺会加重脱发，但这些体外研究结果与我在微博上调查的结果相反。（如想了解论文的详细解读及有关信息，可关注“冰寒护肤”微信公众号，发送“烟酰胺”即可收到回复。）微博调查结果显示，50% 的人使用了烟酰胺后汗毛加重。

据文献报道，成纤维细胞生长因子、干细胞分泌物（含多种生长因子）等对皱纹也有很好的改善效果，但因为稳定性、法规限制等各方面的原因，目前在护肤品中的应用尚不广泛。

知识链接

干细胞分泌物与美容

干细胞是具有多向分化潜能的一类细胞，例如皮肤干细胞可以生长成角质形成细胞、毛发、皮脂腺细胞等。干细胞在生命活动过程中会分泌许多物质，这些物质统称为干细胞的“分泌组（secretome）”，其中含有各种生长因子等，它们对细胞和组织的生长发育有很重要的作用。

动物和人体的初步试验显示，干细胞分泌物有很好的美容抗衰老效果，在美容领域可能极有前途。目前阻止其应用的问题主要有三个：

（1）来源不足。目前的主要来源是实验室，规模化生产较少。

（2）稳定性问题。干细胞分泌的物质具有生物活性，如何保持其活性（除了冻干粉以外），还需要大量研究。

（3）安全性担忧。目前为止，尚没有干细胞分泌物外用于皮肤会造成安全风险的记录，但由于这是一个非常前沿和时尚的领域，公众和管理部门仍然担心其中是否含有危险的成分，因此也没有放开使用。但毫无疑问的是：干细胞分泌物在美容领域的研究和应用将会不断深化。

（二）医美手段

处理一些粗重的光老化皱纹，仅仅靠外用产品是不够的，还需要考虑更高阶的护理和治疗器械。这些器械普遍利用了“损伤激发重建”机制促进真皮基质的重塑以及胶原蛋白、透明质酸的合成。

知识链接

损伤激发重建机制

当皮肤中某些细胞、分子（如胶原蛋白）被破坏后，其降解产物会激发一些受体，启动特定的信号通路，从而加速对皮肤的修复重建。使用光、热、电等使真皮的胶原纤维分解，产生的碎片（肽类为主）可以刺激成纤维细胞合成更多的胶原蛋白。这是许多医学美容术的一条共同途径。

最常用而且已被证实有效的方法包括：射频、微针、水光针、点阵式微针射频、激光和光子、光动力疗法、填充注射。

下面将介绍这些项目的原理和效果。请注意：如果皮肤高度敏感或者有一些炎症性问题，使用下列方法或仪器需要谨慎。

1. 射频

射频是辐射到空间的高频率电磁场，皮肤的电阻作用会使射频传播时产热，射频治疗仪就是利用这种热效应来美容的。当温度升到 50℃左右时，部分胶原蛋白会变性、降解，释放出一些肽段，这些肽可以刺激胶原蛋白的再生。有研究发现死亡细胞的双链 DNA 也可通过 TLR3 受体发挥作用。这种仪器的好处是可以作用于皮肤深层（真皮），使真皮胶原蛋白合成增加，变得更加紧致有弹性。

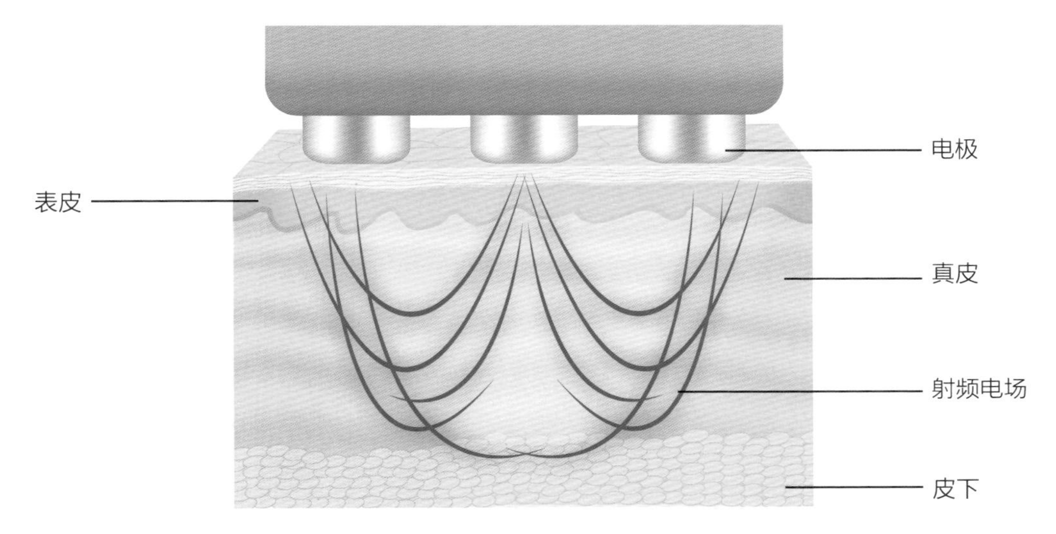

图 13-7　射频作用于真皮层

早期的射频仪都比较大，价格十分昂贵，而且射频头易损耗，仪器输出能量水平高，对表皮的损伤也较大，因此多用于医疗，仅能在医院使用，患者接受治疗后误工期较长。

现在，美容仪器厂商生产出了可以家用的小型射频仪，治疗后对皮肤外观没有影响（不会有误工期），使用成本也大幅下降，因此很受欢迎。实验室测试发现仪器虽小，但改善皱纹的能力是可靠的，特别是对松弛、老化相关的皱纹效果较好，但对动力性皱纹效果弱一些。

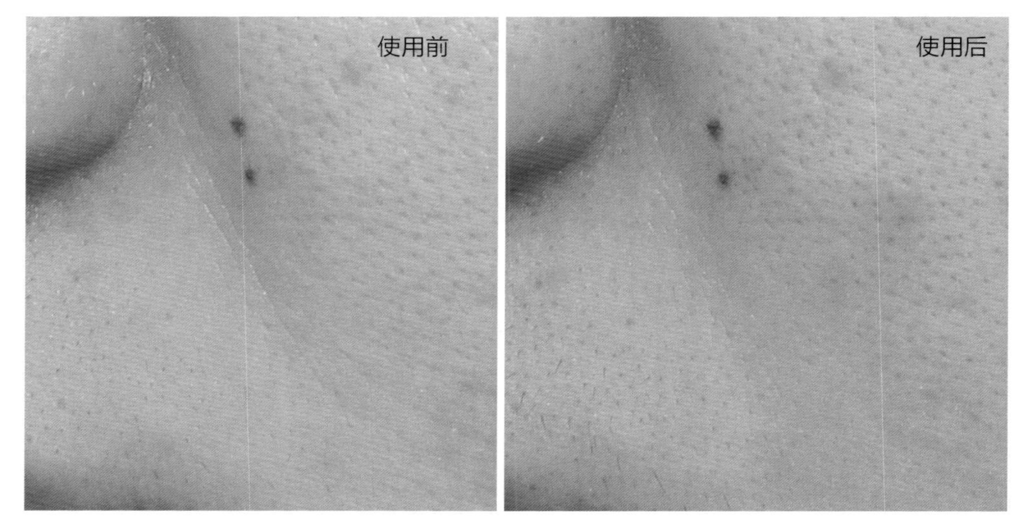

图 13-8 Silk'n FaceTite 2 家用射频美容仪使用 8 周后法令纹明显改善

2. 点阵式射频微针

俗称“黄金微针”。前面谈到射频在输出能量较高时会损伤表皮，为了解决这个问题，点阵式射频微针诞生了。它的结构和原理如下：

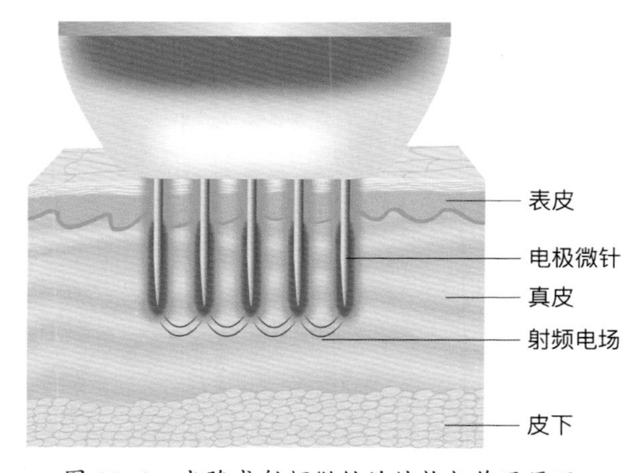

图 13-9 点阵式射频微针的结构与作用原理

如图 13-9 所示，其微针电极尖端刺入皮肤后，在真皮发射射频电场，作用于真皮[84]，从而减少射频对表皮的损伤。这一方法结合了微针和射频的优势，能够利用微针的长度控制作用的深度，效果很好。点阵式射频微针不但可用于光老化皱纹的治疗，还可用于改善颈纹、妊娠纹等。

点阵式射频微针属于有一定侵入性的医学治疗手段，应当在正规医院进行。

3. 微针

微针是一类用钢或其他材料制成的极细的针，可以刺穿皮肤屏障，形成通道以利输送可刺激真皮合成的物质到达真皮，是一种高效的经皮输送技术。皮肤屏障发挥功能的部分主要是表皮层，特别是角质层。它既可以防止体内物质流失，也可以阻止外界物质进入，因而也对我们希望输入真皮的成分形成了阻碍。微针以机械力强行刺穿表皮，之后再给予维生素、生长因子等物质，营养物质就可以顺着微针形成的通道进入真皮，刺激成纤维细胞合成胶原蛋白。

微针本身也会对真皮造成损伤，通过损伤后重建效应刺激真皮的修复和年轻化。

微针处理皱纹，特别是大家所关注的颈纹，效果较好。

通过控制针的长短、粗细，可以现实不同程度、不同深度的治疗。

4. 水光针

水光针的实质是注射式点阵微针。和普通微针不同的是，它的针头是中空的，后面连着注射器（枪），可以把透明质酸、肽类、生长因子等通过微针注射入真皮发挥作用，不仅有普通微针的效果，还可以直接注入相应物质实现填充作用，从而让皮肤立即显得饱满、年轻。水光针近些年受到各方面追捧，十分流行。

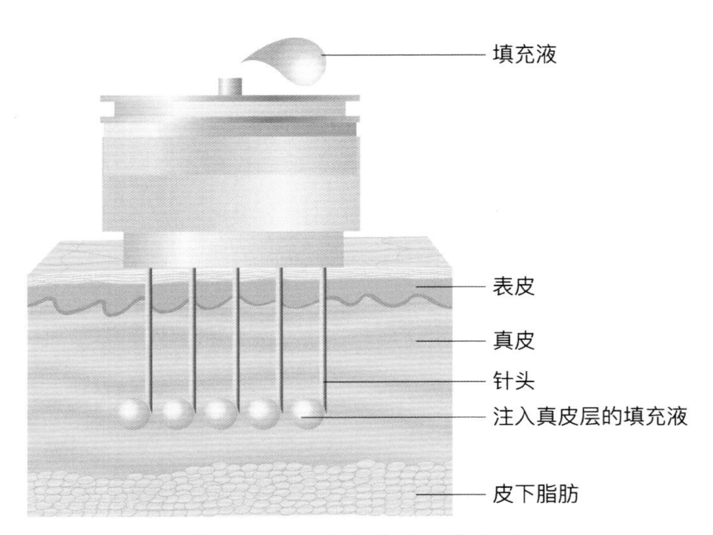

图 13-10　水光针的工作原理

利用微针或水光针的经皮输送作用，可以把难以通过涂抹方式透皮吸收的物质直接输送入理想的部位，实现高效美容。水光针除了能改善皱纹，也可以通过输送美白物质淡化色斑、改善肤色。

5. 激光和光子

使用长波长的点阵激光作用于真皮，通过损伤激发重建机制实现年轻化，也是临床常用的治疗方法。光子嫩肤（强脉冲光）一般使用短一些的波长，作用深度较浅，对表皮作用较大，但表皮—真皮细胞间的相互作用，也可以影响真皮的状态，达到年轻化效果。激光相关知识已在第九章详述，此处不再重复介绍。

知识链接

毛囊纤维鞘也是潜在的真皮胶原来源

通常我们在讨论真皮细胞外基质的再生、合成时，关注的往往是真皮成纤维细胞。但新的研究发现，毛囊纤维鞘也是真皮细胞外基质的主要来源之一。毛囊由两层鞘包被，最外层是纤维鞘。研究发现，纤维鞘可以为真皮供应胶原蛋白，而且可以通过毛囊进行调节[85]。这个途径还没有被美容护肤界充分重视。

6. 光动力疗法

第五章中谈到，光动力疗法主要用于治疗肿瘤、痤疮、HPV 相关疾病。此方法对表皮细胞产生作用后，可以进一步影响真皮的组织结构，使皱纹减轻、皮肤变紧致。与我在同一课题组的王佩茹博士等人发现，光敏剂结合强脉冲光一起使用，改善皮肤状态的效果比单用强脉冲光要好得多。目前相关的机制还在研究中，但这一发现无疑有很好的应用前景。

7. 填充注射

对于凹陷的皮肤或粗大的皱纹来说，填充注射可谓是简单直接、粗暴有效。医生把具有一定质感的生物医用材料——常用的是透明质酸、胶原蛋白——直接注射到皱纹或凹陷内，相当于直接增加细胞外基质，皮肤当然会显得更饱满。填充注射属于微整形手术，不但可以改善老化，还可以用于改善脸型与面部轮廓，如改善凹陷的太阳穴，改善鼻、唇、颌的形态等。

出于安全性考虑，填充注射所使用的材料多是可降解、生物相容性好的材料。也正是因为可降解，过一段时间后，其填充效果就会消失，所以需要定期重复注射。

泪沟纹就比较适合这种方法，因为泪沟纹靠近眼部，位置敏感，难以用射频等方法处理。填充注射后的辅助护理方法是防晒、使用抗氧化和抗衰老护肤品，这和抗衰老的一般原则是一致的。眼周注射需要很高的技巧，因为这里血管密布，万一将填充材料注射到血管中，会导致局部组织缺血坏死，甚至失明，所以医生的专业性很重要。

8. 埋线术

埋线术是近年来逐渐流行起来的一种方法。其基本操作流程是在皮下穿入带有锯齿的线，拉起松弛的皮肤。这些线用可降解的生物材料制成，具有较好的安全性。同时，线作为一种异物，也会刺激周边细胞增殖、分泌细胞外基质，让皮肤更饱满紧致。

9. 果酸换肤

果酸换肤术也可以在一定程度上改善皱纹，主要是通过表皮间接作用于真皮，作用层次较浅，效果逊于填充注射。因其较为刺激，术后修复时间长，安全性上不如家用射频仪，也不适合敏感性皮肤使用。

10. 微电流美容仪

我们没有在实验室做过市面流行的微电流美容仪的效果评估，因此其是否有效尚不确定。在微博和微信的调查显示，少数使用者认为微电流美容仪有效，绝大部分没有感觉到效果或者只觉得有临时提拉效果，停用后就没有效果了。还有一部分人只是一时兴起买来，但实际上极少使用，仪器大部分时间都放着积灰。此类商品是否有真实的美容价值，还有待讨论。

讨　论

日常保养与医学美容的关系

了解了消除或减轻皱纹的各种医美方法后，很多人也许会有一种误解：反正有这些方法，日常保养什么的不注意也不用担心了。假如把日常保养比作吃饭，把医美术比作吃药，我们就知道二者的地位了：一个健康的人并不能依靠每天吃药活着，而应该平时正常吃饭，病时合理用药。

姑且不讨论医美术可能带来的痛苦、安全性、费用问题，即使是医美术处理后，也必须注意日常的保养，才能提升或维持治疗的效果。

从容应对皱纹

（一）不要恐慌

之所以特别提醒这一点，是因为很多人把正常的皮肤纹理、褶皱都当作衰老、松弛的皱纹，进行了过度治疗，花费大量钱财，却得不到好的效果。某些唯利是图的推销者，也不断以“你这个皱纹太吓人了”之类的理由，用磨过皮的女明星照片对潜在客户连哄带骗，诱导她们过度消费和治疗。若缺乏分辨能力的话，很容易被误导，有的人甚至因此伤了皮肤。曾经有一位读者向我咨询她需要打什么针，因为老是有一位“医生”催她去打针，一年花费要十余万。我根据《衰老和皱纹评级图谱》，评出她的皱纹基本上是 0 级和 1 级，根本不需要医美治疗，为她节省了很多钱。

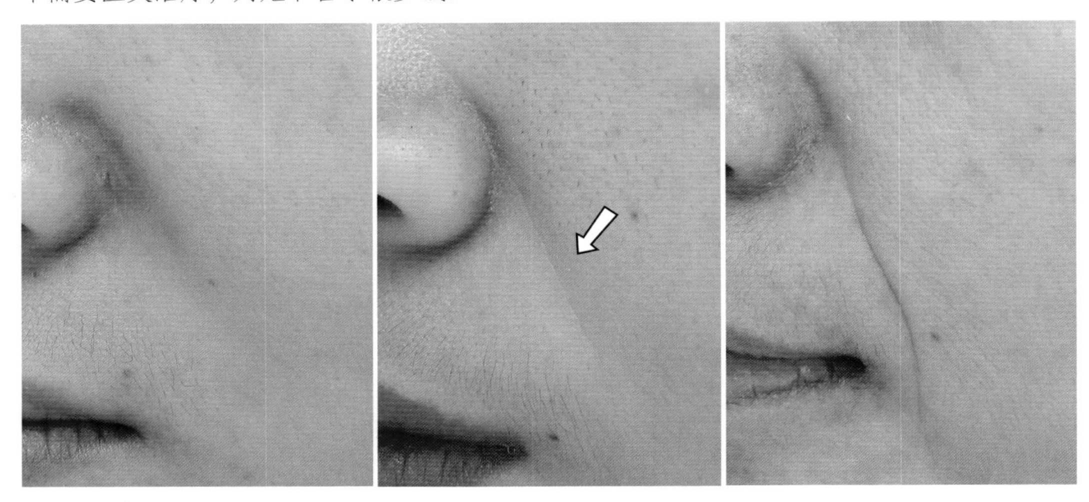

图 13-11 法令纹与鼻唇沟（左：正常的鼻唇沟；中：法令纹；右：严重的法令纹）

面部的鼻唇沟有正常的凹陷（图 13-11 左图），如果没有出现皱纹或细纹，面部是无须做填充或其他治疗的，只需要保养即可。为了预防皱纹，最多用家用射频仪即可。有位读者曾向我咨询法令纹该如何处理，但实际上她所谓的“法令纹”只是皮肤的正常凹陷，根本不是皱纹，无须处理。

即使是新生儿，颈部也有横向的褶皱，因为脖子要动。不要相信广告中女明星那看起来没有任何纹理、光滑得像是抛光过的颈部皮肤，那都是图片美化后的结果。因此，如果脖子皮肤没有松弛、绉纱样的表现，则不需要医学治疗，注意日常养护即可。需要注意的是：颈部有甲状腺以及甲状旁腺，一般不推荐使用射频处理，除非能够准确地避开甲状腺；普通微针、水光针是可以考虑的。

（二）优雅面对

衰老是人生的必然，因此不必容不得脸上有一丝皱纹。相由心生，如果因为一点小小的问题而焦虑，反而会把焦虑写在脸上，加重皱纹，人生不再从容自信，生活不再潇洒自如，也是得不偿失。所以，优雅地面对皱纹吧！

知识链接

影响皱纹的其他因素

睡姿：侧卧或俯卧会加重皱纹，特别是法令纹。从预防皱纹的角度来看，最好仰睡 [86]。

睡眠：睡眠质量高、时长足够，皮肤会比较饱满，否则容易松弛，法令纹和泪沟纹会变得更明显。

营养：与胶原蛋白相关的微量元素、维生素、蛋白类食物供应充足，有利于改善皱纹；合理地摄入抗氧化剂，有利于保护胶原蛋白，防止其过多降解。详细内容可参见《素颜女神：听肌肤的话》第五篇《内调养颜》。

心情：心情沉郁或者精神紧张，可加重眉间纹、抬头纹。心态平和一些对改善皱纹有好处。还有些人说话时会习惯性地皱眉，如果有这个习惯，应当时刻注意提醒自己改正，实在不行建议打肉毒素。

近视：视物不清，眼周肌肉紧张或眯眼都会加重眼周皱纹、鼻根纹、眉间纹。

时段：我注意到一个现象，即早上起床时皮肤会很饱满，细小的皱纹都会消失，到下午或晚上这些皱纹就显现出来了。这也许跟皮肤中水分的充盈度有关（也许有水肿的因素），也可能是因为睡眠期间肌肉完全放松下来所致。这个问题值得进一步研究，也许蕴含着改善皱纹的秘密。

专题：抗糖化

皱纹与衰老密切相关，而衰老的原因除了宿命——基因以外，还有很多学说，目前的三大主流学说是自由基学说 [87]、光老化学说、糖化学说 [88]。光老化和自由基学说已经被广泛认知，糖化学说大众了解得还不够。

（一）什么是糖化？

与衰老相关的糖化（glycation）全称是非酶糖基化（non-enzymatic glycosylation），简单地说，就是糖类在没有酶作用的情况下和蛋白质结合，使蛋白质失去正常结构。糖（葡萄糖和果糖）和真皮中的胶原蛋白发生反应后，先形成一些可逆的初级糖基化产物，而后再形成不可逆的高级糖基化终末产物（advanced glycation end products，AGEs）。AGEs 不是一种物质，而是很多种物质的总称 [89]。胶原蛋白因糖化而交联，弹性就降低了，而且会强烈吸收紫外线，在紫外线作用下产生更多的自由基，进一步导致皮肤衰老，形成恶性循环。胶原蛋白是分泌到细胞外的蛋白质，而研究发现细胞内的蛋白质——比如成纤维细胞内的波形蛋白，也是糖化反应的主要对象。波形蛋白的糖化可能是导致组织弹性、柔韧性降低的主要原因之一[90]。

另外一个恶性循环是 AGEs 的受体（AGER）被激活后，就会诱导机体产生活性氧簇自由基（reactive oxygen species，ROS），消耗我们体内的抗氧化系统组分，包括超氧化物歧化酶（SOD）、谷胱甘肽（GSH）、维生素 C 等，进而影响糖化抑制系统 Glo I 的能力，加速糖化过程[89]。近年的研究还发现 AGEs 可以通过激活 AGEs 受体，促进黑色素的产生[91]。

20 岁时皮肤中开始能观察到糖化胶原蛋白，随着年龄增长和皮肤衰老，皮肤中的 AGEs 随之增多，80 岁时糖化的比例可达 30% ～ 50%[89]。糖化的胶原蛋白看起来颜色发黄，也无法被通常意义上的“真皮基质重塑过程”降解更新（所以一旦损伤也不容易被修复，这很可能是糖尿病造成的损伤很难修复的原因），皮肤会因此而失去白皙的质感。糖化不仅发生在真皮，新近的研究发现表皮中的蛋白质（特别是角蛋白 10）也可以被糖化[89]。所以抗糖化是防止衰老的重要策略。

（二）如何抗糖化?

William Danby（威廉 · 丹比）曾于 2010 年在《皮肤医学临床》（*Clinics in Dermatology*）发表过一篇论文，阐述了糖化和皮肤老化的关系[92]。他谈道：“糖会与皮肤中的胶原蛋白发生糖化反应，糖化物每年增加约 3.7%，但每个人的速度会因饮食中糖负荷的不同而不同。过量的糖会损伤组织，阻止伤口愈合——有一个极端的模型，就是糖尿病。控制饮食中糖的量，4 个月内糖化可以减少 25%。注意：并不是使糖化的胶原蛋白减少，而是使糖化量减少。因为糖化的胶原蛋白非常难以被降解和修复，到目前为止也没有发现任何食物可以降解已经形成的 AGEs，所以最有效的办法是预防，而且越早预防越好。”

了解了前面的机理，我们就知道抑制糖化在一定程度上是可以做到的。至少可以从四方面着手。

1. 控制饮食[92]

（1）降低糖负荷：限制能量——准确地说是限制糖类的过多摄入，可以显著减少糖化，延长寿命，这在动物实验上已经得到了证实[93]。在人类身上还没有进行类似的实验，但在糖尿病患者中的实验已经证实：控制血糖后，皮肤中糖化水平降低，这提示较低的饮食糖负荷有助于减少皮肤糖化[92]。长期摄入过量的糖会导致高血糖，加速老化并损伤皮肤屏障[94]。

（2）减少糖化蛋白质的摄入[92, 93]。许多烤的、烘的、炸的食物中都含有 AGEs，这些 AGEs 可以进入血液循环，有可能诱导自由基生成和炎症、损伤（作用可能与摄入过多的糖类似）。Danby 十分推崇东方饮食中蒸、煮的做法，因为这样烹饪的食物 AGEs 含量较低。

表 13-1　不同方法制作的食物的 AGEs 含量[92]

食材	制作方法	AGEs	制作方法	AGEs
大米	煮	1	烘烤（脆米片儿）	220
土豆	煮	1	油炸	87
蛋	煮	1	煎炸	62
鱼	生食（三文鱼寿司）	1	煎（大西洋鳕）	16
面粉	制成吐司面包圈	1	烤成硬饼干 (biscotti*)	30

* 注：biscotti 是一种意大利硬饼干，需要烤两次，使饼干变得又干又硬。

研究发现有一些食物可以帮助预防糖化，目前已知肉桂、苜蓿、牛至、多香果（一种香料植物）可以预防果糖引起的糖化。其他可帮助抑制糖化的有生姜、大蒜、α - 硫辛酸、迷迭香、马郁兰、肉碱、牛磺酸、肌肽、类黄酮（包括槲皮素、芦丁[95]、红葡萄皮提取物[96]）、苯磷硫胺、印度栀子、橄榄叶提取物[97]等。口服吡哆胺（维生素 B_6 的一种异构体）可以显著抑制皮肤中的糖化反应。

体外试验发现，许多种抗氧化剂和维生素（包括维生素 B_3、维生素 B_6、维生素 E、维生素 C、维生素 B_2、硒酸钠、富硒酵母、镁、锌）都可以抑制血清白蛋白糖化。维生素 C 和绿茶提取物的抗糖化作用得到了人临床实验和动物实验的支持，在糖尿病患者中的试验证实了蓝莓提取物的抗糖化作用。动物试验发现 α - 硫辛酸可以抑制鼠肌腱的糖化[92]（肌腱的主要成分是胶原蛋白）。

Mio Hori 等[98]在《抗老医学》（***Anti-aging Medicine***）杂志发表文章，他们发现饮用一些花草茶可以减少皮肤中的 AGEs，包括柿叶、banabá（大花紫薇）、山白竹、甜叶悬钩子。而这四种植物的提取物在皮肤上应用 4 周后，皮肤中的 AGEs 也减少了，皮肤弹性增加，说明它们有抗糖化作用。

饮食应当均衡，简单地说就是什么都得吃点儿。研究发现纯素食的人血液中 AGEs 会更多，而什么都吃的人则要低一些，这可能是因为纯素食中含有大量果糖，而果糖可以活跃地生成 AGEs[93]，这一点在动物实验上得到了证实[99]。

2. 外用抗糖化成分，抑制糖化反应

除了前面说的抗糖化成分中可外用的之外，研究发现可以抗糖化的成分还有：烟酰胺（维生素 B_3）[100]、肌肽[101-103]（carnosine）、葛根素[104]（puerarin）、绿原酸[104]（金银花等植物中含量较高）、石榴[105]提取物。

抗氧化剂谷胱甘肽有重要的抑制糖化反应作用，因为醛酮变位酶（乙二醛酶，glyoxalase）是体内抑制糖化反应的核心因素，而这种酶的作用依赖于谷胱甘肽。谷胱甘肽是一种极优秀的护肤品成分，但目前外用的主要问题是其在配方中不够稳定，今后可能需要通过制剂和包装方面的创新来解决这一问题。

3. 防晒和抗氧化

咦，怎么又扯到这上面来了？因为三大衰老机制不是孤立的，它们实际上形成了一个"衰老网络"，协同作乱。

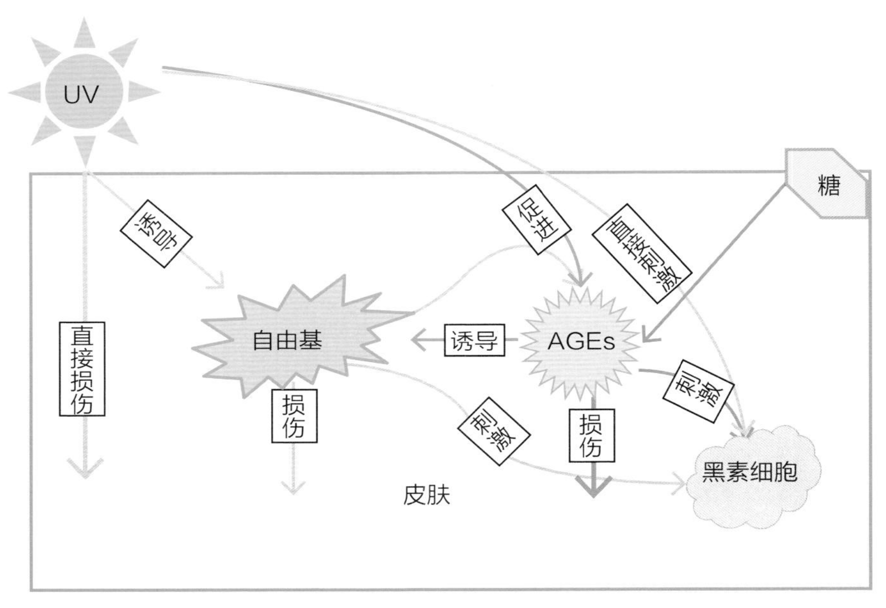

图 13-12 三大衰老机制的作用网络

活性氧自由基 ROS、紫外线照射可以加速糖化反应，实际上也正是有氧化反应才能形成 AGEs；反过来 AGEs 也会诱导自由基产生，导致脂质过氧化[90]。糖化是光老化的一个伴随或者交叉过程，所以防晒对于抗糖化也有重要的意义[89]。

4. 改善生活习惯

有氧运动可以消耗糖，有助于减轻糖化压力[106]。日本的一项研究追踪了 244 名志愿者，发现导致皮肤中 AGEs 增多的主要生活习惯是吸烟、经常饮酒、睡眠缺乏[107]。

读到这里，大家也许发现了，很多美容保养的做法是相通的，可以一举多得。比如：防晒减少了光老化，还能避免诱导 AGEs 产生自由基；抗氧化可以减轻光损伤、清除自由基，也可以帮助抗糖化；抗糖化的方法也可以减少光和自由基的损伤。注意上面提到的四方面细节，可以收获更好的抗老、抗皱效果。

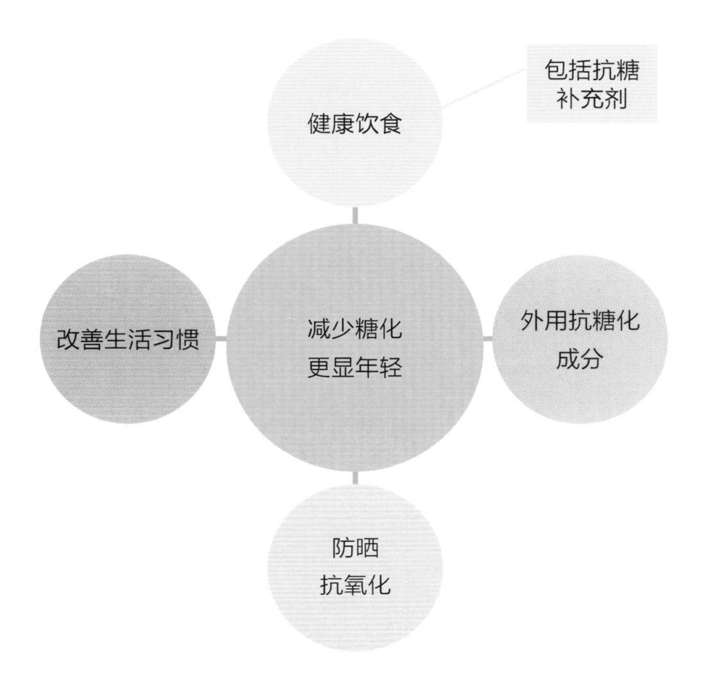

图 13–13　抗糖化综合策略

答疑区

Q1. 有涂抹式水光针吗?

A：水光针流行了，就出现所谓的“涂抹式水光针”了。其本质不过是保湿凝胶或精华液，不可能达到水光针的效果（当然也不会像水光针那样需要损伤皮肤）。取这样的名字，只是为了搭个市场趋势的顺风车。

Q2. 说了这么多抗皱的方法，哪一种是最好的?

A：没有一种问题是可以用单一方法完美解决的。为了论述方便，前文把各种问题进行了分类，但在实际中，每个人可能都有多种皱纹，或者同一道皱纹上存在着多种影响因素：既有肌肉牵拉，也有光老化或内源性老化因素，肌肉牵拉可以加重光老化或内源性老化皱纹，光老化和内源性老化反过来也可以加重表情纹。因此，皱纹需要综合护理。而在所有的方法中，毫无疑问最具性价比的是防晒——特别是硬防晒。

轻度的皱纹，可以用护肤品辅助家用射频美容仪改善，饮食中注意补充维生素 C 等抗氧化营养素和胶原蛋白类食物（近些年的研究发现内服胶原蛋白可以改善皮肤状态，相关论述参见《素颜女神：听肌肤的话》第五篇《内调养颜》）。

皱纹严重的，可以考虑到美容皮肤科，根据情况选择合适的方法予以治疗，然后加强日常保养，以维持治疗效果。

小结

皱纹与表情（肌肉的牵拉）、光照损伤直接相关，内源性衰老造成皮肤弹性下降、松弛是另一大原因，而皮肤水分不足则会造成细纹。衰老性皱纹常常由肌肉牵拉形成雏形，因光损伤和内源性衰老而加重、固化。

各种皱纹都必须防晒、抗氧化、抗衰老，保持皮肤有足够的水分。

表情纹可以通过阻断、调节神经肌肉接头活性而改善。光老化皱纹可以用多种化妆品、药品或仪器改善，其中相当一部分属于医学治疗手段，需要在正规的医院由有资质的医生操作。

要正确区分皱纹和皮肤表面的正常纹理、凹陷，以避免不必要的治疗和支出。

经过良好的日常护理、合理的医学治疗或仪器护理，皱纹可以得到良好改善。

14

第十四章

毛发和头皮相关问题

√怎样去头屑？
√头皮太油怎么办？
√脱发该怎么治？
√头发干枯、易断该怎么办？
√有白头发该怎么办？
√细软发质有什么办法改善吗？
√应该选无硅油洗发水还是有硅油洗发水？

头皮屑

头皮上发生最多的问题应当是头皮屑，以及与之相关的痒、干燥、刺激感等。有关统计显示，大约有 20% 的人有头皮屑困扰，据此推算中国有此烦恼的人超过 2 亿[108]。欧莱雅中国研发中心在全球 10 个国家的调查表明：中国是头皮屑发生率最高的国家。

（一）为什么会有头皮屑？

头皮屑是头皮角质层非正常地、团块状地脱落形成的，由于聚合的角质细胞非常多（1000～10000 个），因此头皮屑呈白色。头皮屑是头皮的一种炎症反应结果。研究现已证实，头皮屑与头皮表面的马拉色菌属异常增多有关[109]，从本质上看，头皮屑当属发生于头皮的脂溢性皮炎[110]。角质细胞过度脱落会破坏皮肤屏障，使头皮变得敏感，其他有害因素也易于侵入。研究还发现，头皮屑患者脱发的数量也更多[111]。

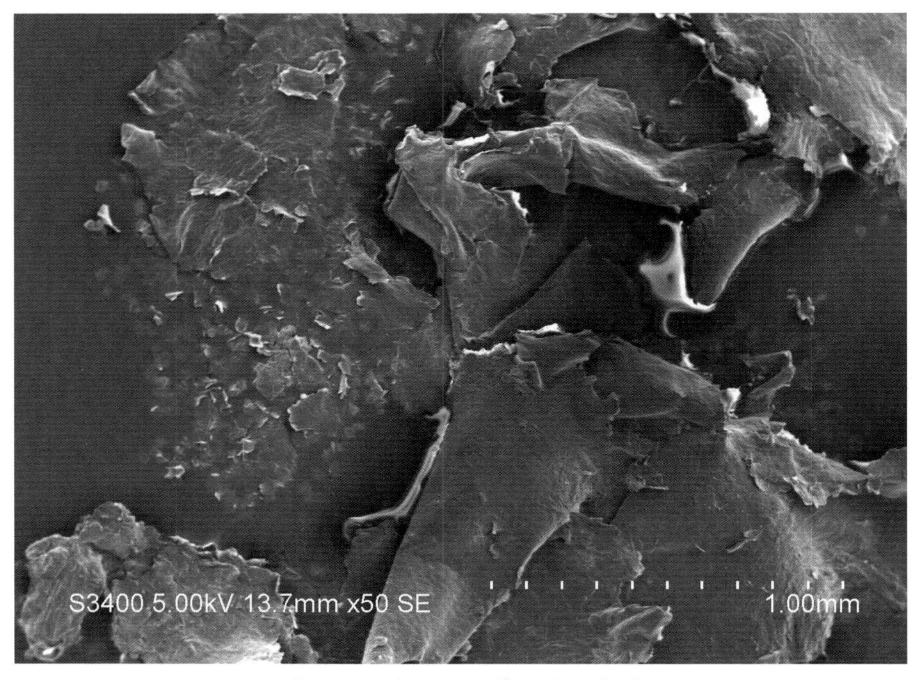

图 14-1 电子显微镜下的头皮屑

（二）怎样去除头皮屑？

抑制马拉色菌是改善头屑非常有效的方法，通常可以采用以下几种方法。

1. 采乐洗剂洗发

采乐洗剂由西安杨森制药出品，主要成分为酮康唑，是一种广谱抗真菌药物。该药属于非处方药，在药店可以很方便地买到。

2. 二硫化硒洗发

二硫化硒属于抗真菌药品，马拉色菌对其敏感，可请医生开具（此药物味道难闻）。

3. 硫黄皂洗发

有效成分为硫黄，对真菌有一定的抑制作用，但刺激性也较大。

4. 抗头皮屑类洗发水

这类洗发水通常会添加ZPT（pyrithionc zinc，吡啶硫酮锌 / 吡硫鎓锌）、OPT（piroctone olamine，吡罗克酮乙醇胺盐）。

5. 其他方法

一些中草药有抗真菌作用，亦可以使用。

冰寒友情提示

马拉色菌是常驻真菌，很难消灭，所以头皮屑可能会复发，需要长效护理。

淋洗类的产品有一个很大的问题是在头皮上停留不久后就被冲洗掉了，为了增强效果，建议洗头时让它们在头皮上停留久一点再冲去。例如：可以在进入浴室时先把头发打湿，涂上洗剂并抹匀，然后洗澡，最后再冲净头发。

由于屏障破坏、炎症发生，头皮上其他一些有害的微生物也会乘虚而入，因此有头皮屑问题的头皮更容易发生毛囊炎、脓疱等。有一项研究发现，头皮屑头皮上表皮葡萄球菌显著增多、痤疮丙酸杆菌减少，头皮存在明显的微生态失衡[112]，此外还有炎症和屏障功能损伤、皮脂分泌异常等[113, 114]现象。由此可见，头皮屑的护理，需要从抑制炎症、调节菌群平衡、促进头皮屏障修复等多方面综合考虑，才能达到更好的效果。我们实验室据此开发了头皮护理配方，可以非常好地改善头皮健康状况，使头屑、头痒、头皮干燥等问题在一周左右得到非常好的改善。除头皮屑外，头皮长小疙瘩（因炎症起小丘疹或者轻度的毛囊发炎导致痒和微痛感）亦可得到良好的改善。

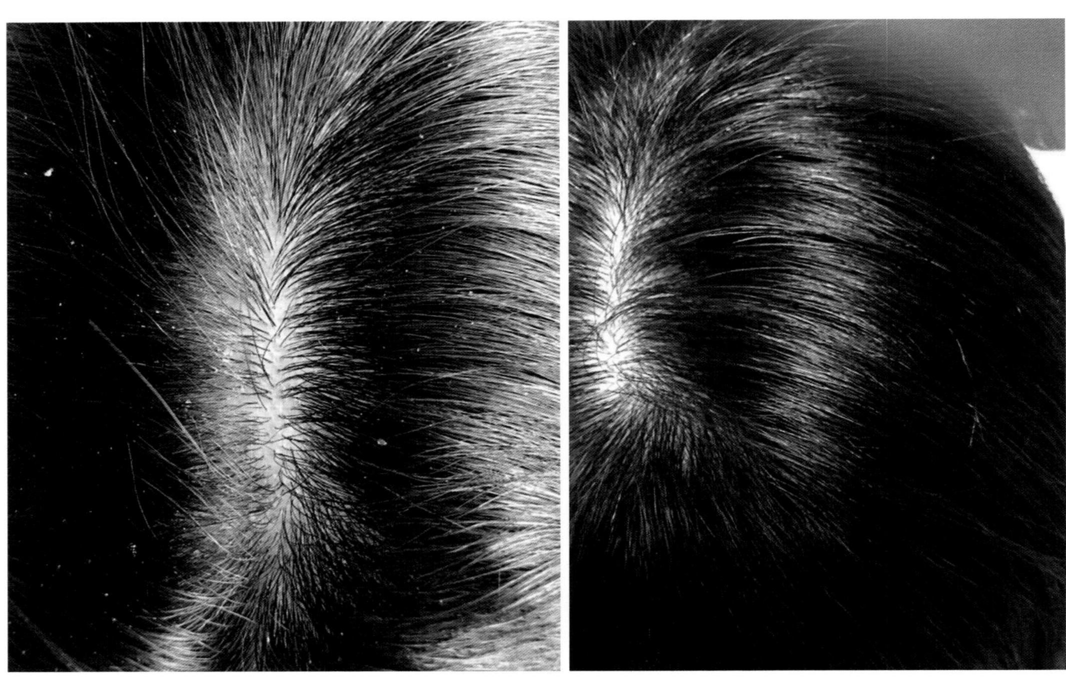

图 14-2 使用屏障修护和微生态平衡综合护理措施后，头皮屑明显改善、瘙痒减轻（每天早晚使用头皮护理精华液，连用 1 周）

知识链接

为什么一般不推荐使用复配了糖皮质激素类的抗真菌洗剂（例如“复方 XX唑”）？

糖皮质激素可以非常高效地抑制炎症，从而迅速缓解红、痒等症状。但是它同时也有免疫抑制的作用，会干扰人体免疫系统对有害微生物的反应，长期使用，会削弱皮肤对有害微生物的抵抗，损伤皮肤屏障。头皮屑是一种浅表性的问题，不需要使用这类风险性较高的药物，用其他安全的方法就能实现有效护理。

也正是由于含有此类物质的抗真菌药物引发了较多的不良反应，逐渐引起了医学界和有关管理部门的关注。在 2017 年 9 月，国家食品药品监督管理总局发布公告[115]，将复方酮康唑发用洗剂、复方酮康唑软膏、酮康他索乳膏 3 种药物（共 48 个批文）由非处方药更改为处方药，以限制其滥用，避免患者在不知情的情况下使用而造成不良后果。

（三）易与头皮屑混淆的情况

一种不太常见但确实存在的情况——头皮银屑病需要与头皮屑区别开。银屑病发生于头皮，也会引起大量脱屑，可能会被误认为是头皮屑，但用抗头屑的方法治疗是无效的。此种情况应当及时就医。

头皮银屑病与头皮屑不同的地方在于，前者一般会有局限的病灶，并非均匀分布，病灶可有高出皮肤表面的斑块，产生的头屑较大块，且容易堆积起来呈叠瓦状；而后者细小、均匀、易于脱落。

头皮太油、头皮痒

头皮痒与头皮屑相关，一般来说解决了头皮屑问题，痒的问题即可得到缓解。

头皮太油的主要原因是头皮毛囊皮脂腺分泌过于旺盛，其运行和控制的基本原理与其他部位的毛囊基本一致，只是头皮毛囊皮脂腺更加活跃、控制难度更高。本书第二章对相关机理已经做了详细介绍，此处不再赘述。

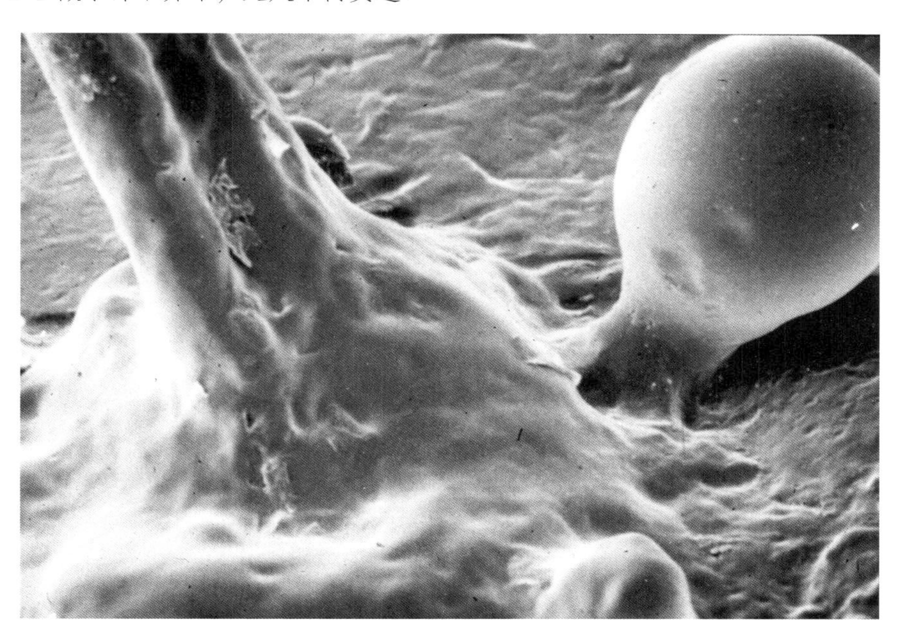

图 14-3　欧莱雅创新和研发中心拍摄的头皮油脂电子显微照片

（引自人民卫生出版社的《现代美容皮肤科学基础》，已获授权）

与面部不同的是，有理论认为头皮角质层相当于一层吸附油脂的海绵（大约可吸附 1/3

的皮脂）。大量脱屑时，头皮可能部分损失了吸附油脂的能力，因此显得更油。所以减少头皮屑的同时，通常也可以减少头油。通过抑制真菌抗头皮屑，也可能间接改善头皮油的问题，因为真菌等微生物可能通过炎症刺激等作用促进皮脂分泌。

过勤洗头是否会导致头油“反应性分泌”增多？目前还没有权威的研究证据支撑这一说法。不过民间一直有此说法在流传。这或许与过勤洗发削弱了角质层对油脂的吸纳能力有关。考虑到这些因素，每周洗头 2 ～ 3 次即可，不一定要天天洗。

目前的研究发现：长期使用聚甘油类成分可以减轻头发油腻；而使用一些疏水的成膜剂如单琥珀酰胺壳聚糖、聚丙氨酸，可以在头发上形成一层发膜，防止头皮分泌的油脂转移到头发上，从而改善头发油腻的情况。对付头发过油的另一方法是使用“干香波”或头发蓬松粉。这类产品通常含有淀粉、硅石等可以大量吸附油脂的原料，可保持头发干爽和蓬松，缺点是会使头发光泽度下降[116]，可以根据自己的情况取舍。

雄激素源性脱发（脂溢性脱发）

雄激素源性脱发简称“雄脱”，是一种多发于中年男性的局部脱发，女性也会有，但比例较男性低。脱发部位一般是从前额上部开始，随着年龄增长逐渐向后推进。毛发先是变得稀疏或者细弱，继而可能完全脱落至无毛状态。在东亚地区，雄脱在男性中的发生率约为 20%，是一种广泛流行的疾病。

（一）雄激素源性脱发的成因

雄脱的确切原因尚不清楚，之所以取名为“雄激素源性脱发”，是因为研究者普遍认为其发生可能与雄激素有关。雄激素与毛囊在相关细胞上的雄激素受体结合，导致一种蛋白质——转化生长因子 -β1（transforming growth factor- β1）增加，该因子可以让头发的休止期延长，抑制毛发的生长[117]。

令人疑惑的是，同样长在头皮上，为何有的毛会脱，有的毛不会脱呢？研究人员据此进行了各种研究，有的认为可能是因为雄激素受体的分布不一样，有的认为是脱发和不脱发的毛囊中相关细胞的基因表达不一样[118]，还有的研究认为可能与马拉色菌相关。近年的研究发现脱发区毛囊的皮脂腺有更多分叶，因而总体上更大，这也许是雄激素作用导致的[119]。不同方面的研究可以说明：雄脱是一种受多种因素影响的疾病，很大程度上与遗传相关[120]，在女性患者中还发现此病与胰岛素抵抗有关[121]。某些癌症、内分泌疾病也可以引起类似雄脱的症状。

知识链接

胰岛素抵抗

胰岛素是由胰腺分泌的一种重要激素，它的核心作用是促进身体对糖的摄取和利用。胰岛素抵抗，指的是人体外周组织对胰岛素不敏感，使其生物学效应降低、促进葡萄糖摄取和利用的效率下降（即胰岛素不能起到应有的作用），此时人倾向于摄入更多的糖，从而导致高血糖，进而可能导致高血脂、糖尿病等一系列与糖代谢紊乱相关的疾病。

（二）雄激素源性脱发的治疗

正因为雄脱是一种可能与多种因素有关的疾病，所以其治疗和护理也常常是多种措施结合在一起的。在此对主要的治疗和护理方法及注意事项做简要介绍。

1. 及早治疗

雄脱是进行性的，症状由轻至重，不做干预的话毛发将由细弱变脱落，直至最后毛囊萎缩，毛发完全不能长出。在毛囊尚未完全萎缩之前进行治疗，效果更好，有可能阻止脱发进行性加重，幸运者甚至能够重新长出乌黑浓密的头发。识别或者警惕雄脱，可利用的一大特点是其遗传性以及一些表征。如果父亲雄脱，则后代要及早注意；如果青年时期发际线过高，则发生雄脱的可能性亦较大，应当及早注意护理，一旦发现征兆，应及时治疗。

2. 抗雄激素治疗

雄脱与雄激素的关系非常密切，因此目前的主流抗雄脱方法是抗雄激素。米诺地尔是治疗早期雄脱的首选，以往推测其作用机理可能主要是通过加快毛发根部血流速度、带来丰富营养、影响细胞的离子通道等促进毛发的生长，一般使用一年左右可见到明显效果。近年的研究发现米诺地尔可以抑制雄激素受体功能[122]，从而阻断雄激素的作用。该药物男女均可使用。

还有一种系统性抗雄激素的药物：非那雄胺，此药物适用于男性。它是一种 5α - 还原酶抑制剂[123]。相信您从本书第二章已经了解到：雄激素在皮肤中的主要作用形式是双氢睾酮（DHT），形成 DHT 的过程中，需要 5α - 还原酶的作用，因此抑制 5α - 还原酶就可以减少 DHT 生成，从而减轻雄激素的作用。但作为系统用药，该药物也可能导致多种副作用，例如性欲下降、精子一过性减少、男性乳房发育异常等。

此外，医生也可能使用安体舒通（螺内酯）、丹参酮、雌激素等辅助治疗。

3. 抗真菌治疗

有人认为马拉色菌与雄脱可能有关，一项研究使用酮康唑洗剂为患者做抗真菌治疗后，部分患者的脱发现象有所改善，改善效果与米诺地尔相近[124]。不过该研究并没有检查受试者头皮的马拉色菌情况，因此尚难说明酮康唑的效果一定来自其抗真菌功能。头皮微生态与雄脱的关系是值得进一步研究的问题。

4. 植物药治疗

许多植物具有一定的抗雄激素、促进毛发生长功能。例如锯棕榈、丹参、侧柏、女贞、黄芩、首乌、生姜等常被添加入育发产品中，但效果不一，主要原因是这方面的研究尚不够深入，甚至有一些有争议的研究结果出现。例如，有研究发现生姜中提取的 6- 姜酚可以抑制毛发的生长[125]，这与传统上使用生姜促进毛发生长[126]的发现不一致。这也许是因为 6- 姜酚只是生姜中的一种成分，生姜中还存在其他促进毛发生长的物质。剂量可能也是一个影响因素。研究发现低浓度 6- 姜酚（10 μg/mL）未对毛发造成影响，高浓度（20 μg/mL）才造成了显著影响[127]。姜对毛发的确切效果还需要更多的实验数据确认。

5. 光学生发

以一定能量和波长（红光）的光刺激，增加毛发根部血流量，可以促进头发生长。据此已经开发出了光学生发头盔，据临床测试大约一半的人可以收到一定效果[128]。

6. 富血小板血浆（PRP）疗法[129, 130]

PRP 是一种历史较久的治疗方法，基本方法是通过抽取血液后离心得到富含血小板的血浆，再将血浆注射入头皮。其作用机制还不是很明确，推测可能是因为其中含有较丰富的血小板衍生生长因子（PDGF）等，可以刺激头发生长。

7. 碳酸疗法（carboxytherapy）

碳酸疗法是 1932 年首创于法国的一种治疗方法，其基本原理是在皮下引入高浓度的医用级二氧化碳，从而强烈刺激血管扩张，改善局部血流灌注，促进毛发生长。一项临床研究显示[131]，接受碳酸疗法的患者有效率达 100%，其中 50% 取得较好效果，30% 取得良好效果。

8. 干细胞注射

此法的原理是从自体头皮中提取干细胞，然后注射入希望生发的部位，诱导新的毛发产生。一项临床研究[132]显示，干细胞注射可以使头发密度有所增加。不过干细胞疗法尚在前沿阶段，没有广泛开展，法规上也还没有完全放开，目前国内仅有二十多家医院获得了干细胞试验性临床治疗的资格。

9. 植发

除去修饰性手段（如戴假发），植发是解决脱发问题的最后一道防线。植发的基本原理很像水稻插秧：将自体正常的毛囊通过手术取下，种植到脱发的部位，毛发成活后，则可改善外观。植发的效果可靠、结果确定，专业的植发医生操作起来效率也颇高。其主要缺点是患者需要经受双重痛苦——取发要挨刀，植发也要挨刀。更大的问题是需要有足够的头发供取用，如果本身能用的头发就很少，则也无法植发。由于伦理和免疫排斥问题，也不可能从其他人身上取发。未来有希望解决这一问题的方向可能是干细胞，即提取患者自身的皮肤或毛发相关的干细胞，在体外培养、扩增，然后再人工诱导，培养出新的、大量的毛囊（类似水稻育秧）。目前这种方法已经在动物身上实现[133]，在人体上还需要进一步研究，但这无疑是极有希望成功的。

知识链接

产后脱发

怀孕期间由于激素的影响，头发的生长期会延长，本该脱落的头发没有按时脱落，就会在产后集中脱落，这是一种正常的生理现象。头发会逐步恢复，不必惊讶，也不用忧伤，注意营养就好。

讨　论

烟酰胺会导致脱发吗？

2018年《皮肤病学研究杂志》（*Journal of Investigative Dermatology*）发表的一篇通讯引起了广泛关注：局部外用烟酰胺在体外可抑制人类毛囊的生长[134]。但该研究是一项体外试验，而且是首次出现这样的报道，其推测与我在微博和微信平台所做的调查结果不一致，故尚需要更多的研究佐证。我在微博和微信发起的投票调查显示，50%的烟酰胺使用者表示局部毛发加重，50%的人表示没有变化。因此，还不能据此认为在活体上使用烟酰胺可以导致脱发或毛发细弱。

头发外观问题

在显微镜下观察，会发现头发表面覆盖着一层鳞片状的结构，这层结构叫作毛小皮（俗称“毛鳞片”）。毛小皮之间紧密贴合，头发因而顺滑、有光泽。毛小皮由内毛根鞘细胞发育而来。毛发内含大量的角蛋白，角蛋白中含有较多的含硫氨基酸，在蛋白质分子中形成二硫键（S=S），从而形成稳定的空间结构。

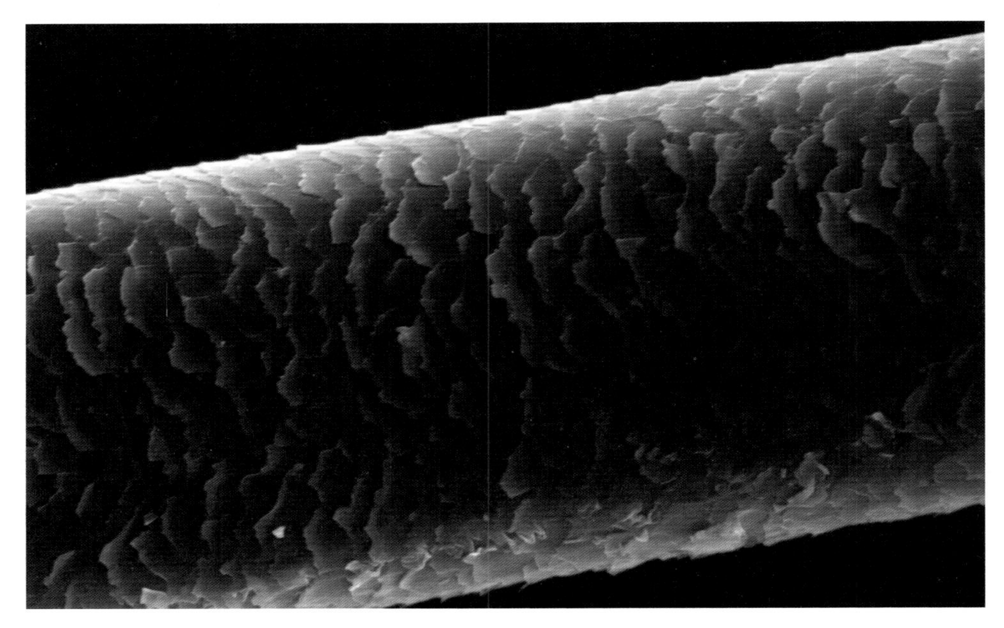

图 14-4 头发表面结构：鳞片状的毛小皮 [135]

头发需要有一定量的水分，以保持韧度；还需要有一定量的油脂滋润，防止水分蒸发。

头发中含有大量黑色素，它们为头发提供光保护功能。这些是头发健康和美观的物质基础。

（一）干枯、易断

有多种因素可以导致头发干枯、易断，这些因素对头发的影响首先是对头发油脂和毛小皮正常结构的干扰和破坏。常见的原因包括：

1. 过强的洗涤：可以使头发脱脂而失去光泽，脆性增加。对于发质本身比较干、皮脂较少的人，过强的洗涤会造成更大的伤害。

2. 烫染：目前多使用冷烫工艺，烫发时必须使用巯基乙酸盐类以使毛小皮松解，使头发中的二硫键打开（破坏原有结构）。染发也有类似过程，需要打开毛小皮以便染料进入，否则染色不牢。频繁地烫染，毛小皮被破坏，头发会失去正常的结构和光泽，变得容易断裂、干枯。

3. 高温：过高温度吹、烫头发，会使头发的蛋白质结构受损，甚至使头发内所含水分快速汽化形成毛发内的小泡，头发易于从此处折断。因此要使用适中的温度吹发。

4. 倒梳：由图 14-4 可以看出，头发表面的毛小皮呈覆瓦状排列，从发根至发梢方向整齐一致。正确的梳发方向是从发根向发梢梳，即顺着覆瓦的方向。如果从发梢向发根梳（倒梳），将会破坏毛小皮的排列，让头发变得毛糙。

5. 日光损伤：头发一定程度上是我们的“头盔”，可以起到保护作用，包括对光损伤的防护。东方人的头发中含有大量黑色素，可以强烈地吸收紫外线，从而防止紫外线对头皮造成损伤，同时，头发中的蛋白质和色素也会受到紫外线的损伤[136]。过度暴露于日光下，头发也可能变得干枯、毛糙、褪色，因此也要注意防止日光过度照射头发。有趣的是，研究发现头发中铜离子的浓度高的人，更易受日光损伤，如何降低头发中铜离子的浓度值得研究[137]。

（二）白发

白发是随着年龄增长而发生的自然生理现象，目前认为其原因是随着年龄增长，毛球部分泌黑色素的黑素细胞活力减弱所致，这既是内源性的或者基因决定的过程，同时也受氧化应激加速，即自由基可以促进白发的发生[138]。白发是从毛根部位开始的（图 14-5）。动物实验证实，精神压力也可以使毛发脱色或受损[139]，紫外线也有漂白作用，其作用机理之一是诱导产生活性氧簇（ROS，一类自由基）。缺乏铜也可以导致黑色素合成减少。

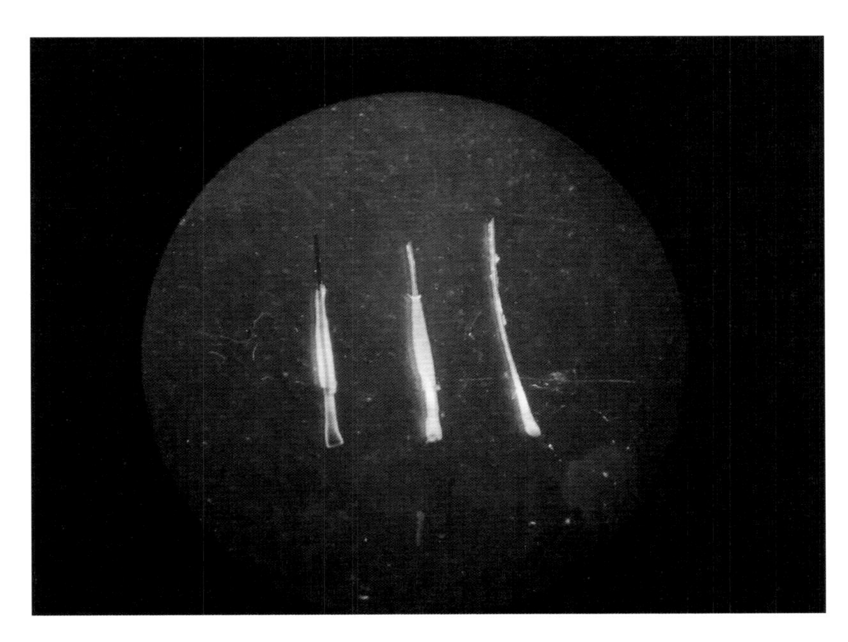

图 14–5　白发（中、右）是从根部就开始的

少白头与年龄无关，其发生原因尚不清楚，目前也缺乏可靠的治疗方法，染发可能是较好的选择[140]。

基于以上因素考虑，注意以下方面也许可以延缓或减轻白发：

1. 抗氧化。可以摄取抗氧化食物，也可以外用抗氧化剂。中国传统观念认为吃核桃、芝麻有助于乌发，也许有一定的道理，因为核桃和芝麻富含抗氧化的维生素 E、多不饱和脂肪酸、多酚类物质等。退一步讲，即使它们不能乌发，也是极好的健康、美容食物。

2. 调节情绪。减少精神压力，不要焦虑；保持良好睡眠；不要随便发脾气，凡事多向好处想，心放宽一些。心情好，身体就好，头发也会好。

3. 防晒。

知识链接

真的会一夜白发吗?

真的会。这种现象并不是只存在于文学作品中，而是客观事实。有文献对多种语言报道的一夜白发案例进行了归类总结，确认这种现象是可信的[141]。诱发的原因可能包括巨大的精神创伤、压力、疾病、心理障碍等，机制可能是毛囊中短时间内积累了大量的过氧化氢，对黑色素进行了漂白。当然，“一夜”在这里表示的是“快速”的意思，实际并不一定是一夜，有可能是几天到十几天时间。而且变白的可能不仅是头发，胡须、眉毛等身体其他部位的毛发也可能变白。

（三）头发细软

头发细软主要受基因影响，当然，也受营养和疾病的影响。营养不良，缺乏铁、锌等微量元素，可能影响毛发的生长。现今的生活条件普遍较好，营养不良的现象应当不多见了。本章雄激素源性脱发和白发部分所述的方法，有的可能会增加头发的密度和直径，可酌情尝试。总体来说，天生头发比较细软的话，应当更注意保护，特别是不要过度洗涤、烫染、日晒。

专题：选无硅油洗发水还是有硅油洗发水?

近些年流行“无硅油”风潮。硅油是俗称，它指的是聚二甲基硅氧烷类成分，是一类化妆品中常用的原料，在护肤品中主要起保湿和润肤作用。其优点是低刺激，不致敏，没有难闻的气味，相容性好，稳定，价格易于被人接受；缺点是不能被吸收，不具备生物活性，在自然环境中非常稳定、难于降解，可能对生态造成影响。

硅油一度被说得一无是处，例如传言说“添加了硅油的洗发水会导致脱发，甚至封闭毛孔，造成头皮发痒”。但至今为止没有证据显示硅油会造成掉发、脱发，硅油也不会堵塞毛孔。当然有一部分人使用含有硅类成分的洗发水会有不适感，但这并不一定归咎于硅——一个完整的产品最后的效应取决于配方中的所有成分，而不仅仅是硅。

事实上硅类成分可以使毛小皮之间的空隙闭合，让头发变得更加滑顺，它本身作为柔性的链状分子，也能给头发带来顺滑的感觉。为什么有的人使用了含硅类的洗发产品后觉得不够好呢？常常是因为头发本身较为细弱，使用硅类成分护理后，头发变得更加柔软，容易贴在头皮上（容易塌），难以造型。如果自己头发本身比较油腻，而所用产品硅类成分含量较高，也可以让头发起绺，显得不够蓬松。相反，如果头发本身很硬、很干燥、不“听话”，用了硅类成分后会得到柔顺、更易梳理、光泽更好等正面效果。因此，选择“有硅”还是“无硅”，主要还是依据各人发质和头皮情况而定，并不存在绝对的好或者不好，只是适合不适合的问题。

答疑区

Q1. 是否要刻意避开 SLES（月桂醇聚醚硫酸酯钠）和 SLS（月桂醇硫酸酯钠）？

A: 除非过敏或使用感受不佳，否则不需要刻意避开。SLES 和 SLS 是广泛使用的清洁成分，在发用洗涤产品中尤其如此。SLES 和 SLS 确实有一定的刺激性，但头皮比面部皮肤耐受性更好。也有人反馈使用这类成分后掉发会增多，但由于不是严格的研究证据，故无法判断究竟是这两种成分还是其他因素引起的，又或者是巧合。目前的研究还不支持 SLES 和 SLS 导致脱发的观点，这两种成分更不会致癌或者导致不孕。

Q2. 头发长得超级慢，有什么好办法吗？

A: 民间认为吃益肾的食物可以生发，如枸杞、核桃、黑芝麻等，但目前还没有这方面的现代研究加以证实。不过这些食物本身也非常健康，不妨试试。

Q3. 发廊级护理真的很厉害吗？

A: 发廊所用的产品跳不出上述范围，护理师的技巧很重要。

Q4. 拔掉一根白发会导致更多的白发产生吗?

A: 不会。一个毛囊里只会长一根头发，拔掉后不会长出来两根。也没有证据表明拔掉一根白发，会让相邻毛囊里的头发变白——除非那个毛囊里的头发本来就要变白。头发变白的机制还不清楚，受衰老的影响，头发变白本身就是一个进行性变化（变多）的过程。

Q5. 做发膜好不好? 用护发素呢?

A: 发膜有一定护理作用，可以做。发膜中发挥主要作用的是角蛋白水解产物、硅氧烷类、阳离子表面活性剂、脂肪醇类，这些都是比较安全的成分，可让头发变得更加顺滑。护发素也是一样的。

Q6. 减肥的时候会掉发是怎么回事?

A: 蛋白质供应量跟不上容易导致脱发，体脂肪含量低到一定程度也会引发激素分泌的不平衡，可能引起脱发。减肥减到这种地步是不恰当的，应该调整方案。

Q7. 头发静电如何解决?

A: 这主要是干燥引起的。使用含有保湿滋养类成分（如维生素 B_5）的产品，可以改善头发的含水量。使用发膜或护发素可能会减少静电产生（含有抗静电剂）。用木梳子梳头可以减少静电产生。

Q8. 头皮和发丝该不该分开护理?

A: 理论上来说应该分开，但实际上常常难以做到，不过洗发和发膜类产品对头皮通常也是无害的，因此尽量分开即可。但是染、烫类产品应该严格避免接触头皮。

Q9. 头发容易塌怎么办？

A： 这一方面是因为头发软，另一方面是因为油脂多。可以使用定型产品或吸油的喷粉类产品。也可以烫一下，让头发卷曲从而实现自我支撑。

Q10. 头皮是否会衰老松弛，从而引发面部肌肤松弛下垂？

A： 头皮也会衰老松弛，内源性时程老化决定了这一过程不可避免，但这个过程与面部肌肤的老化是同步的，甚至会发生得晚一些（因为头发可以保护头皮，而面部则不一定受到良好的光保护），所以头皮的老化与面部肌肤老化不是因果关系。

Q11. 如何保养头皮？如何选择洗护产品，是否要经常更换洗护产品？

A： 头皮的保养主要是清洁、避免真菌或其他有害微生物过度繁殖、防晒，以及抗氧化。主流洗护产品表面活性剂类清洁成分的应用已经十分成熟，产品的差别主要是功效性、洗后的感觉及香味。可以根据发质选择含硅油或无硅油的产品，根据需要选择是否含有抗真菌成分的产品，也可以根据洗后的柔顺感等选择自己喜欢的产品。洗护产品可以更换，若对产品感觉十分满意也可以不更换，这本质上是个消费偏好问题。

小结

头皮和头发的主要问题包括头皮屑、头发过油、雄激素源性脱发、白发等，前三个问题之间可以有一定的关联性。

头皮屑的主要原因是头皮微生物的失衡，特别是马拉色菌增多，抗真菌治疗一般会有效，当然也需要增强对头皮屏障的修护和抗炎。

头皮过油与雄激素有关，控油的一般方法也适用于头皮过油，但头皮的控油更困难一些，清洁、吸附油脂、防止油脂快速转移到头发上是主要的方法。

雄脱具有遗传性，应当及早进行治疗和预防，毛囊完全萎缩后就只能依靠植发。治疗雄脱的方法主要有外用米诺地尔、系统或局部抗雄激素、抑制皮脂分泌、抗真菌、光学方法、PRP、碳酸疗法等。

白发与氧化、心理压力的关系很大。

紫外线、过高温度、倒梳头、过度清洁等会损伤头发，影响头发美观。

硅油并不会损伤头皮或头发，但应当根据不同的发质选择是否使用含硅油的发用护理产品。

干细胞治疗、毛发体外诱导形成和扩增技术是植发未来的重要发展方向。

第十五章

特应性皮炎

√什么是特应性皮炎？
√为什么会得特应性皮炎？
√怎样护理和治疗特应性皮炎？

什么是特应性皮炎?

特应性皮炎这个名字乍一听，有点不容易理解。它译自英文“atopic dermatitis（AD）”。atopic 这个词源自希腊语，表示“无固定位置的”，后来用于表示与遗传相关的过敏倾向，因此特应性皮炎又称“遗传性过敏性皮炎”或者“异位性皮炎”。患者常常伴有过敏性倾向（如哮喘、过敏性鼻炎），血液中与过敏相关的免疫球蛋白 E（IgE）常增多，故而此病可能与过敏有关。

特应性皮炎的诊断有时候就像它的名字一样令人迷惑，国内和国际上有多种诊断标准，有的粗略些，有的细致些，但主要集中在以下几个方面[142]:

√有过敏性表现，有家族或遗传性过敏性历史或表现，血液中 IgE 增加；

√慢性皮炎反复发作，瘙痒，出现湿疹样变（这一点变化很多，例如渗出倾向、发红、苔藓样变、脱屑等）；

√皮损分布常是对称性的，常位于四肢屈侧（图 15-1）。

特应性皮炎的原因

目前认为它是一种遗传因素与环境因素共同作用造成的疾病（这句话其实不是很有价值，因为绝大部分疾病都是由遗传因素和环境因素共同起作用的），但具体原因并不单纯或明确。

特应性皮炎具有明显的家族遗传倾向，很多特应性皮炎患者存在过敏性疾病相关家族史。研究显示，决定特应性皮炎发病的危险因素中，遗传因素占 82%，而环境因素仅占 18%。同卵双生子同时患特应性皮炎的概率约为 80%，但异卵双生子同时患病的概率只有 20%。若父母一方患特应性皮炎，其后代特应性皮炎的发生率是 59%；若父母均患特应性皮炎，那么该比例将上升至 81%。母亲患病比父亲患病的遗传危险性更高。这些流行病学调查均提示遗传因素在特应性皮炎发病中发挥重要作用[143]，这也是特应性皮炎又被称为遗传性过敏性皮炎的原因。

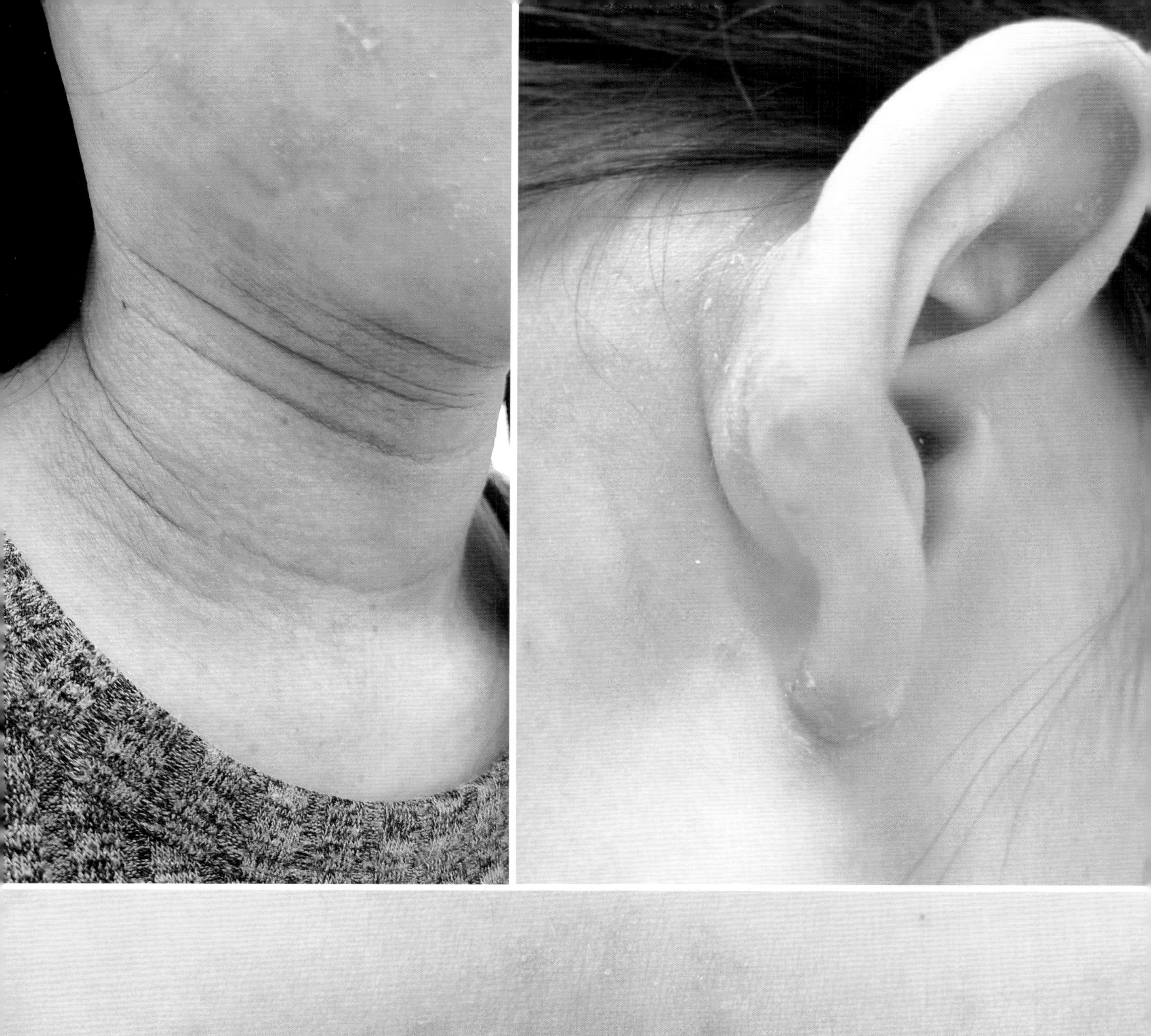

图 15-1　特应性皮炎在不同位置的表现
（上海市皮肤病医院张国龙医生惠赠照片）

近些年的研究发现，特应性皮炎皮损可能与微生物有关[144]，特别是金黄色葡萄球菌和表皮葡萄球菌会增多，金黄色葡萄球菌的数量变化与病情轻重明显相关。葡萄球菌可以释放多种毒素，引起炎症、过敏反应[145]，甚至释放表皮剥脱毒素，损伤皮肤屏障，这些因素均可以加重、延长病程。动物实验发现金黄色葡萄球菌释放的 δ-毒素可以引起类似特应性皮炎的反应[146]。

特应性皮炎的一大特点是皮肤屏障受损，与许多疾病一样，表皮结构受损后，诸多内外因素形成互为因果的恶性循环。

最初也许是原发性因素引起皮肤损伤，包括遗传原因（如 *FLG* 基因异常）、不当护理（如过度清洁）等；或者因为微环境的变化（例如 pH 升高）使有害的微生物大量繁殖、侵入，导致炎症加重，进一步损害皮肤。屏障损坏后，即使是一些在正常皮肤上无害的“旁观”微生物，也可能转变成“坏蛋”开始作恶：既可能因为所受抑制减少而大量繁殖，产生危害；也可以因为屏障弱化而离开原来正常的生存位置，侵入不应当存在的位置（移位），产生有害作用。这些菌即所谓的“机会致病菌（opportunistic pathogen）”，opportunistic 在这里颇有“钻空子”的意思。

也可能是因为皮肤微生物的变化损伤了皮肤屏障，进而有其他因素（例如过度清洁、使用影响皮肤微生态平衡的产品）加重病情，进一步损害屏障，有害微生物又进一步繁殖、侵入。在病情的中后期，环境和内在因素互为因果，形成恶性循环，从而使病程迁延不愈。

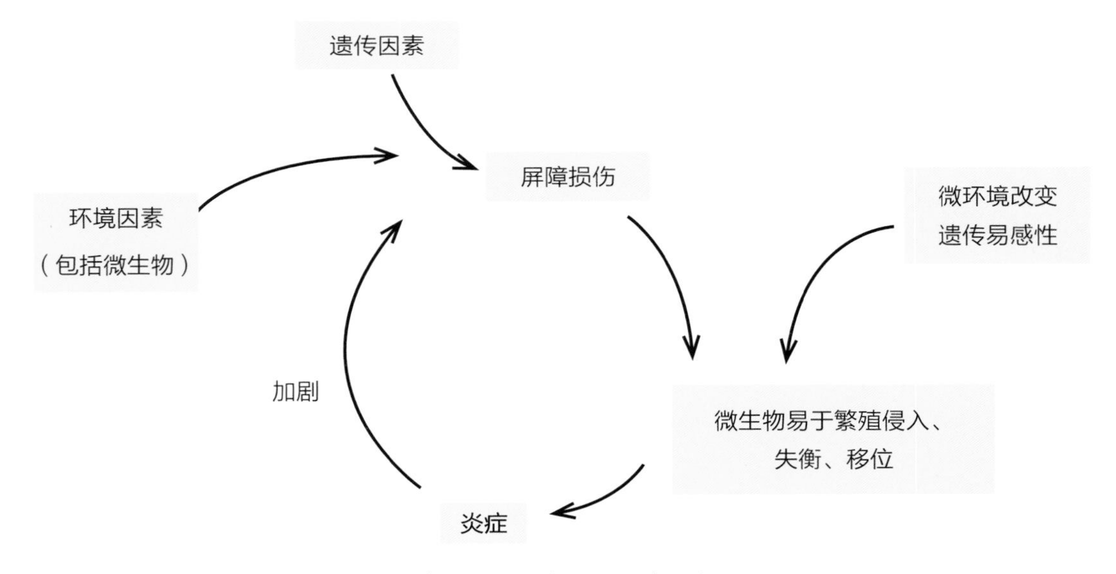

图 15-2 特应性皮炎中不同因素构成恶性循环

特应性皮炎的护理和治疗

要想改善特应性皮炎，需要多管齐下，阻断恶性循环。只针对单一因素处理——特别是仅仅针对炎症或者炎症中的某一分子，很可能一停止处理，循环仍然继续进行。因此可以考虑从以下五个方面进行护理和治疗。

（一）保护皮肤屏障

首先，应当避免损伤皮肤屏障的各种做法，例如过度清洁、过度摩擦、挠抓。应当注意避免使用碱性清洁产品，特别是皂基类产品，相关原理已在第十一章第四部分详述。过度摩擦的问题主要发生在婴幼儿身上，父母给孩子洗澡时，如果经常使用摩擦力较强的湿巾清洁，可能有损皮肤屏障。挠抓主要是因为痒，可以使用含止痒成分的护肤品：如燕麦提取的葡聚糖类、阻止 TRPV-1（香草素样瞬时受体电位 -1）激活的成分（如叔丁基环己醇，即 Symsitive 1609）、洋甘菊提取物等。

其次，可以使用屏障修复类护肤品或药妆品。此类产品中通常含有神经酰胺、透明质酸钠、天然保湿因子等，艾菲诗（科是美上海）、玉泽（上海家化）等均有这类产品，修护屏障的同时有抗炎舒缓作用。

（二）抑制炎症

含甘草类成分、多酚类植物提取物、洋甘菊提取物、燕麦葡聚糖等成分的护肤品可以对轻度炎症起到一定作用，但情况较为严重的则需要药物治疗，具体方案需要由医生决定。常用于抑制炎症的是糖皮质激素类，近年来他克莫司等免疫抑制剂也有应用。这两类药物均有一定的副作用，包括削弱皮肤屏障、抑制免疫反应从而削弱对有害微生物的防护能力等，故需要在医生指导下使用，切不可滥用。

抑制炎症属于“对症治疗”，也就是说可以改善症状。更重要的是“对因治疗”，即从根本上消除导致症状的原因。可惜的是很多疾病的原因都不甚清楚，因此也难以进行对因治疗，这是医学研究亟须解决的问题。

（三）改善环境因素

1. 局部 pH

特应性皮炎皮损区域的 pH 值升高，可能有利于有害微生物的繁殖，不利于皮肤屏障的健康。为此，降低 pH 值可能是一种可取的调理方法。有研究发现使用酸性外用制剂，可以抑制金黄色葡萄球菌生长，因而可能有利于改善特应性皮炎[147]。相应地，皂类清洁产品由于偏碱性，不利于保护皮肤屏障，故不建议用于特应性皮炎皮肤。数项研究发现，硬水对特应性皮炎不利，这可能是因为硬水中的碱性离子含量太高[148]。

2. 湿度

湿度过高或过低都有可能加重特应性皮炎。在北方，冬天湿度过低的问题十分值得注意，除了使用润肤产品外，还应当提升环境湿度，建议使用加湿器。湿度过高的问题在南方地区的夏季较为突出。如果穿着的衣物不透气，皮肤局部（特别是特应性皮炎常发部位——肘和膝关节屈侧褶皱处）湿度过高，则非常有利于微生物繁殖。可穿着透气舒适的衣物、伸展四肢、局部使用吸湿的粉类（如爽身粉、炉甘石粉），避免出汗导致湿度过高。

3. 水和空气

由于硬水可能使特应性皮炎加重，故可考虑使用软水作为洗浴用水。研究已发现空气污染会加重特应性皮炎，暴露于香烟中也会加重特应性皮炎[148]。

4. 紫外线

紫外线具有免疫抑制作用，也对微生物有一定抑制作用，患区适度地暴露于阳光可能有利。但总的来说，紫外线与特应性皮炎的关系还不是非常明确。

（四）抑制有害微生物

前文已述，特应性皮炎中，某些微生物即便不是病因，也是重要的加重因素。有研究使用糖皮质激素联合莫匹罗星治疗特应性皮炎取得了良好效果[149-151]，莫匹罗星是一种针对葡萄球菌的抗生素。

马拉色菌过度繁殖会诱导炎症和损伤皮肤屏障，若其在特应性皮炎皮损部位存在且数量较多，亦应重视并予以处理。多项研究发现抗真菌治疗对部分特应性皮炎患者有效[152]。事实上，在屏障损伤部位，各种微生物过度繁殖或者侵入到更深位置，都有可能成为加重因素，因此抗葡萄球菌或者抗真菌都可能只对部分患者有效。也许有必要研究良好的实验室检查方法，以确定哪些患者适用什么样的治疗。

值得注意的是：莫匹罗星是一种对葡萄球菌非常有效的药物，但仍然对部分葡萄球菌无效。我在研究中已经不止一次从皮肤上分离得到对莫匹罗星耐药的葡萄球菌，因此，虽然当下应用莫匹罗星作为一种治疗方法取得了较多的成效，也不代表它理所当然地是唯一的选择——我的意思是，应当重视这种耐药情况，并探寻更好的方法予以应对。

（五）其他因素

1. 饮食

母亲的饮食可以影响孩子患特应性皮炎的概率。一项研究发现，母亲血液中烟酰胺的水平较高时，孩子在12月龄时，特应性皮炎的发生率更低，因此也许可以通过饮食补充烟酰胺降低孩子患特应性皮炎的风险[153]。

一些特应性皮炎患者可能会对某些食物过敏，例如牛奶、花生、鸡蛋、小麦等，应当避免摄入这些食物——注意，仅是指对此类食物过敏的情况，正常人并不需要避免。摄入某些食物和营养素可能有益于改善特应性皮炎，例如鱼油（富含DHA这种多不饱和脂肪酸）、维生素E、月见草油、维生素D等[154]。有些研究认为益生菌可能对改善特应性皮炎有好处，但学术界还没有就此达成共识[155]。

2. 睡眠和昼夜节律

特应性皮炎患者的睡眠质量更差，可能是因为瘙痒[147]。反过来，较差的睡眠质量又会通过多种途径影响皮肤的质量[156]，因此调节睡眠和根据昼夜节律来治疗、护理成了研究者关注的方向。

3. 卫生假说（the hygiene hypothesis）

多年以来，学界有一个卫生假说，即孩子的生活环境更干净了，而特应性皮炎的发生率却上升了，特别是第二次世界大战以后，西方国家的卫生条件迅速改善，随之而来的是更高的特应性皮炎患病率。研究者推测这可能是因为生活环境过于干净的话，孩子暴露于多种抗原物质的机会就少了——这些物质其实是正常的，机体必须能正确地识别它们，如果不能识别而将其视为有害物质，则会引起免疫反应。从某种意义上说，接触多种物质有助于“训练”孩子的免疫系统。Flohr（佛洛尔）等对卫生假说的相关论文进行了荟萃分析，发现卫生假说确实有科学基础[157]，当然，也有一些研究认为卫生假说不一定成立。我个人倾向于认为不要过于“干净”是有利于免疫力正常发展的。

2018年发表的流行病学研究发现，母乳喂养时间太短、被动吸烟、房子打扫得过于干净、没有姐姐或哥哥的儿童，这些因素都与更严重的特应性皮炎相关[158]，再为卫生假说提供了新的支持。

小结

特应性皮炎的主要问题有两个：一是诊断标准不统一，有人认为应当把湿疹划入特应性皮炎，有的人则主张二者并不能混淆；二是其病因和病理机制尚不完全清楚。总的来说，特应性皮炎与遗传、环境因素均相关。

由于遗传的问题暂时无解，因此治疗主要针对症状，护理的主要任务是改善环境因素、维护和修复皮肤屏障。尚没有哪种单一治疗或护理的方法可以确保治愈特应性皮炎，但可以改善和控制症状。如果早期治疗和护理得当，可以控制病情，特别是避免进入严重的恶性循环。由于该疾病有一定的遗传性，如果家族中有人患有此病，在孩子幼年的时候就应当警惕，注意预防和及早治疗，特别是注意避免伤害皮肤屏障功能的行为。

从目前的研究来看，让孩子的生活环境丰富一些（不要过于干净），控制皮肤上有害的微生物，特别是葡萄球菌，抗炎，配合使用有修复屏障功能的护肤品，是有希望治疗特应性皮炎的方法。

第十六章

妊娠纹

√什么是妊娠纹？
√为什么会长妊娠纹？
√怎样预防妊娠纹？
√怎样治疗妊娠纹？

什么是妊娠纹?

很多女性都会遭遇妊娠纹的烦恼。妊娠纹 (striae gravidarum) 是膨胀纹 (striae distensae or stretch marks) 的一种，发生于怀孕期间，表现为腹部、臀部和大腿的萎缩性条索状皮肤改变。妊娠纹早期是暗红色或紫红色的条纹，随后色素脱失、萎缩，稳定后呈白色或银色的皮肤损害。

妊娠纹是怎么发生的?

妊娠纹产生的组织学基础是：怀孕期间皮肤迅速扩张，由于张力过大，真皮浅层弹性纤维断裂、减少，并有一些新生纤维产生，同时胶原纤维分离、断裂，变性为一种均质的结构。在早期阶段，妊娠纹处皮肤还有血管的断裂和新生，因此早期妊娠纹呈红色[159, 160]。

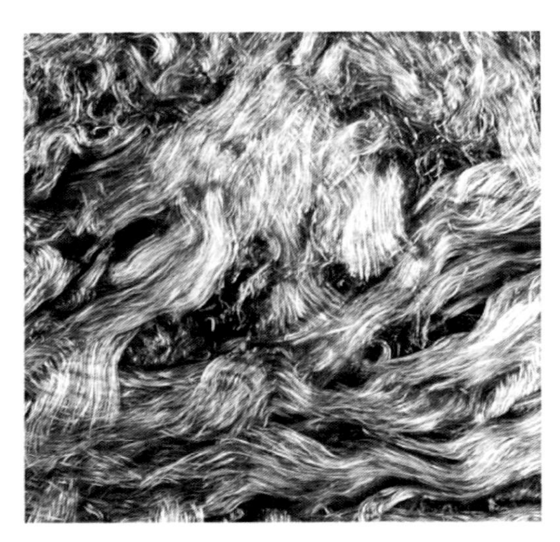

图 16-1 正常皮肤（左）和妊娠纹处皮肤（右）胶原纤维的状态[159]（本图已获授权）

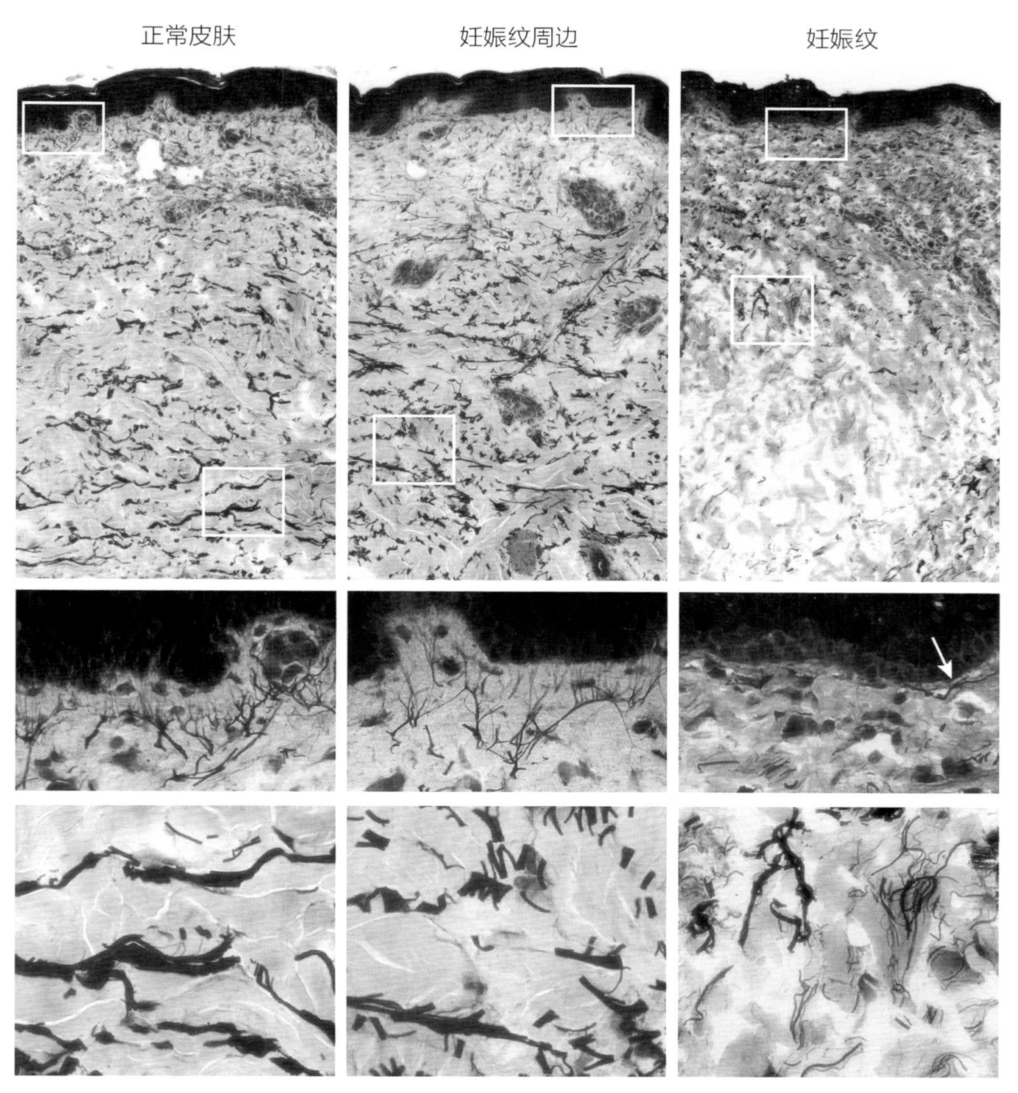

图 16-2　正常皮肤、妊娠纹周边、妊娠纹处皮肤中弹性纤维（蓝黑色）和胶原纤维（灰色）的形态[160]
（本图已获授权）

妊娠纹的形成有哪些影响因素

妊娠纹是一个广泛而重要的问题，很多中外研究对妊娠纹的形成原因进行了探讨，以便发现引发妊娠纹的危险因素，找到预防的办法。很有意思的是，研究发现不同种族人的影响因素有所不同。对中国人来说，BMI（即身高体重指数）是最重要的影响因素；对西方人来说，年龄因素的作用更大些。无论东方还是西方人，妊娠纹家族史都是危险因素。

例如，中国的一项针对汉族产妇的研究[161]发现，产妇年龄、每天端坐时间、孕期增重、胎儿大小情况对妊娠纹的产生并无明显影响。但有几点值得注意：

（1）无妊娠纹产妇的身高平均值明显高于有妊娠纹的产妇，由此推断，身材矮小是汉族女性妊娠纹发生的高危因素之一。

（2）有妊娠纹的产妇 BMI 指数明显偏高，简单地说：越矮越胖，越容易发生妊娠纹。

（3）久坐产妇腹部妊娠纹的发生率明显低于不久坐产妇，但腿部妊娠纹的发生率则高于不久坐产妇，臀部无明显差异。这可能是因为久坐女性腰腹部柔韧性较弱，而腰腹部肌力较强。久坐产妇腿部妊娠纹发生率较高，程度往往较重。

另一项中国广东的研究[162]，以 90 名腹部有妊娠纹的初产妇及同期住院分娩的 90 名腹部无妊娠纹的初产妇作为研究对象，发现妊娠纹发生的危险因素有：孕期运动量少，有妊娠纹家族史，孕期体重增长过多。而孕期体重匀速增长是避免妊娠纹发生的有利因素。

该研究还发现，有妊娠纹家族遗传史的孕妇发生腹部妊娠纹的风险是无遗传因素者的 6.917 倍，每天运动时间低于 30 分钟也会增加妊娠纹发生的可能性，是否使用局部皮肤保湿剂对妊娠纹的产生没有明显影响。因此，正确的做法是：加强孕期体重管理，控制孕期体重增长范围和速度，适度运动。

多项国外的研究显示，孕妇年纪较轻，有妊娠纹的可能性更大[163]。法国的一项研究发现，20 岁以下怀孕的女性，80% 的人会有妊娠纹，20 ～ 24 岁则是 78.8%，25 ～ 29 岁是 51.8%，30 岁以上是 24.1%。这项研究的结果与中国的情况不一致，中国的研究发现产妇年龄对妊娠纹没有影响，这可能是因为种族不同，或者是其他方面的原因造成的。

与中国的研究相印证的是一项针对中国、印度、马来西亚孕期女性的调查，调查发现年龄对这些亚洲女性是否发生妊娠纹没有影响。而且很幸运的是中国女性的妊娠纹发生率较低，而肤色更深的人妊娠纹发生率更高[164]。

有人怀疑血液中松弛素的数量可能与妊娠纹的发生有关，但以色列的一项研究发现二者之间没有关系[165]，不过血液中维生素 C 的水平与妊娠纹有关，这提示补充维生素 C 可能会有帮助[166]。

一项土耳其的研究发现，使用防止妊娠纹的油类或药物、吸烟、皮肤类型、饮水量、收入对是否形成妊娠纹没有显著影响，但是年龄、高 BMI 值、家族史有显著影响[167]。

一项综述认为，年轻、妊娠纹家族史、孕期和产期体重增加过多、胎儿过重是妊娠纹的高风险因素[168]。

表 16-1　中国女性妊娠纹影响因素及预防措施

<table>
<tr><th></th><th>影响因素</th><th>预防措施</th></tr>
<tr><td rowspan="5">高风险因素</td><td>孕期运动量少</td><td rowspan="10">（1）加强孕期体重管理，控制孕期体重增长范围和速度
（2）降低 BMI
（3）适度运动，每天运动 30 分钟以上
（4）摄入足量的维生素 C</td></tr>
<tr><td>有妊娠纹家族史</td></tr>
<tr><td>孕期体重增长过多</td></tr>
<tr><td>BMI 高</td></tr>
<tr><td>胎儿过重</td></tr>
<tr><td rowspan="3">保护性因素</td><td>孕期体重匀速增长</td></tr>
<tr><td>肤色较浅</td></tr>
<tr><td>维生素 C</td></tr>
<tr><td rowspan="2">可能无关的因素</td><td>年龄</td></tr>
<tr><td>松弛素</td></tr>
</table>

如何护理和治疗妊娠纹?

这方面的消息算是喜忧参半。

（一）有效的外用药物或产品

0.5% 的全反式维甲酸可以使妊娠纹改善程度达 47%，非剥脱性激光的改善程度达 50% ～ 70%。积雪草、透明质酸可能有预防作用[168]，苦杏仁油可能有微弱的改善作用[169]。其他维甲酸类的药物，如他扎罗汀、阿帕达林等对早期的妊娠纹有一定疗效。这里需要说明的是：全反式维甲酸孕妇是禁止使用的，需要在停止哺乳后才能使用。

一种含有羟脯氨酸、玫瑰果油、维生素 E、积雪草苷的霜[170]，可以改善妊娠纹的严重程度（但靠外用产品消除妊娠纹目前来说还是奢望）。

新近出现了一种可以成膜的硅胶类产品（Stratamark），可以用于防止或减少妊娠纹，至少有两项研究认为此类产品是有效的[171]。硅烷醇类产品也有改善妊娠纹的作用[172]。

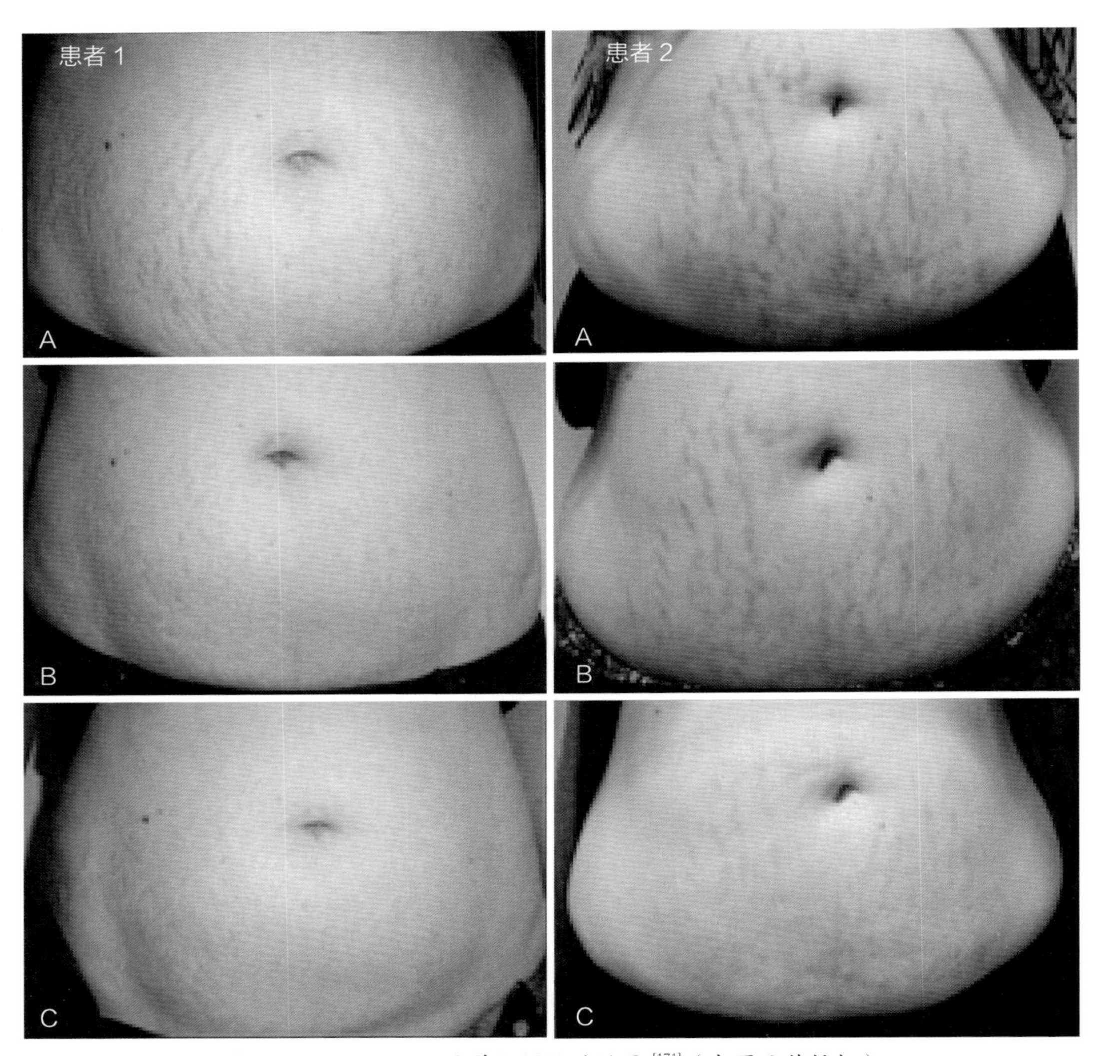

图 16-3 Stratamark 改善妊娠纹的效果[171]（本图已获授权）

（二）可能有效的内服产品

前面谈到维生素 C 可能与妊娠纹有关，这是可以理解的，因为维生素 C 可以促进胶原蛋白的合成。暂时还缺乏内服产品与妊娠纹关系的研究，但根据机理推测，补充维生素 C、胶原蛋白可能有助于减轻或预防妊娠纹，因为已有大量研究证实，内服胶原蛋白及其降解产物——胶原蛋白肽，可以促进皮肤和其他组织中胶原蛋白的合成[173]。当然，最终是否有效，仍然需要研究来确认。

总的来说，能够有效改善妊娠纹的产品仍然很稀缺[169]。

（三）无效的外用产品

可可脂没有预防妊娠纹的作用[174, 175]。日本的一项研究发现，使用声称可预防妊娠纹产生的保湿霜 / 乳能提升皮肤含水量，但无助于改善妊娠纹[176]。橄榄油也不能预防或改善妊娠纹[177]。

（四）医学美容手段

相对于外用产品，医学美容方法治疗妊娠纹还是取得了很大的进展。例如我所在的课题组（同济大学医学院光医学研究所）就利用双极多通道射频联合负压治疗妊娠纹，取得了良好效果[178]。

剥脱性二氧化碳点阵激光对妊娠纹有一定改善效果，治疗后皮肤中胶原蛋白含量增加，但弹性纤维的增加不明显[179]。

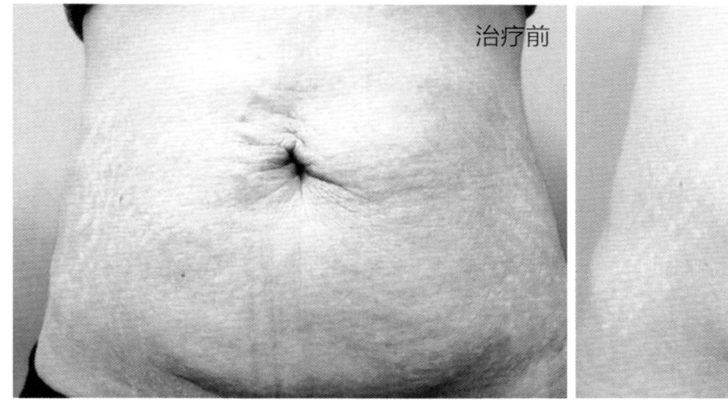

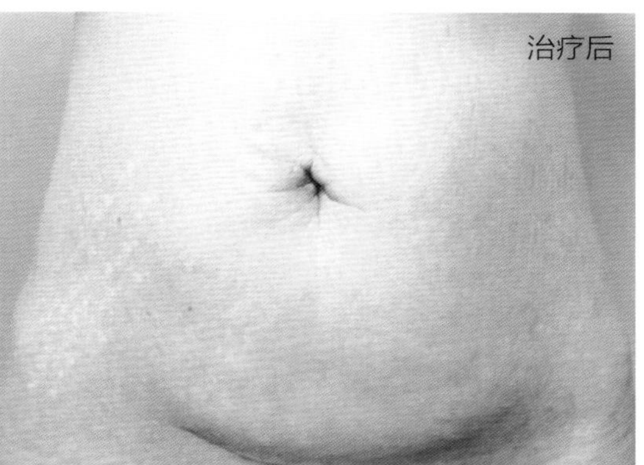

图 16–4　双极多通道射频联合负压治疗妊娠纹前后效果对比
（已获申抒展医生许可，引用自论文[178]）

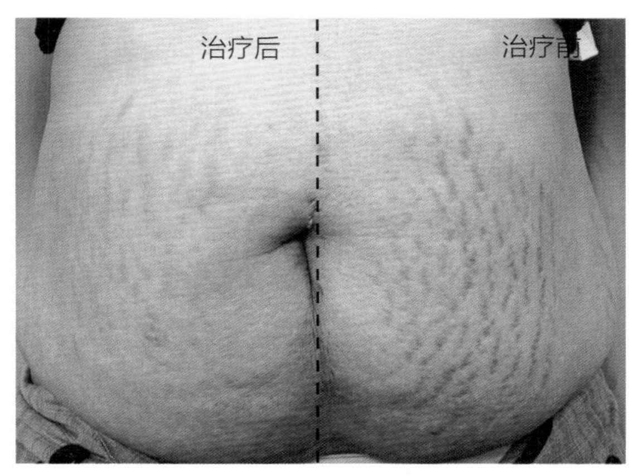

图 16–5　用二氧化碳剥脱性点阵激光治疗妊娠纹后和治疗前对比
（已获 Dr. Elisete Crocco 许可，引用自其论文[179]）

其他的治疗方法还有微针[180]、射频[181]、点阵射频微针[182]（也就是黄金微针）等，临床应用都取得了较好的效果。有妊娠纹烦恼的话可以用这些方法改善。

生长纹、肥胖纹之类的问题，与妊娠纹的发生机理是相同的，利用上面这些方法也是可以改善的。

小结

妊娠纹是怀孕时腹部和身体快速膨隆而致皮肤扩张，真皮中胶原蛋白纤维、弹性纤维、毛细血管断裂所致。

对中国女性而言，产生妊娠纹的主要风险在于家族史、BMI 高（即个子矮而体重高）、运动少、孕期体重增长过快。因此预防的主要方法是降低 BMI、适度运动、控制孕期体重匀速增长。

外用能有效改善妊娠纹的产品很少，维甲酸类、积雪草、硅烷醇、维生素 E、维生素 C、透明质酸等可能有一定效果，但可可油、橄榄油等没有效果。

采用点阵激光、微针、射频微针、射频等医美手术治疗妊娠纹都可以取得较好的效果。

17

第十七章

鸡皮肤

√什么是“鸡皮肤”？
√为什么会有“鸡皮肤”？
√怎样治疗“鸡皮肤”？
√什么是“蛇皮肤”？

什么是“鸡皮肤”？

毛周角化（keratosis pilaris，KP）是一种主要出现在四肢背侧（伸侧）的毛囊性疾病，在躯干、臀部、面部等处也会发生。其主要表现是毛囊中出现小的角栓堵塞住毛孔，同时在毛囊四周出现红斑（图 17-1），毛囊中的角栓凸起于皮肤表面，形成点状的丘疹（小疙瘩），手摸起来像鸡的皮肤一样，因此俗称“鸡皮肤”。

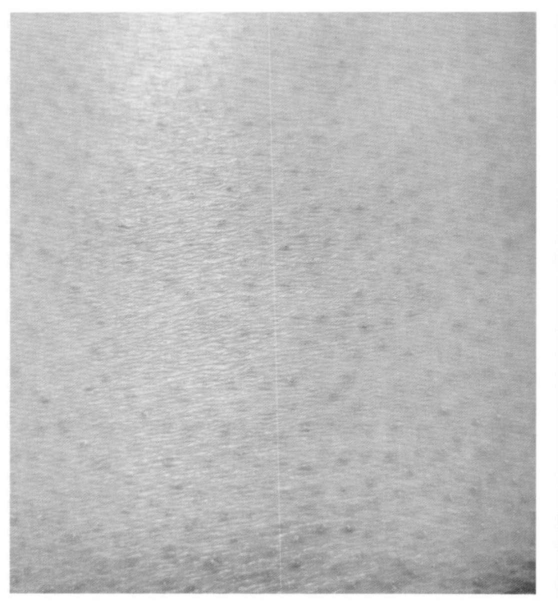
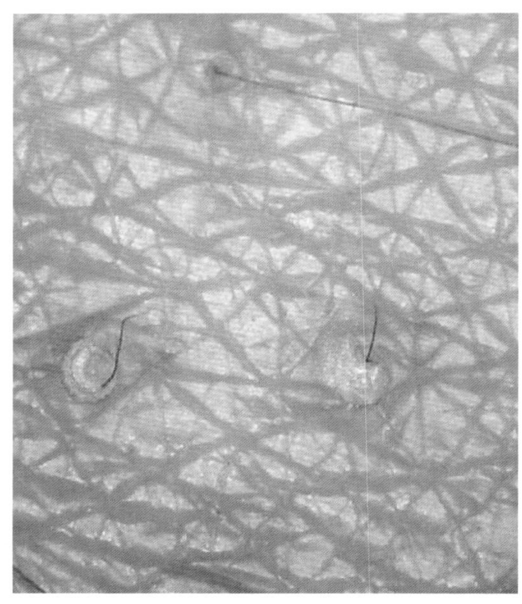

图 17-1　毛周角化（左）及皮肤镜图像（右）

在皮肤镜下观察，会发现毛周角化处的皮肤常有毳毛陷在毛囊内不能长出，毳毛或盘曲于毛囊口或深埋于毛囊内（图 17-2）。

这是一种常见的皮肤问题，不同地区的调查显示其发生率在 5% ～ 80% 之间。毛周角化可以在人生早期就出现，青春期进入高峰，大约 1/3 的人的症状会随着年龄增长逐渐改善，一半左右的人维持不变，余下的则可能加重。

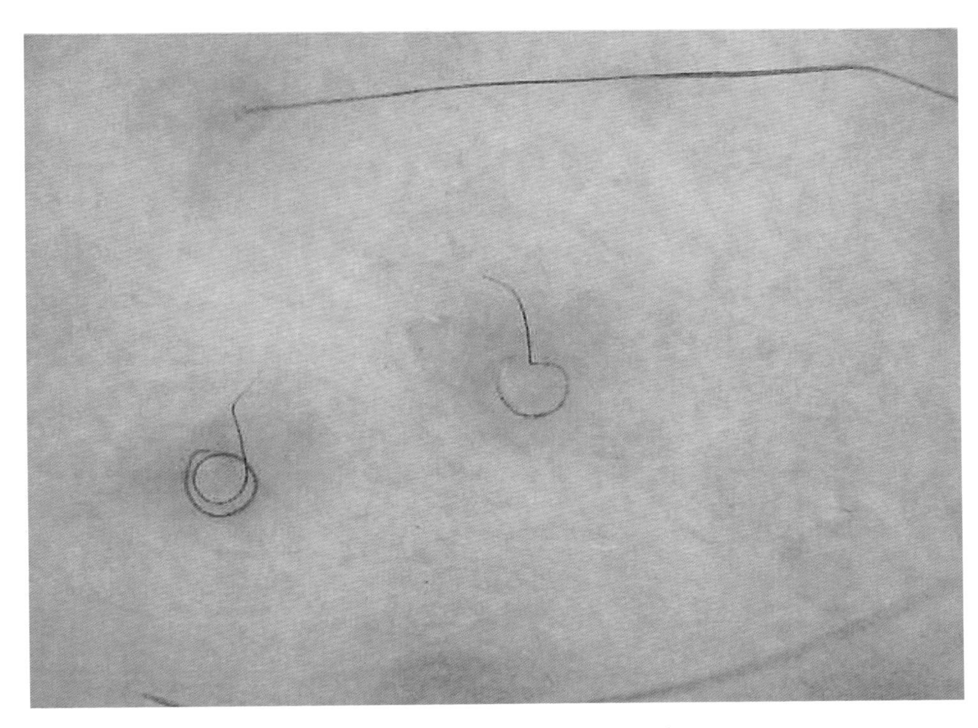

图 17-2 毛周角化皮损内盘曲的毳毛

毛周角化的原因

正常情况下，毛囊壁的细胞（外毛根鞘细胞）生长增殖后一段时间即角化、脱落，这一过程称为“分化”。但在毛周角化区域，这些细胞不能正常分化，难以脱落，从而滞留在毛囊中（这一点和闭口粉刺的发生倒是有几分相似）。使用氰丙烯酸树脂可以将毛囊中堵塞的角栓取出，它们在显微镜下的形态如图 17-3 所示。

目前毛周角化的病因并未确定。家族研究显示，它是常染色体显性遗传疾病[183]（不过并没有找到单一致病基因），与特应性皮炎、鱼鳞病相关，因此许多学者推测毛周角化可能与一种对皮肤特别重要的蛋白质——丝聚蛋白（filaggrin）——的基因（*FLG* 基因）异常有关。但近年的研究发现仅有 35% 的毛周角化患者有 *FLG* 基因的异常，因此 *FLG* 异常也许只是使人具有易感性，而不一定是根本原因[184]。有的人夏季症状减轻而冬季加重，说明此症也受环境湿度的影响，也就是干燥的情况下更容易发生或加重。其他可能的相关因素较多，特别是维生素 A 的缺乏。

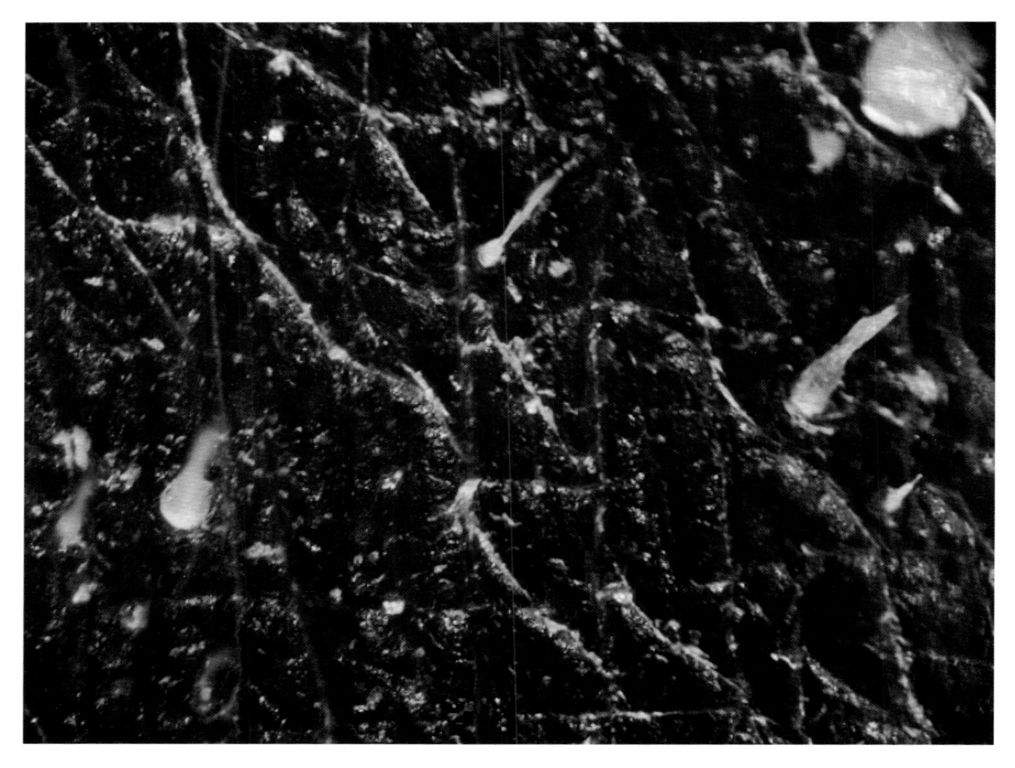

图 17-3 使用氰丙烯酸树脂取出的毛周角化毛囊中的角栓

Robert Gruber（罗伯特·格鲁伯）等[184]对奥地利和美国的毛周角化患者进行了研究，发现毛周角化累及的皮肤更干燥，皮肤屏障功能更差（经皮失水率更高），皮肤 pH 值略微升高。非常有意思的是：所有的毛周角化皮损中，都缺乏正常的皮脂腺（图 17-4）。首次发现这种现象是在 1902 年[185]，只是在历史的长河中，这一重要信息被淹没了。这个有意思的发现提示：也许皮脂腺因某种原因发育不良，不能分泌足够的皮脂，导致皮损区域的毛囊、表皮生理活动受到了影响。具体地说就是，外毛根鞘细胞不能正常脱落、毛发也不能顺利长出，皮肤由于缺乏必要的滋润而干燥，甚至导致皮肤屏障缺陷以及随之而来的各种症状，例如瘙痒。皮损区域角栓滞留在毛囊内，对毛囊壁形成机械压迫，进而造成红斑、炎症；细胞不能正常分化，造成组织学上的棘层肥厚。

有研究认为毛发盘曲在毛囊内形成的机械刺激可能是毛周角化炎症的初始成因[186]，但我个人不太赞同这个观点。我认为是毛囊栓塞在先，栓塞是因为外毛根鞘细胞不能正常分化。因为把角栓取出来的话，可以观察到里面有短而直的毛（图 17-5），也就是说，毛发是因为被“困”在毛囊内不能正常长出才盘曲的，而不是因为盘曲了才长不出来。盘曲的毛发如果穿透了毛囊，是可以诱发炎症的，但这是被困之后才发生的被动事件。

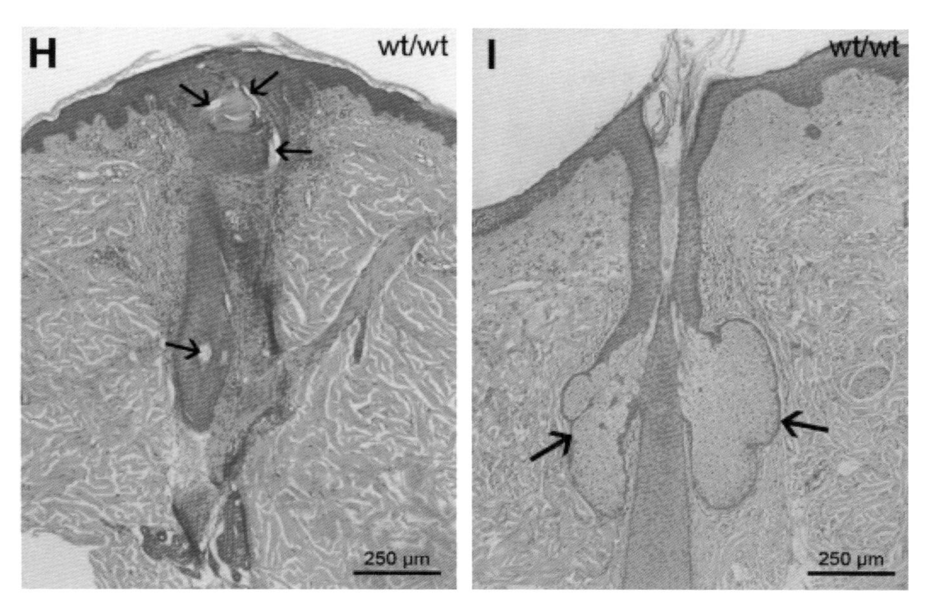

图 17-4　KP 皮损中缺乏正常的皮脂腺（左），而正常毛囊有皮脂腺（右）
（引用自 Robert Gruber 教授的论文[184]，已获授权）

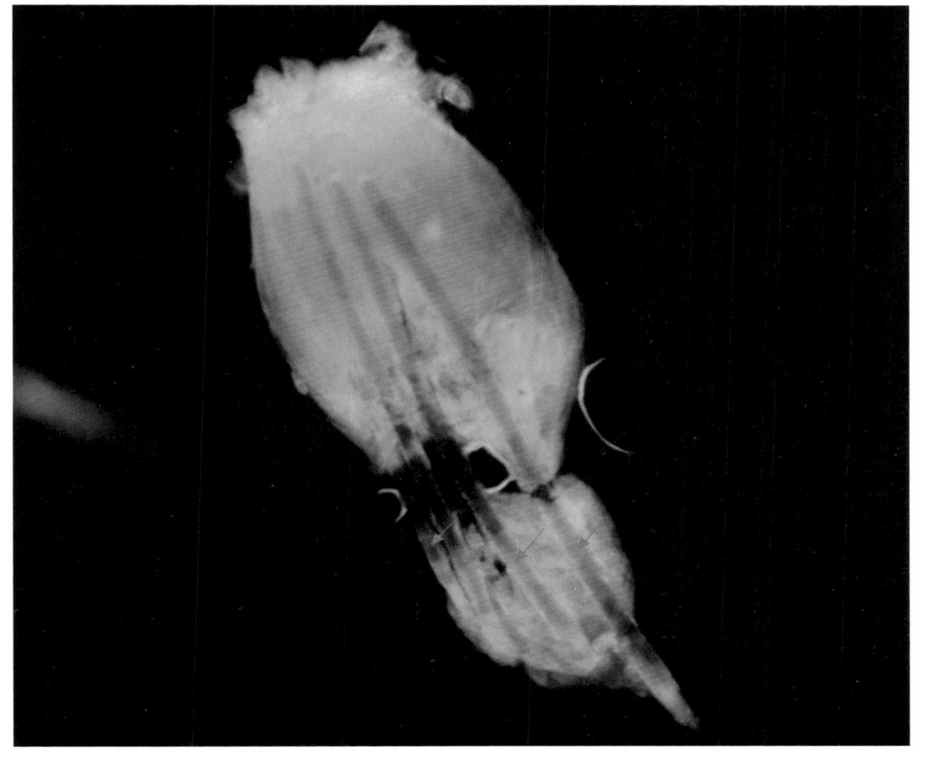

图 17-5　KP 皮损内的角栓中的毛发（箭头所指）初始状态是直的

微生物是否在其中起作用尚不得而知。将毛周角化毛囊中的角栓取出后染色观察，可看到一定数量的细菌（图 17-6 中那些高亮的小点），但这些细菌是否对毛周角化的发生、发展有作用，还不能下结论。

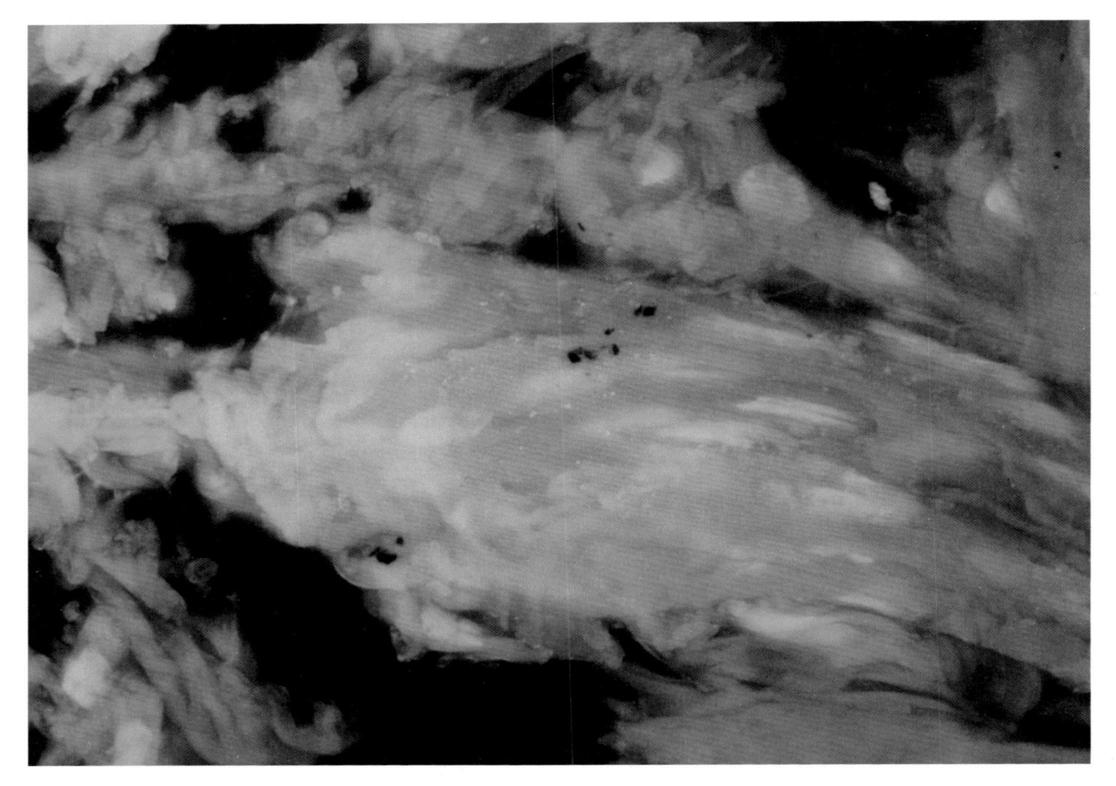

图 17-6 KP 皮损毛囊角栓内存在增殖状态的细胞和一定数量的细菌

毛周角化的护理和治疗

正常情况下，毛周角化并不会带来什么异常的感受，也不会化脓、发展。但在干燥的天气或环境下，皮肤可能会瘙痒，并伴有脱屑。由于此症除了外观改变外，并无特别的危险性，因此一般不做处理。但有的人症状明显，穿短袖衣裤时会影响美观，所以希望改善。

目前，毛周角化并没有彻底有效的解决方案，仅能对症处理。已有报道的有效护理及治疗方法[187]有以下几种：

1. α－羟基酸（AHA）：10% 的乳酸连用 12 周，每日两次，可使毛周角化减少 66%。
2. 水杨酸：5% 浓度，连用 12 周，毛周角化减少 52%。AHA 和水杨酸都属于角质剥脱剂，该文献中所述及的实验，水杨酸联合 AHA 或者单用二者之一，都不能彻底消除毛周角化，加用糖皮质激素的帮助不大。

3. 水杨酸和尿素：联合使用水杨酸和尿素，辅以洗浴和糖皮质激素抗炎，2 ～ 3 周内可使毛周角化清除 75% ～ 100%。此处必须说明，糖皮质激素长期使用有一定危险，需要在医生指导下使用，而且另有研究发现单用糖皮质激素没有效果，因此没有必要在毛周角化治疗中使用。

4. 视黄醇类衍生物：包括他所罗汀、全反式维 A 酸，有一定改善作用。

5. 一种含二氧化氯（一种可释放出氧的漂白剂）的洗液：每天用棉球蘸着洗液清洗皮损 5 ～ 10 秒，90% 以上的 KP 皮损在 2 天至 1 个月内消失。其作用机理可能是：二氧化氯是一种强烈的氧化剂，氧化了蛋白质中的某些氨基酸，从而使角栓脱落（角栓的主要成分是角质细胞，其中含有大量角蛋白）。

6. 物理治疗：多种波长的激光治疗（1064nm、10600nm、755nm、595nm、810nm）和 560 ～ 1200 nm 强脉冲光治疗 [188] 都有人尝试过，症状均有一定程度的缓解，不过效果看起来并不比水杨酸和尿素更好。

润肤霜有助于改善干燥，但不能改善毛周角化本身。糖皮质激素、抗组胺药、Surgras 皂、卡泊三醇（一种维生素 D 衍生物）以及口服抗生素均无效。

面颈部红斑黑变病

面颈部红斑黑变病（erythromelanosis follicularis faciei et colli，EFFC）被认为是 KP 的变种，只是出现的部位主要在耳前面颊侧方，红斑、色素沉着比四肢更明显一些。从病理上看，它的表现与 KP 基本一致：有毛周角化、棘层肥厚，并且缺乏皮脂腺 [189-191]。它的治疗和护理与 KP 也是一致的。由于面部是曝光部位，防晒不足会更容易出现红斑和色素沉着，因此需要十分注意防晒。

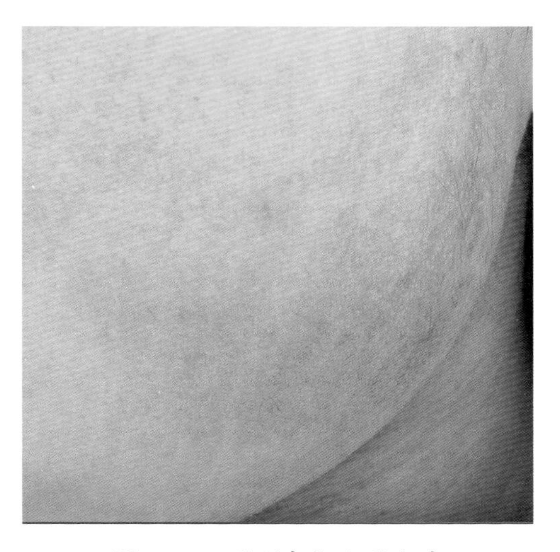

图 17-7　面颈部红斑黑变病

知识链接

毛周角化患者更不易得痤疮

一项调查性研究发现，毛周角化患者更不易得痤疮，或者痤疮的严重程度更低[183]，是否有一种因祸得福的感觉？这一现象提示了皮脂腺和皮脂在痤疮中的重要性。或许因为某些遗传的原因导致这类人皮脂腺不发达，继而减少了痤疮的发生率，但同时也带来毛周角化。这一现象同时提示皮脂腺在皮肤屏障功能维护、毛囊的正常生理代谢活动中的作用很可能是中枢性的。

当然，这并不代表毛周角化患者一定不会长痤疮。

专题："蛇皮肤"

所谓"蛇皮肤"，实际上是一种常染色体遗传性疾病——寻常鱼鳞病（ichthyosis vulgaris，IV）。其主要表现是四肢伸侧的皮肤容易干燥、开裂，皮屑明显，可能会有瘙痒。病情会随着季节变化，夏天湿度高时有一定程度的缓解，冬季干燥时则会加重。

之所以将它加入本章，是因为它与毛周角化有一定相似的地方，特别是 *FLG* 基因的异常[187]（虽然 *FLG* 基因异常并不总是导致毛周角化，但大约有 35% 的毛周角化患者有 *FLG* 基因异常），皮脂腺要么缺乏，要么体积缩小[193, 194]。

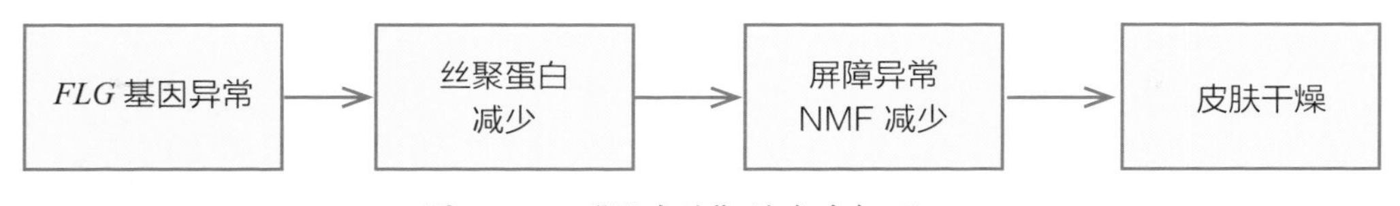

图 17-8 "蛇皮肤"的发生机理

前面已谈到，*FLG* 基因负责编码丝聚蛋白。丝聚蛋白由角质形成细胞产生，分化为角质细胞后，丝聚蛋白会有一定程度的降解，降解的产物就是我们经常听到的"天然保湿因子（NMF）"，它是多种氨基酸和一些其他保湿成分的混合物。天然保湿因子缺乏显然会导致角质层干燥。由于 *FLG* 基因异常，寻常鱼鳞病患者的皮肤屏障功能受损，缺乏丝聚蛋白，导致 NMF 减少，皮肤干燥也就不可避免。

由于在当前情况下，我们不可能修改基因，因此护理要点就落在补充 NMF、去除过多的皮屑上。外用乳酸、水杨酸、尿素等都是常用并且有一定效果的方法。目前，研究者正在寻求能促进丝聚蛋白合成的物质，也许这是一条新的途径。同时，新的研究对某些分子进行靶向处理，也可以在较短时间内改善皮肤粗糙的外观（图 17-9）。但仍然需要更多研究，才可能解决这一问题。

鱼鳞病有多种类型，寻常鱼鳞病只是其中最轻的一种，也是最常见的一种。其他更严重的鱼鳞病可寻求医生帮助。

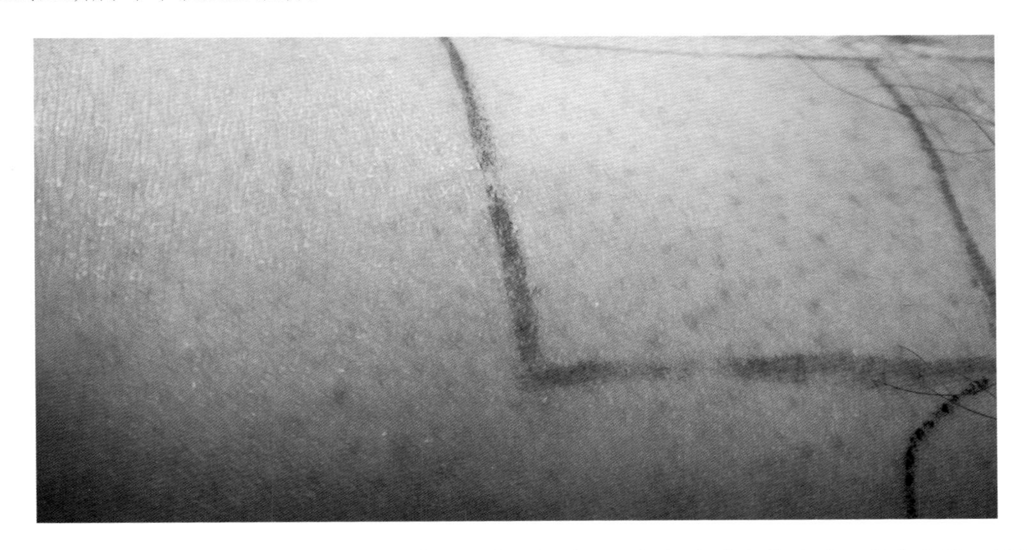

图 17-9　一种实验室配方短时间内改善“蛇皮肤”外观：红框内为改善区域，没有皮屑；框外为未改善区域，皮屑十分明显

小结

从形态、发生历史、分布部位等方面容易判定毛周角化，遗传因素是其主要成因，但还没有确定唯一的致病基因。皮脂腺的缺失可能导致了外毛根鞘细胞不能正常分化和脱落，形成角栓堵塞毛孔，导致毛发也不能正常长出，交织在一起形成机械刺激，诱发炎症。

目前已经证实对毛周角化有效的方法和产品有果酸换肤、水杨酸、尿素霜、二氧化氯、激光单用或联合应用。其他的方法收效尚不明显。更有效的方法有待进一步研究和探索。

参考文献

[1] Belum G R, Belum V R, Chaitanya Arudra S K, et al. The Jarisch–Herxheimer reaction: Revisited [J]. Travel Medicine and Infectious Disease, 2013,11(4):231-237.

[2] Smith T M, Gilliland K, Clawson G A, et al. IGF-1 induces SREBP-1 expression and lipogenesis in SEB-1 sebocytes via activation of the phosphoinositide 3-kinase/Akt pathway [J]. Journal of Investigative Dermatology, 2008,128(5):1286-1293.

[3] Vora S, Ovhal A, Jerajani H, et al. Correlation of facial sebum to serum insulin-like growth factor-1 in patients with acne [J]. British Journal of Dermatology, 2008,159(4):990-991.

[4] Cappel M, Mauger D, Thiboutot D. Correlation between serum levels of insulin-like growth factor 1, dehydroepiandrosterone sulfate, and dihydrotestosterone and acne lesion counts in adult women [J]. Archives of Dermatology, 2005,141(3):333-338.

[5] Simpson N B, Bowden P E, Forster R A, et al. The effect of topically applied progesterone on sebum excretion rate [J]. British Journal of Dermatology, 1979,100(6):687-692.

[6] Cunliffe W J, Burton J L, Shuster S. The effect of local temperature variations on the sebum excretion rate [J]. British Journal of Dermatology, 1970,83(6):650-654.

[7] Pierard-Franchimont C, Pierard G E, Kligman A. Seasonal modulation of sebum excretion [J]. Dermatologica, 1990,181(1):21-22.

[8] Williams M, Cunliffe W J, Williamson B, et al. The effect of local temperature changes on sebum excretion rate and forehead surface lipid composition [J]. British Journal of Dermatology, 1973,88(3):257-262.

[9] Robin M, Kepecs J G. The Relationship between Certain Emotional States and the Rate of Secretion of Sebum [J]. Journal of Investigative Dermatology, 1953,20(5):373-384.

[10] Yosipovitch G, Tang M, Dawn A G, et al. Study of psychological stress, sebum production and acne vulgaris in adolescents [J]. Acta Dermato-Venereologica, 2007,87(2):135-139.

[11] Iinuma K, Sato T, Akimoto N, et al. Involvement of Propionibacterium acnes in the augmentation of lipogenesis in hamster sebaceous glands in vivo and in vitro [J]. Journal of Investigative Dermatology, 2009,129(9):2113-2119.

[12] Kim S Y, Kim S H, Kim S N, et al. Isolation and identification of Malassezia species

from Chinese and Korean patients with seborrheic dermatitis and in vitro studies on their bioactivity on sebaceous lipids and IL - 8 production [J]. Mycoses, 2016.

[13] Jarmuda S, McMahon F, Żaba R, et al. Correlation between serum reactivity to Demodex-associated Bacillus oleronius proteins, and altered sebum levels and Demodex populations in erythematotelangiectatic rosacea patients [J]. Journal of Medical Microbiology, 2014,63(2):258-262.

[14] Burton J L, Cunliffe W J, Shuster S A M. CIRCADIAN RHYTHM IN SEBUM EXCRETION [J]. British Journal of Dermatology, 1970,82(5):497-501.

[15] Roh M, Han M, Kim D, et al. Sebum output as a factor contributing to the size of facial pores [J]. British Journal of Dermatology, 2006,155(5):890-894.

[16] GOLDSMITH L A, Wolff K, Goldsmith L A, et al. Fitzpatrick's Dermatology In General Medicine [M]. 8 ed. New York: McGraw-Hill Medical Companies, Inc., 2012:1585.

[17] Park H J, Lee D-Y, Lee J-H, et al. The Treatment of Syringomas by CO_2 Laser Using a Multiple-Drilling Method [J]. Dermatologic Surgery, 2007,33(3):310-313.

[18] Zouboulis C C. Is acne vulgaris a genuine inflammatory disease? [J]. Dermatology, 2001,203(4):277-279.

[19] Cunliffe W J, Holland D, Jeremy A. Comedone formation: etiology, clinical presentation, and treatment [J]. Clinics in Dermatology, 2004,22(5):367-374.

[20] Lavker R M, Leyden J J, McGinley K J. The relationship between bacteria and the abnormal follicular keratinization in acne vulgaris [J]. Journal of Investigative Dermatology, 1981,77(3):325-330.

[21] Xu D-T, Qi X-L, Cui Y, et al. Absence or low density of Propionibacterium acnes in comedonal lesions of acne patients? A surface to inside study of skin fluorescence [J]. Experimental Dermatology, 2016,25(9):721-722.

[22] Zaenglein A L, Pathy A L, Schlosser B J, et al. Guidelines of care for the management of acne vulgaris [J]. Journal of the American Academy of Dermatology, 2016,74(5):945-973. e933.

[23] 杨磊，苏湛，黄殿芳．痤疮严重度分级及其治疗研究进展 [J]. 滨州医学院学报 .2005.

[24] Plewig G, Kligman A M. Acne: Morphogenesis and Treatment [M]. New York: Springer Berlin Heidelberg, 1975:43,45,48-49,53,86,100-101,308.

[25] Flesch P. Inhibition of keratin formation with unsaturated compounds [J]. J Invest

Dermatol, 1952,19(5):353-363.

[26] Flesch P. Inhibition of keratin formation with unsaturated compounds [J]. Journal of Investigative Dermatology, 1952,19(5):353-363.

[27] FLESCH P. HAIR LOSS FROM SEBUM [J]. AMA Archives of Dermatology and Syphilology, 1953,67(1):1-9.

[28] Liang T, Liao S. Inhibition of steroid 5<em> α </em>-reductase by specific aliphatic unsaturated fatty acids [J]. Biochemical Journal, 1992,285(2):557-562.

[29] Inui S, Aoshima H, Ito M, et al. Inhibition of sebum production and Propionibacterium acnes lipase activity by fullerenol, a novel polyhydroxylated fullerene: potential as a therapeutic reagent for acne [J]. J Cosmet Sci, 2012,63(4):259-265.

[30] Eady E, Cove J, Holland K, et al. Erythromycin resistant propionibacteria in antibiotic treated acne patients: association with therapeutic failure [J]. British Journal of Dermatology, 1989,121(1):51-57.

[31] Nishijima S, Kurokawa I, Katoh N, et al. The bacteriology of acne vulgaris and antimicrobial susceptibility of Propionibacterium acnes and Staphylococcus epidermidis isolated from acne lesions [J]. The Journal of dermatology, 2000,27(5):318-323.

[32] 何丽莎，路永红，高诗燕，等．从痤疮患者皮损中分离鉴定微生物及药敏试验研究 [C]. 2014 全国中西医结合皮肤性病学术年会论文汇编．

[33] Kim R H, Armstrong A W. Current state of acne treatment: highlighting lasers, photodynamic therapy, and chemical peels [J]. Dermatology Online Journal, 2011,17(3).

[34] Lowney E D, Witkowski J, Simons H M, et al. Value of Comedo Extraction in Treatment of Acne Vulgaris [J]. JAMA, 1964,189(13):1000-1002.

[35] Keyal U, Bhatta A K, Wang X L. Photodynamic therapy for the treatment of different severity of acne: a systematic review [J]. Photodiagnosis and Photodynamic Therapy, 2016,14:191-199.

[36] Kwon H H, Yoon J Y, Hong J S, et al. Clinical and histological effect of a low glycaemic load diet in treatment of acne vulgaris in Korean patients: a randomized, controlled trial [J]. Acta Dermato-Venereologica, 2012,92(3):241.

[37] Burris J M S R D C, Rietkerk W M D M B A, Woolf K P R D F. Relationships of Self-Reported Dietary Factors and Perceived Acne Severity in a Cohort of New York Young Adults [J]. Journal of the Academy of Nutrition and Dietetics, 2014,114(3):384-392.

[38] Mahmood S N, Bowe W P. Diet and acne update: carbohydrates emerge as the

main culprit [J]. Journal of drugs in dermatology : JDD, 2014,13(4):428.

[39] Danby F W. Acne and milk, the diet myth, and beyond [J]. Journal of the American Academy of Dermatology, 2005,52(2):360-362.

[40] Melnik B C. Milk – The promoter of chronic Western diseases [J]. Medical Hypotheses, 2009,72(6):631-639.

[41] Melnik B. Dietary intervention in acne [J]. Dermato-Endocrinology, 2012,4(1):20-32.

[42] 范铁欧，刘爱玲，何宇纳，等．中国成年居民营养素摄入状况的评价 [J]. 营养学报．2012.

[43] Jung J Y, Kwon H H, Hong J S, et al. Effect of dietary supplementation with omega-3 fatty acid and gamma-linolenic acid on acne vulgaris: a randomised, double-blind, controlled trial [J]. Acta Dermato-Venereologica, 2014,94(5):521.

[44] Downing D T, Stewart M E, Wertz P W, et al. Essential fatty acids and acne [J]. Journal of the American Academy of Dermatology, 1986,14(2 Pt 1):221.

[45] Cunningham R L, Lunsford C J. ACNE: A STATISTICAL STUDY OF POSSIBLE RELATED CAUSES [J]. California and Western Medicine, 1931,35(1):22.

[46] Bowe W P, Logan A C. Acne vulgaris, probiotics and the gut-brain-skin axis - back to the future? [J]. Gut Pathogens, 2011,3(1):1-1.

[47] Hayashi N, Imori M, Yanagisawa M, et al. Make-up improves the quality of life of acne patients without aggravating acne eruptions during treatments [J]. European journal of dermatology : EJD, 2005,15(4):284.

[48] SH L, TH P, WH K, et al. A Statistical analysis of Acne Patients who Visited University Hospitals Recently. [J]. Korean J Dermatol, 1996,34(3):386-393.

[49] Evans C A, Smith W M, Johnston E A, et al. Bacterial Flora of the Normal Human Skin [J]. Journal of Investigative Dermatology, 1950,15(4):305-324.

[50] Dreno B, Martin R, Moyal D, et al. Skin microbiome and acne vulgaris: Staphylococcus, a new actor in acne [J]. 2017,26(9):798-803.

[51] Hu G, Wei Y-p, Feng J. Malassezia infection: is there any chance or necessity in refractory acne? [J]. Chinese Medical Journal, 2010,123(5):628-632.

[52] Bek-Thomsen M, Lomholt H B, Kilian M. Acne is not associated with yet-uncultured bacteria [J]. Journal of Clinical Microbiology, 2008,46(10):3355-3360.

[53] Poli F, Dreno B, Verschoore M. An epidemiological study of acne in female adults: results of a survey conducted in France [J]. Journal of the European Academy of Dermatology

and Venereology, 2001,15(6):541-545.

[54] 吴艳，毛越苹，郑捷，等．寻常痤疮严重程度和痤疮瘢痕相关因素分析 [J]. 临床皮肤科杂志，2004(07):395-397.

[55] Pavlidis A I, Katsambas A D. Therapeutic approaches to reducing atrophic acne scarring [J]. Clinics in Dermatology, 2017,35(2):190-194.

[56] Fabbrocini G, Annunziata M C, D'Arco V, et al. Acne scars: pathogenesis, classification and treatment [J]. Dermatol Res Pract, 2010,2010:893080.

[57] 张浩，冉玉平，李丽娜，等．脂溢性皮炎致病因素中马拉色菌致病作用的系统评价 [J]. 临床皮肤科杂志，2009(04):208-211.

[58] 陈征，冉玉平，熊琳，等．马拉色菌在新生儿皮肤定植的研究 [J]. 中华皮肤科杂志，2006(07):371-373.

[59] 中华医学会皮肤性病学分会真菌学组．马拉色菌相关疾病诊疗指南 (2008 版) [J]. 中华皮肤科杂志，2008(10):639-640.

[60] An Q, Sun M, Qi R Q, et al. High Staphylococcus epidermidis Colonization and Impaired Permeability Barrier in Facial Seborrheic Dermatitis [J]. Chinese Medical Journal (Engl), 2017,130(14):1662-1669.

[61] Abokwidir M, Feldman S R. Rosacea Management [J]. Skin Appendage Disord, 2016,2(1-2):26-34.

[62] Chang Y S, Huang Y C. Role of Demodex mite infestation in rosacea: A systematic review and meta-analysis [J]. Journal of the American Academy of Dermatology, 2017,77(3):441-447.e446.

[63] Ali S T, Alinia H, Feldman S R. The treatment of rosacea with topical ivermectin [J]. Drugs Today (Barc), 2015,51(4):243-250.

[64] Lacey N, Delaney S, Kavanagh K, et al. Mite-related bacterial antigens stimulate inflammatory cells in rosacea [J]. British Journal of Dermatology, 2007,157(3):474-481.

[65] Tatu A, Ionescu M, Cristea V. Demodex folliculorum associated Bacillus pumilus in lesional areas in rosacea [J]. Indian Journal of Dermatology, Venereology and Leprology, 2017,83(5).

[66] Kim J Y, Kim Y J, Lim B J, et al. Increased expression of cathelicidin by direct activation of protease-activated receptor 2: possible implications on the pathogenesis of rosacea [J]. Yonsei Medical Journal, 2014,55(6):1648-1655.

[67] Fan L, Yin R, Lan T, et al. Photodynamic therapy for rosacea in Chinese patients [J].

Photodiagnosis and Photodynamic Therapy, 2018,24:82-87.

[68] Egeberg A, Hansen P R, Gislason G H, et al. Patients with Rosacea Have Increased Risk of Depression and Anxiety Disorders: A Danish Nationwide Cohort Study [J]. Dermatology, 2016,232(2):208-213.

[69] Haltaufderhyde K, Ozdeslik R N, Wicks N L, et al. Opsin Expression in Human Epidermal Skin [J]. Photochemistry and Photobiology, 2015,91(1):117-123.

[70] 何黎，王朝凤，王家翠，等．黄褐斑的临床分型及实验研究 [J]. 中华医学美容杂志 .1997.

[71] 何黎．黄褐斑诊治新思路 [J]. 皮肤病与性病 .2012.

[72] 葛西健一郎．色斑的治疗 [M]. 杭州：浙江科学技术出版社，2011.

[73] Ahmed N A, Mohammed S S, Fatani M I. Treatment of periorbital dark circles: Comparative study of carboxy therapy vs chemical peeling vs mesotherapy [J]. Journal of Cosmetic Dermatology, 2019,18(1):169-175.

[74] Chung S T, Rho N-K. Surgical and non-surgical treatment of the lower eyelid fat bulging using lasers and other energy-based devices [J]. Medical Lasers; Engineering, Basic Research, and Clinical Application, 2017,6(2):58-66.

[75] Draelos Z D. 药妆品 [M]. 3 版．北京：人民卫生出版社，2018.

[76] Denda M, Katagiri C, Hirao T, et al. Some magnesium salts and a mixture of magnesium and calcium salts accelerate skin barrier recovery [J]. Archives of dermatological research, 1999,291(10):560-563.

[77] Lambers H, Piessens S, Bloem A, et al. Natural skin surface pH is on average below 5, which is beneficial for its resident flora [J]. International journal of cosmetic science, 2006,28(5):359-370.

[78] Seidenari S, Francomano M, Mantovani L. Baseline biophysical parameters in subjects with sensitive skin [J]. Contact Dermatitis, 1998,38(6):311-315.

[79] Fluhr J W, Elias P M. Stratum corneum pH: formation and function of the ‘acid mantle’ [J]. Exogenous Dermatology, 2002,1(4):163-175.

[80] Schmid-Wendtner M H, Korting H C. The pH of the Skin Surface and Its Impact on the Barrier Function [J]. Skin Pharmacology and Physiology, 2006,19(6):296-302.

[81] 安金刚，马慧群．“激素依赖性皮炎”命名考证 [J]. 中国医学文摘（皮肤科学），2015,32(03):253-256+252.

[82] 何黎．激素依赖性皮炎诊治指南 [J]. 临床皮肤科杂志，2009,38(08):549-550.

[83] Eastwood M, McGrouther D A, Brown R A. Fibroblast responses to mechanical forces [J]. Proceedings of the Institution of Mechanical Engineers, Part H: Journal of Engineering in Medicine, 1998,212(2):85-92.

[84] Hruza G, Taub A F, Collier S L, et al. Skin rejuvenation and wrinkle reduction using a fractional radiofrequency system [J]. J Drugs Dermatol, 2009,8(3):259-265.

[85] Oh J K, Kwon O S, Kim M H, et al. Connective tissue sheath of hair follicle is a major source of dermal type I procollagen in human scalp [J]. Journal of Dermatological Science, 2012,68(3):194-197.

[86] Poljsak B, Godic A, Lampe T, et al. The influence of the sleeping on the formation of facial wrinkles [J]. Journal of Cosmetic and Laser Therapy, 2012,14(3):133-138.

[87] Harman D. The free radical theory of aging [J]. Antioxidants and Redox Signaling, 2003,5(5):557-561.

[88] Pageon H, Zucchi H, Rousset F, et al. Skin aging by glycation: lessons from the reconstructed skin model [M]. Clinical Chemistry and Laboratory Medicine. 2014:169.

[89] Gkogkolou P, Böhm M. Advanced glycation end products: Key players in skin aging? [J]. Dermato-Endocrinology, 2012,4(3):259-270.

[90] Kueper T, Grune T, Prahl S, et al. Vimentin Is the Specific Target in Skin Glycation STRUCTURAL PREREQUISITES, FUNCTIONAL CONSEQUENCES, AND ROLE IN SKIN AGING [J]. Journal of Biological Chemistry, 2007,282(32):23427.

[91] Lee E J, Kim J Y, Oh S H. Advanced glycation end products (AGEs) promote melanogenesis through receptor for AGEs [J]. Scientific Reports, 2016,6:27848.

[92] Danby F W. Nutrition and aging skin: sugar and glycation [J]. Clinics in Dermatology, 2010,28(4):409-411.

[93] Suji G, Sivakami S. Glucose, glycation and aging [J]. Biogerontology, 2004,5(6):365-373.

[94] Park H Y, Kim J H, Jung M, et al. A long - standing hyperglycaemic condition impairs skin barrier by accelerating skin ageing process [J]. Experimental Dermatology, 2011,20(12):969-974.

[95] Pashikanti S, de Alba D R, Boissonneault G A, et al. Rutin metabolites: novel inhibitors of nonoxidative advanced glycation end products [J]. Free Radical Biology and Medicine, 2010,48(5):656-663.

[96] Jariyapamornkoon N, Yibchok-anun S, Adisakwattana S. Inhibition of advanced

glycation end products by red grape skin extract and its antioxidant activity [J]. BMC Complementary and Alternative Medicine, 2013,13(1):171.

[97] Kontogianni V G, Charisiadis P, Margianni E, et al. Olive leaf extracts are a natural source of advanced glycation end product inhibitors [J]. Journal of Medicinal Food, 2013,16(9):817-822.

[98] Hori M, Yagi M, Nomoto K, et al. Inhibition of advanced glycation end product formation by herbal teas and its relation to anti-skin aging [J]. ANTI-AGING MEDICINE, 2012,9(6):135-148.

[99] Levi B, Werman M J. Long-term fructose consumption accelerates glycation and several age-related variables in male rats [J]. The Journal of nutrition, 1998,128(9):1442-1449.

[100] Bissett D, Miyamoto K, Sun P, et al. Topical niacinamide reduces yellowing, wrinkling, red blotchiness, and hyperpigmented spots in aging facial skin 1 [J]. International Journal of Cosmetic Science, 2004,26(5):231-238.

[101] Rashid I, van Reyk D M, Davies M J. Carnosine and its constituents inhibit glycation of low - density lipoproteins that promotes foam cell formation in vitro [J]. FEBS Letters, 2007,581(5):1067-1070.

[102] Narda M, Granger C. Antiglycation effect of unique topical facial cream containing carnosine and alteromonas ferment extract in epidermis and dermis of human skin explants [J]. Journal of the American Academy of Dermatology, 2018,79(3).

[103] Narda M, Peno-Mazzarino L, Krutmann J, et al. Novel Facial Cream Containing Carnosine Inhibits Formation of Advanced Glycation End-Products in Human Skin [J]. Skin Pharmacology and Physiology, 2018,31(6):324-331.

[104] Gasser P, Arnold F, Peno-Mazzarino L, et al. Glycation induction and antiglycation activity of skin care ingredients on living human skin explants [J]. International Journal of Cosmetic Science, 2011,33(4):366-370.

[105] Rout S, Banerjee R. Free radical scavenging, anti-glycation and tyrosinase inhibition properties of a polysaccharide fraction isolated from the rind from Punica granatum [J]. Bioresource Technology, 2007,98(16):3159-3163.

[106] Ichihashi M, Yagi M, Nomoto K, et al. Glycation Stress and Photo-Aging in Skin [J]. ANTI-AGING MEDICINE, 2011,8(3):23-29.

[107] Nomoto K, Yagi M, Arita S, et al. Skin accumulation of advanced glycation end products and lifestyle behaviors in Japanese [J]. ANTI-AGING MEDICINE, 2012,9(6):165-173.

[108] RightDiagnosis. Statistics by Country for Dandruff [EB/OL]. [2019-September 18]. https://www.rightdiagnosis.com/d/dandruff/stats-country.htm#extrapwarning.

[109] Saunders C W, Scheynius A, Heitman J. Malassezia fungi are specialized to live on skin and associated with dandruff, eczema, and other skin diseases [J]. PLoS Pathogens, 2012,8(6):e1002701.

[110] Borda L J, Wikramanayake T C. Seborrheic Dermatitis and Dandruff: A Comprehensive Review [J]. J Clin Investig Dermatol, 2015,3(2).

[111] Ranganathan S, Mukhopadhyay T. DANDRUFF: THE MOST COMMERCIALLY EXPLOITED SKIN DISEASE [J]. Indian Journal of Dermatology, 2010,55(2):130-134.

[112] Clavaud C, Jourdain R, Bar-Hen A, et al. Dandruff is associated with disequilibrium in the proportion of the major bacterial and fungal populations colonizing the scalp [J]. PloS One, 2013,8(3):e58203.

[113] Mills K J, Hu P, Henry J, et al. Dandruff/seborrhoeic dermatitis is characterized by an inflammatory genomic signature and possible immune dysfunction: transcriptional analysis of the condition and treatment effects of zinc pyrithione [J]. British Journal of Dermatology, 2012,166 Suppl 2:33-40.

[114] Harding C R, Moore A E, Rogers J S, et al. Dandruff: a condition characterized by decreased levels of intercellular lipids in scalp stratum corneum and impaired barrier function [J]. Archives for Dermatological Research Archiv für Dermatologische Forschung, 2002,294(5):221-230.

[115] 国家食品药品监管总局 . 总局关于复方酮康唑发用洗剂、复方酮康唑软膏、酮康他索乳膏转换为处方药的公告（2017 年第 105 号）[EB/OL].（2017-09-08）. [2018-09-20]. http://www.nmpa.gov.cn/WS04/CL2115/286702.html.

[116] Bouillon C, Wilkinson J. The Science of Hair Care [M]. 2nd ed. Boca Raton: CRC Press, 2005:141-182.

[117] Foitzik K, Lindner G, Mueller-Roever S, et al. Control of murine hair follicle regression (catagen) by TGF- β 1 in vivo [J]. The FASEB Journal, 2000,14(5):752-760.

[118] Heilmann-Heimbach S, Hochfeld L M, Paus R, et al. Hunting the genes in male-pattern alopecia: how important are they, how close are we and what will they tell us? [J]. Experimental Dermatology, 2016,25(4):251-257.

[119] Kure K, Isago T, Hirayama T. Changes in the sebaceous gland in patients with male pattern hair loss (androgenic alopecia) [J]. Journal of Cosmetic Dermatology,

2015,14(3):178-184.

[120] Lolli F, Pallotti F, Rossi A, et al. Androgenetic alopecia: a review [J]. Endocrine, 2017,57(1):9-17.

[121] Kartal D, Borlu M, Cinar S L, et al. The association of androgenetic alopecia and insulin resistance is independent of hyperandrogenemia: A case-control study [J]. Australasian Journal of Dermatology, 2016,57(3):e88-92.

[122] Hsu C-L, Liu J-S, Lin A-C, et al. Minoxidil may suppress androgen receptor-related functions [J]. Oncotarget, 2014,5(8):2187.

[123] Gormley G J, STONER E, RITTMASTER R S, et al. Effects of finasteride (MK-906), a 5 α-reductase inhibitor, on circulating androgens in male volunteers [J]. The Journal of Clinical Endocrinology & Metabolism, 1990,70(4):1136-1141.

[124] Pierard-Franchimont C, De Doncker P, Cauwenbergh G, et al. Ketoconazole shampoo: effect of long-term use in androgenic alopecia [J]. Dermatology, 1998,196(4):474-477.

[125] 侯春，苗勇，冀航，等．生姜提取物 6- 姜酚对毛发生长的影响和机制探讨 [J]. 中国美容医学，2016,25(11):58-60.

[126] 刘莉，朱红霞，陈育尧，等．生姜对 C57 小鼠毛发生长影响的研究 [J]. 辽宁中医药大学学报，2013,15(07):42-44.

[127] Miao Y, Sun Y, Wang W, et al. 6-Gingerol inhibits hair shaft growth in cultured human hair follicles and modulates hair growth in mice [J]. PloS One, 2013,8(2):e57226.

[128] Kim H, Choi J W, Kim J Y, et al. Low-level light therapy for androgenetic alopecia: a 24-week, randomized, double-blind, sham device-controlled multicenter trial [J]. Dermatologic Surgery, 2013,39(8):1177-1183.

[129] Gentile P, Garcovich S, Bielli A, et al. The Effect of Platelet-Rich Plasma in Hair Regrowth: A Randomized Placebo-Controlled Trial [J]. Stem Cells Transl Med, 2015,4(11):1317-1323.

[130] Gentile P, Cole J P, Cole M A, et al. Evaluation of Not-Activated and Activated PRP in Hair Loss Treatment: Role of Growth Factor and Cytokine Concentrations Obtained by Different Collection Systems [J]. Int J Mol Sci, 2017,18(2).

[131] Doghaim N N, El-Tatawy R A, Neinaa Y M E-H, et al. Study of the efficacy of carboxytherapy in alopecia [J]. Journal of Cosmetic Dermatology,0(0).

[132] Gentile P, Scioli M G, Bielli A, et al. Stem cells from human hair follicles: first mechanical isolation for immediate autologous clinical use in androgenetic alopecia and hair

loss [J]. Stem Cell Investig, 2017,4:58.

[133] Zhang Q, Zu T, Zhou Q, et al. The patch assay reconstitutes mature hair follicles by culture-expanded human cells [J]. Regenerative Medicine, 2017,12(5):503-511.

[134] Haslam I S, Hardman J A, Paus R. Topically Applied Nicotinamide Inhibits Human Hair Follicle Growth Ex Vivo [J]. Journal of Investigative Dermatology, 2018,138(6):1420-1422.

[135] 冰寒 . 常见头发问题及护理 [EB/OL]. [2018-09-26]. http://blog.sina.com.cn/s/blog_52f4efa50101ava4.html.

[136] Sebetic K, Sjerobabski Masnec I, Cavka V, et al. UV damage of the hair [J]. Collegium Antropologicum, 2008,32 Suppl 2:163-165.

[137] Grosvenor A J, Marsh J, Thomas A, et al. Oxidative Modification in Human Hair: The Effect of the Levels of Cu (II) Ions, UV Exposure and Hair Pigmentation [J]. Photochemistry and Photobiology, 2016,92(1):144-149.

[138] Seiberg M. Age-induced hair greying - the multiple effects of oxidative stress [J]. Int J Cosmet Sci, 2013,35(6):532-538.

[139] Liao S, Lv J. Effects of two chronic stresses on mental state and hair follicle melanogenesis in mice [J]. 2017,26(11):1083-1090.

[140] Pandhi D, Khanna D. Premature graying of hair [J]. Indian Journal of Dermatology, Venereology and Leprology, 2013,79(5):641-653.

[141] Nahm M, Navarini A A, Kelly E W. Canities subita: a reappraisal of evidence based on 196 case reports published in the medical literature [J]. Int J Trichology, 2013,5(2):63-68.

[142] 孙宏勇，甄莉 . 特应性皮炎诊疗研究新进展 [J]. 世界最新医学信息文摘，2017,17(A2):83-84.

[143] 罗金成，宋志强 . 特应性皮炎的发病机制 [J]. 中华临床免疫和变态反应杂志，2017,11(04):375-381.

[144] 王茜，高莹，张高磊，等. 皮肤微生态与特应性皮炎 [J]. 临床皮肤科杂志，2018,47(10):686-690.

[145] Nakamura Y, Oscherwitz J, Cease K B, et al. Staphylococcus δ-toxin induces allergic skin disease by activating mast cells [J]. Nature, 2013,503(7476):397.

[146] Brüssow H. Turning the inside out: the microbiology of atopic dermatitis [J]. Environmental Microbiology, 2016,18(7):2089-2102.

[147] Chiesa Fuxench Z C. Atopic Dermatitis: Disease Background and Risk Factors [J]. Advances in Experimental Medicine and Biology, 2017,1027:11-19.

[148] 郑晓欢，邓婕，郑荣昌，等．特应性皮炎与环境因素关系的研究进展 [J]. 皮肤性病诊疗学杂志，2018,25(04):257-260.

[149] Kochevar I E, Taylor C R, Krutmann J. Fundamentals of Cutaneous Photobiology and Photoimmunology. [M]//GOLDSMITH L A, KATZ S I, GILCHREST B A, et al. Fitzpatrick's Dermatology In General Medicine. Newyork; McGraw-Hill Medical Companies, Inc. 2012:1037.

[150] Minner F, Herphelin F, Poumay Y. Study of Epidermal Differentiation in Human Keratinocytes Cultured in Autocrine Conditions [M]//TURKSEN K. Epidermal Cells: Methods and Protocols. Totowa, NJ; Humana Press. 2010:71-82.

[151] Canpolat F, Erkocoglu M, Tezer H, et al. Hydrocortisone acetate alone or combined with mupirocin for atopic dermatitis in infants under two years of age - a randomized double blind pilot trial [J]. European Review for Medical and Pharmacological Sciences, 2012,16(14):1989-1993.

[152] Glatz M, Bosshard P P, Hoetzenecker W, et al. The Role of Malassezia spp. in Atopic Dermatitis [J]. Journal of clinical medicine, 2015,4(6):1217-1228.

[153] El-Heis S, Crozier S R, Robinson S M, et al. Higher maternal serum concentrations of nicotinamide and related metabolites in late pregnancy are associated with a lower risk of offspring atopic eczema at age 12 months [J]. Clinical and Experimental Allergy, 2016,46(10):1337-1343.

[154] Huang J T, Abrams M, Tlougan B, et al. Treatment of Staphylococcus aureus colonization in atopic dermatitis decreases disease severity [J]. Pediatrics, 2009,123(5):e808-814.

[155] Pelucchi C, Chatenoud L, Turati F, et al. Probiotics supplementation during pregnancy or infancy for the prevention of atopic dermatitis: a meta-analysis [J]. Epidemiology, 2012,23(3):402-414.

[156] Vaughn A R, Clark A K. Circadian rhythm in atopic dermatitis-Pathophysiology and implications for chronotherapy [J]. 2018,35(1):152-157.

[157] Flohr C, Yeo L. Atopic dermatitis and the hygiene hypothesis revisited [J]. Current Problems in Dermatology, 2011,41:1-34.

[158] Fotopoulou M, Iordanidou M, Vasileiou E, et al. A short period of breastfeeding in infancy, excessive house cleaning, absence of older sibling, and passive smoking are related to more severe atopic dermatitis in children [J]. European Journal of Dermatology, 2018,28(1):56-

63.

[159] Wang F, Calderone K, Do T T, et al. Severe disruption and disorganization of dermal collagen fibrils in early striae gravidarum [J]. British Journal of Dermatology, 2018,178(3):749-760.

[160] Wang F, Calderone K, Smith N R, et al. Marked disruption and aberrant regulation of elastic fibres in early striae gravidarum [J]. British Journal of Dermatology, 2015,173(6):1420-1430.

[161] 任萍，王锡梅．影响江苏南部地区汉族女性妊娠纹生成及其严重程度的危险因素 [J]. 航空航天医学杂志，2018,29(12):1475-1477.

[162] 李静，陈维雅，蔡育银．初产妇腹部妊娠纹的影响因素调查分析 [J]. 上海护理，2018,18(07):32-35.

[163] Lee W L, Yeh C C, Wang P H. Younger pregnant women have a higher risk of striae gravidarum, the study said [J]. Journal of the Chinese Medical Association, 2016,79(5):235-236.

[164] Tang-Lin L, Liew H M, Koh M J, et al. Prevalence of striae gravidarum in a multi-ethnic Asian population and the associated risk factors [J]. Australasian Journal of Dermatology, 2017,58(3):e154-e155.

[165] Lurie S, Matas Z, Fux A, et al. Association of serum relaxin with striae gravidarum in pregnant women [J]. Archives of Gynecology and Obstetrics, 2011,283(2):219-222.

[166] Findik R B, Hascelik N K, Akin K O, et al. Striae gravidarum, vitamin C and other related factors [J]. International Journal for Vitamin and Nutrition Research, 2011,81(1):43-48.

[167] Ersoy E, Ersoy A O, Yasar Celik E, et al. Is it possible to prevent striae gravidarum? [J]. Journal of the Chinese Medical Association, 2016,79(5):272-275.

[168] Farahnik B, Park K, Kroumpouzos G, et al. Striae gravidarum: Risk factors, prevention, and management [J]. Int J Womens Dermatol, 2017,3(2):77-85.

[169] Korgavkar K, Wang F. Stretch marks during pregnancy: a review of topical prevention [J]. British Journal of Dermatology, 2015,172(3):606-615.

[170] Garcia Hernandez J A, Madera Gonzalez D, Padilla Castillo M, et al. Use of a specific anti-stretch mark cream for preventing or reducing the severity of striae gravidarum. Randomized, double-blind, controlled trial [J]. Int J Cosmet Sci, 2013,35(3):233-237.

[171] Hughes C D G, Hedges A. The use of an innovative film-forming topical gel in preventing Striae Gravidarum and treating Striae Distensae [J]. Australasian Journal of Dermatology, 2018.

[172] 叶翔，Paillet C. 妊娠纹治疗：硅元素衍生物（硅烷醇）的作用 [C]. 第七届中国化妆品学术研讨会论文集 . 杭州，2008.

[173] 许德田，齐显龙 . 口服胶原蛋白水解产物对皮肤的作用 [J]. 中国美容医学，2013,22(03):410-413.

[174] Buchanan K, Fletcher H M, Reid M. Prevention of striae gravidarum with cocoa butter cream [J]. International Journal of Gynaecology and Obstetrics, 2010,108(1):65-68.

[175] Osman H, Usta I M, Rubeiz N, et al. Cocoa butter lotion for prevention of striae gravidarum: a double-blind, randomised and placebo-controlled trial [J]. BJOG: An International Journal of Obstetrics and Gynaecology, 2008,115(9):1138-1142.

[176] Yamaguchi K, Suganuma N, Ohashi K. Prevention of striae gravidarum and quality of life among pregnant Japanese women [J]. Midwifery, 2014,30(6):595-599.

[177] Soltanipour F, Delaram M, Taavoni S, et al. The effect of olive oil and the Saj(R) cream in prevention of striae gravidarum: A randomized controlled clinical trial [J]. Complementary Therapies in Medicine, 2014,22(2):220-225.

[178] 申抒展，王佩茹，范蓉，等 . 双极多通道射频联合负压治疗仪改善腹部皮肤松弛伴妊娠纹的临床疗效研究 [J]. 中国美容医学，2018,27(12):53-56.

[179] Crocco E I, Muzy G, Schowe N M, et al. Fractional ablative carbon-dioxide laser treatment improves histologic and clinical aspects of striae gravidarum: A prospective open label paired study [J]. Journal of the American Academy of Dermatology, 2018,79(2):363-364.

[180] 张金侠，杨苏，李冬花，等 . 微针美塑治疗妊娠纹 52 例临床疗效观察 [J]. 中国医疗美容，2017,7(10):82-84.

[181] 周洪梅，张魁 . 射频美容修复技术治疗腹部妊娠纹效果分析 [J]. 中国美容医学，2018,27(05):64-67.

[182] 余婷，梁仕兰 . 微针射频治疗腹部妊娠纹 15 例护理体会 [J]. 中西医结合护理（中英文），2017,3(07):158-159.

[183] Schmitt J V, Lima B Z d, Souza M C M d R, et al. Keratosis pilaris and prevalence of acne vulgaris: a cross-sectional study [J]. Anais Brasileiros de Dermatologia, 2014,89(1):91-95.

[184] Gruber R, Sugarman J L, Crumrine D, et al. Sebaceous Gland, Hair Shaft, and Epidermal Barrier Abnormalities in Keratosis Pilaris with and without Filaggrin Deficiency [J]. American Journal of Pathology, 2015,185(4):1012-1021.

[185] Giovannini S. Zur Histologie der Keratosis pilaris [J]. Archiv für Dermatologie

und Syphilis, 1902,63(2):163-212.

[186] Thomas M, Khopkar U S. Keratosis pilaris revisited: is it more than just a follicular keratosis? [J]. Int J Trichology, 2012,4(4):255-258.

[187] Wang J F, Orlow S J. Keratosis Pilaris and its Subtypes: Associations, New Molecular and Pharmacologic Etiologies, and Therapeutic Options [J]. American Journal of Clinical Dermatology, 2018,19(5):733-757.

[188] Fischer R, Eyler J. A Pilot Study of Intense Pulsed Light Treatment for Keratosis Pilaris [J]. Journal of Cellular Immunology and Serum Biology, 2015,1(1):0-0.

[189] Augustine M, Jayaseelan E. Erythromelanosis follicularis faciei et colli: relationship with keratosis pilaris [J]. Indian Journal of Dermatology, Venereology, and Leprology, 2008,74(1):47.

[190] ANDERSEN B L. Erythromelanosis follicularis faciei et colli [J]. British Journal of Dermatology, 1980,102(3):323-325.

[191] Watt T L, Kaiser J S. Erythromelanosis follicularis faciei et colli: A case report [J]. Journal of the American Academy of Dermatology, 1981,5(5):533-534.

[192] 何婷婷，李硕婷，杨雪源．面颈部毛囊性红斑黑变病1例 [J]. 中国皮肤性病学杂志，2018,32(05):609.

[193] Wells R. Ichthyosis [J]. British Medical Journal, 1966,2(5528):1504.

[194] Feinstein A, Ackerman A B, Ziprkowski L. Histology of autosomal dominant ichthyosis vulgaris and X-linked ichthyosis [J]. Archives of Dermatology, 1970,101(5):524-527.